地理的表示法の解説

農林水産政策研究所
企画広報室企画科長
内藤 恵久●著

日本
地理的表示
GI

JAPAN GEOGRAPHICAL INDICATION

地理的表示を活用した地域ブランドの振興を!!

大成出版社

本書の刊行に寄せて

　我が国において長年の懸案であった地理的表示保護法制が昨年創設され、本年6月から施行されることとなったことは大変喜ばしいことです。
　私は昨年この制度創設時に農林水産省担当局に在籍していましたが、この制度創設は、これまで農林水産省において本制度の法制化に取り組んでこられた方々が積み重ねた成果と昨年の法制化を担当した方々の寝食を忘れるほどの尽力の賜である思っています。
　そのような法制化の過程の中で、この本の筆者は、EUをはじめとした地理的表示保護制度を広く深く調査研究され、その蓄積された知見をもとに法制化を陰に陽に支え、多大な貢献をされました。
　本制度は、経済のグローバル化が益々進む中で、地域の一次産業の活性化、ひいては関連産業を含め総合的な地域振興に貢献できるものであると確信しています。
　本書を通じて本制度の理解が深まり、また特に、本書が地域において本制度を活用する、いわば地域の主役の方々や自治体の関係者等に広く読まれることを期待しています。そして、本制度が有効に活用され、地域振興に大きな一助となるよう切に願っております。

2015年8月

　　　　　　　　　　　農林水産政策研究所長　山下正行
　　　　　　　　　　　（前　農林水産省食料産業局長）

まえがき

　特定農林水産物等の名称の保護に関する法律（地理的表示法）が、本年6月1日に施行されました。施行初日に19件の登録の申請が行われ、地理的表示保護に関する関係者の高い関心をうかがわせるスタートとなりました。

　地理的表示の保護制度は、生産地域と結び付いた品質等の特性がある産品について、その名称を保護する仕組みです。地域独特の環境や伝統的な生産ノウハウを活かして生産された優れた農産物・食品を保護し、その付加価値を上げていこうとするものであり、フランス等をはじめとしたヨーロッパにおいて積極的に活用され、価格上昇等の効果を上げてきました。ヨーロッパと同様、地域に根ざした優れた産品が多くある我が国においても、このような保護制度の必要性が指摘されてきたところですが、これまで様々な問題から制度化が実現してきませんでした。

　今般、長期の検討と関係者の努力によって、地理的表示の保護制度が実現したことは、我が国の農林水産業の発展を図る上で、非常に画期的なことだと思います。また、この制度は、品質や生産地、生産方法の基準を明確に定めた上で、その基準に合った産品についてのみ登録された名称の使用を認める仕組みであり、品質等の確保がされることから消費者の方の利益にもつながる仕組みです。消費者の方の信頼と評価を上げて、産品の価値を高める仕組みということもできるでしょう。

　今後の農林水産業の振興を図る上で、生産性の向上等を進めることも重要ですが、一方で、他とは異なる特徴ある産品をその品質を保証しつつ提供し、消費者の方の評価を通じて、高い付加価値を実現していくことも非常に重要と考えます。これを進める上で、地理的表示の保護制度が大きな役割を果たすものと思います。

筆者は、農林水産省の研究機関である農林水産政策研究所で地理的表示をはじめとした研究を行っている者です。地理的表示保護に関する国内外の実態等の分析を通じて、諸外国の保護制度や我が国の状況、制度化において検討すべき課題等を整理し、その内容を農林水産省担当部局に提供するとともに、地理的表示保護制度の検討作業に協力してきました。我が国でも地理的表示保護制度が創設されることを切に願っていた者の一人であり、制度の実現を非常に喜んでおります。

　ただ、制度は活用されてこそ意味があります。本書でご説明するように、地理的表示保護制度は、地域ブランド構築のため極めて有効な仕組みと考えられますが、今後、この地理的表示の保護制度が積極的に活用され、地域ブランドの構築、地域の農林水産業の発展、さらには地域全体の活性化につながっていくことが重要です。

　しかしながら、地理的表示は、我が国ではまだなじみのないものであり、これからこの活用を図ろうとされている方々にとっては、わかりにくい点もあるのではないかと思います。

　このため、本書では、地理的表示の活用を考えている方などを対象に、我が国の地理的表示の保護制度の概要や具体的な申請に際して注意すべき点について、行政から発出されているガイドラインなども活用してわかりやすく説明することを目的としています。また、代表的な質問についてはQ&Aも設けています。

　本書が、地理的表示を活用した地域ブランドの振興、さらにはそれを核とした地域の活性化の一助になることを期待しているところです。

2015年8月

　　　　　農林水産省農林水産政策研究所企画広報室企画科長
　　　　　　　　　　　　　　　　　　　内藤　恵久

略称一覧

「法」 特定農林水産物等の名称の保護に関する法律（平成26年法律第84号）

「施行令」 特定農林水産物等の名称の保護に関する法律施行令（平成27年政令第227号）

「施行規則」 特定農林水産物等の名称の保護に関する法律施行規則（平成27年農林水産省令第58号）

「農林水産物等の区分等を定める告示」 特定農林水産物等の名称の保護に関する法律第3条第2項の規定に基づき、農林水産大臣が定める農林水産物等の区分を定める件（平成27年農林水産省告示第1395号）

「特定農林水産物等審査要領」 特定農林水産物等審査要領（平成27年5月29日付け27食産第679号食料産業局長通知）

「団体審査基準」 特定農林水産物等審査要領別添2

「名称審査基準」 特定農林水産物等審査要領別添3

「農林水産物等審査基準」 特定農林水産物等審査要領別添4

「生産行程管理業務審査基準」 特定農林水産物等審査要領別添5

「申請者ガイドライン」 地理的表示保護制度申請者ガイドライン（平成27年7月版）

「申請書作成マニュアル」 地理的表示保護制度申請者ガイドライン別紙1

「明細書作成マニュアル」 地理的表示保護制度申請者ガイドライン別紙2

「生産行程管理業務規程作成マニュアル」 地理的表示保護制度申請者ガイドライン別紙3

「地理的表示保護制度表示ガイドライン」 地理的表示保護制度表示ガイドライン（平成27年7月版）

（注）農林水産省食料産業局「新事業創出課」は、2015年10月より「知的財産課」に名称変更されることになっています。本書中「新事業創出課」との記載は、同月以降「知的財産課」と読み替えてください。

目次

地理的表示法の解説
―地理的表示を活用した地域ブランドの振興を！！―

本書の刊行に寄せて

まえがき

略称一覧

第1部
我が国の地理的表示保護制度（地理的表示法）

第1
はじめに……………………………………………………………… 2

　1．地理的表示とその保護　2

　2．我が国におけるこれまでの地理的表示保護に関する状況　5

第2
地理的表示法（特定農林水産物等の名称の保護に関する法律）の
概要………………………………………………………………… 9

　1．制度の目的　9

　2．制度の概要、特徴　12

　3．地域ブランド確立に当たっての、本制度の重要性　15

第3
保護される名称……………………………………………………… 18

　1．「地理的表示」の内容　18
　　(1)　概要　18
　　(2)　制度の対象となる農林水産物等　18
　　(3)　特定農林水産物等　20
　　(4)　生産地と特性を特定できる名称　21

2．保護要件　22
　(1)　概要　22
　(2)　申請者及びその業務についての要件　22
　　　1）申請者についての要件　22　　2）申請者が行う生産行程管理業務についての要件　23
　(3)　名称が示す農林水産物等についての要件　24
　　　1）特定農林水産物等　24　　2）生産地について　24　　3）確立した特性について　26　　4）生産地に帰せられる特性について　28
　　　5）既に名称が登録されている産品でないこと　29
　(4)　名称についての要件　29
　　　1）生産地と特性を特定できる名称　29　2）既存の商標と抵触しない名称　32

第4
登録申請の手続　34

1．申請書の提出　34

2．申請書の記載事項　35

3．申請書の添付書類　39
　(1)　添付書類　39
　(2)　明細書　39
　(3)　生産行程管理業務規程　41

4．申請書、添付書類等作成に当たってのポイント　41

第5
審査、登録　43

1．申請の公示　43

2．意見書の提出　44

3．審査と学識経験者からの意見聴取　45

4．登録　45

第6
登録の効果（使用が禁止される表示の内容など） 48

1．地理的表示を付すことができる場合　48

2．地理的表示を付すことが禁止される場合　49

3．禁止の例外　52

4．地理的表示を表す標章（GIマーク）の使用　54

5．表示規制違反等に対する措置　57

第7
登録後の品質管理（生産行程管理業務） 58

1．生産行程管理業務の意義　58

2．生産行程管理業務の実施方法　59

3．生産行程管理業務実施のための経理的基礎及び体制　65

4．生産行程管理業務に関する報告、届出　66
　（1）　生産行程管理業務の実績報告　66
　（2）　生産行程管理業務規程の変更の届出　66
　（3）　生産行程管理業務休止の届出　66

第8
登録事項の変更、登録の取消し等 68

1．生産者団体の追加　68

2．明細書の変更　69

3．登録の失効、取消し　70
　（1）　登録の失効　70
　（2）　登録の取消し　71

第9
不適正表示などへの対応……………………………………………… 72

　１．不適正表示等をした者への対応　72

　２．生産者団体への対応　74

第10
地域団体商標制度など商標との関係…………………………………… 76

　１．地域団体商標制度の概要と地理的表示保護制度との比較　76

　２．地理的表示か地域団体商標か　80

　３．既に地域団体商標等が存在する場合の地理的表示保護　81

　４．地理的表示が登録された場合の商標保護　84

第11
制度の活用に向けて……………………………………………………… 86

第２部
国際的な地理的表示保護の状況

第１
概況 ……………………………………………………………………… 92

第２
TRIPS協定における取扱い …………………………………………… 94

　１．TRIPS協定の概要　94

　２．TRIPS協定における地理的表示の定義　95

3．保護内容　95

第3
EUにおける地理的表示保護制度 ………………………………………… 97

　　1．EU共通の地理的表示保護制度　97

　　2．保護される名称　99

　　3．保護の手続　101

　　4．保護の内容　102

　　5．品質保証の仕組み　103

　　6．我が国制度との比較　104

第4
地理的表示保護を巡るEUと米国の対立　………………………………… 107

第3部
Q&A

Q1．全ての農林水産物、食品に関して、保護の対象となりますか。110

Q2．歴史的な地名など、現在使われていない地名を含む名称も
　　保護されますか。110

Q3．地名を含まない名称も保護されますか。111

Q4．地名を含む名称であれば、保護の対象となりますか。111

Q5．名称に含まれる地名と生産が実際に行われている地域が異なっても保護
　　されますか。112

Q6．品種名と同一の名称は保護されますか。 112

Q7．登録に際して、新しい名称を作って登録することはできますか。 113

Q8．新しいブランド産品の名称は保護されますか。 113

Q9．25年以上他とは異なる品質の産品が生産されてきましたが、数年前に厳しい基準が設定され、その基準に従った形では25年の生産実績がありません。このような場合でも、登録を受けることができますか。 114

Q10．登録しようとしている産品について、複数の名称で呼ばれている場合、複数の名称を登録することができますか。 115

Q11．申請しようとする産品の生産者が一人なのですが、登録の申請を行うことができますか。 116

Q12．確立した特性については、どのような内容が必要ですか。データが必要ですか。 117

Q13．生産地に帰せられる品質等の特性が必要とされていますが、この生産地と特性の結び付きはどのように説明すればいいのですか。 118

Q14．複数の特性（例：みかんの糖度について、早生のものは9度以上、通常のものは10度以上）があり、それが同一の名称（例：「○○みかん」）で呼ばれている場合は、一つの地理的表示として登録を申請することができますか。 119

Q15．生産地の範囲はどの程度の広がり（集落、市町村、県など）で考えればいいのですか。また、どのような考え方で範囲を定めればいいのですか。 120

Q16．原料の生産地と加工地が異なる場合も保護の対象となるのですか。 121

Q17．申請・登録事項と明細書の内容は、完全に一致する必要がありますか。 122

Q18．地理的表示の登録を受けている産品を販売するときは、必ずその登録された名称とGIマークを使用しなければならないのですか。 123

Q19. 食品表示法等に基づく原産地表示は、地理的表示の使用規制の対象となりますか。 124

Q20. 地理的表示の登録を受けている産品を原料にした加工品にも、登録された名称やGIマークを使用できますか。この場合、原料に占める地理的表示産品の割合に基準がありますか。 125

Q21. 明細書への適合性が確認された産品を生産業者から購入し、これを小分けして販売する場合は、その小分けした物に、地理的表示やGIマークを使用することができますか。 126

Q22. 登録を申請した生産者団体に加入していませんが、その生産者団体に加入しないで地理的表示を使用することはできますか。 126

Q23. 登録された地理的表示に関し不適正な表示を発見した場合は、どのような対応をとればいいですか。 127

Q24. その名称が地域団体商標として登録されている場合は、地理的表示として保護されないのですか。 128

Q25. 登録された地理的表示を含む商標を登録することは可能ですか。 129

Q26. 我が国で登録された地理的表示は、外国でも保護されますか。保護されない場合、ブランドを守るため、輸出に際してどのような方策が考えられますか。 130

Q27. EUで地理的表示の登録をしたい場合、どのような要件・手続になりますか。 132

Q28. 地理的表示に関しては、どこに相談すればよいですか。 133

Q29. 地理的表示に関する情報は、どのように入手したらよいですか。 134

第4部
法律、ガイドライン等

○特定農林水産物等の名称の保護に関する法律　136
　〔平成26年法律第84号〕

○特定農林水産物等の名称の保護に関する法律施行令　148
　〔平成27年政令第227号〕

○特定農林水産物等の名称の保護に関する法律施行規則　150
　〔平成27年農林水産省令第58号〕

○特定農林水産物等の名称の保護に関する法律第3条第2項の規定に基づき、農林水産大臣が定める農林水産物等の区分等を定める件　189
　〔平成27年農林水産省告示第1395号〕

○特定農林水産物等審査要領　213
　〔平成27年5月29日付け27食産第679号食料産業局長通知〕
　　団体審査基準（特定農林水産物等審査要領別添2）　262
　　名称審査基準（特定農林水産物等審査要領別添3）　264
　　農林水産物等審査基準（特定農林水産物等審査要領別添4）　267
　　生産行程管理業務審査基準（特定農林水産物等審査要領別添5）　271

○地理的表示保護制度申請者ガイドライン　281
　（平成27年7月版）
　　申請書作成マニュアル（地理的表示保護制度申請者ガイドライン別紙1）　304
　　明細書作成マニュアル（地理的表示保護制度申請者ガイドライン別紙2）　332
　　生産行程管理業務規程作成マニュアル（地理的表示保護制度申請者ガイドライン別紙3）　338

○地理的表示保護制度表示ガイドライン　363
　（平成27年7月版）

第1部
我が国の地理的表示保護制度
（地理的表示法）

第1
はじめに

　地理的表示保護制度は、生産地域と結び付いた特色ある産品の名称を保護する仕組みであり、我が国でも、2015年6月から制度がスタートすることになりました。

1．地理的表示とその保護

(1)　「**地理的表示**」とは、原産地の特徴と結び付いた特有の品質等の特性や社会的評価を備えている産品について、その原産地や品質等を特定する表示を指します。例えば、「○○みかん」と呼ばれているみかんが、非常に甘いという特性を持ち、その特性が○○地域の温暖な気候や水はけのよい土壌とそれを活かした生産ノウハウによって生み出されているときに、その原産地や特性を特定する「○○みかん」という名称が地理的表示に当たることになります。いわゆる地域ブランドの名称なのですが、単に産地を表す名称でなく、①**特定の品質等の特性**があり、②**その特性と原産地が結び付いている**ときに、③**その原産地と特性を示すことができる表示**が、地理的表示となるわけです。ですから、この地理的表示は、その地域の特徴を生かして長年の間に積み上げられた品質等の特性とそれに対する信頼がベースになり、それが名前に凝縮したものとも言えます。国際的には、シャンパン、プロシュート・ディ・パルマ（パルマハム）、ロックフォール等が地理的表示の例としてよく知られています。

第1部　我が国の地理的表示保護制度

図1　EUで地理的表示登録されている産品の例

乳製品（チーズ）

カマンベール・ドゥ・ノルマンディー（フランス）

○特徴： どっしりとした、なめらかな円柱形のチーズ。表面は薄く白カビの層で覆われており、軽い塩味とフルーティーな食味が特徴。独特な芳香を持つ。

○地域との結び付き： フランス・ノルマンディー地方で飼育されたノルマンディー種の牛の生乳を、少なくとも50％以上使用。19世紀後半から引き継がれている伝統的な製法により、生み出されている。

※「カマンベール」の名称自体は、誰もが制限なく使用できる。

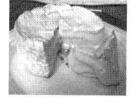

牛肉・畜産加工品

プロシュート・ディ・パルマ（イタリア）
※プロシュート：生ハム（伊語）

○特徴： パルマ地方の豚モモ肉と、塩のみを原料とした生ハム。カットした生ハムはピンク色〜赤色で脂肪部分は白く、繊細でまろやかな甘みと軽い塩味、独特の芳醇な香りが特徴。

○地域との結び付き： イタリア・パルマの丘陵付近で生産された生ハムのみが、プロシュート・ディ・パルマとして認可され王冠型の焼印を受けられる。アペニン山脈から丘陵に吹くそよ風が空気を乾燥させ、伝統的な製法で、何世紀にもわたり、生ハムの製造を可能にしてきた。

野菜・果物

メラ・アルト・アディージェ（イタリア）
※メラ：りんご（伊語）

○特徴： カラーによってりんごの種類が区分される。強い芳香を持つ。果肉はぎっしり詰まっており、保存期間が長い。

○地域との結び付き： 伊北東部アルト・アディージェ地域の気候は温度差が大きく乾燥している。日照時間は長く、海抜500m以上の生産地で、果実はゆっくりと熟す。肥沃な土地と適した気候により、19世紀半ばから、この地域でりんごの商業栽培が始められた。

その他

スコティッシュ・ファームド・サーモン（養殖サーモン）（イギリス）

○特徴： シャープな外観と丸みを帯びた側面が特徴。硬くなめらかな鱗で覆われており、光沢のある銀色をしている。鮮度のよいサーモンの身は締まっており、一貫性のある食味を保っている。

○地域との結び付き： スコティッシュ・ファームド・サーモン（大西洋サケ）を養殖しているスコットランドの西海岸では、150年を超える長きに渡り、養殖技術の改良が行われてきた。地域は大西洋サケの養殖に理想的な入江となっている。

資料：農林水産省

(2)　この「地理的表示」については、日本ではまだ耳慣れない言葉かもしれません。しかし、フランスでは20世紀初頭から、ボルドー、ブルゴーニュといったワインの原産地呼称（地理的表示の一種です）をはじめとして、農産物・食品の原産地呼称の保護が行われてきました。フランスでは、自然的な条件とこれに対応した人的な要素（生産のノウハウ等）を備え、産品の特異性を生み出す地域を「テロワール」と呼んでいますが、この地域に根ざした品質を持つ産品を尊重し、これを保護しようとするのが地理的表示の考え方です。これによって、**地域で育まれた伝統と特性を有する産品**について、大量生産される、画一的な産品に対する優位性を確保しているのです。

第1　はじめに　　3

(3) このフランスなどの経験を踏まえ、EUでは1992年に域内共通の保護制度を設け、地理的表示を積極的に保護してきています。この結果、地理的表示産品の価格が一般品の2倍以上(注)となるなど、農業振興等の面で一定の成果を上げています。こういった効果等から、EU以外にも、インド、ブラジル、韓国、中国、タイなど多くの国が特別の制度を設けて地理的表示の保護に取り組んでいます。また、WTOの設立協定の一部であるTRIPS協定（知的所有権の貿易関連の側面に関する協定）においても、一定の地理的表示保護のルールが定められており、地理的表示は**国際的にも知的所有権の一つとして認知**されています。ただし、米国等、地理的表示保護を強化することに反対する国もあり、地理的表示保護に関する各国の考え方は様々です。なお、EUの保護制度やTRIPS協定における保護ルールの詳細については、第2部で説明します。

(注) 欧州委員会が委託した調査によれば、農産物・食品、ワイン、蒸留酒の地理的表示産品と一般品の価格差は2.23倍となっています。なお、農産物・食品の地理的表示産品に限ると、一般品の1.55倍となっています。

(4) 我が国においては、これまで、お酒に関する地理的表示を除いて、地理的表示を特定し、その積極的保護を行う制度はなく、農業振興や消費者利益の確保等の面から、保護制度の創設が課題とされてきました。2004年頃にも制度化の検討がされましたが、一時検討が中断していました。その後、2010年の食料・農業・農村基本計画で、農産物等のブランド化を進める観点から、地理的表示を支える仕組みの創設が打ち出され、有識者の検討も経て、2014年に地理的表示を保護する独自の制度として「**特定農林水産物等の名称の保護に関する法律**」が制定されました。2015年6月には、制度がスタートし、今後、地域ブランド振興等に活用されることが期待されています。

地理的表示保護制度創設の経緯

2010.3.30	食料・農業・農村基本計画（閣議決定） 「地理的表示を支える仕組みについて検討する」
2011.6.3	知的財産推進計画2011（知的財産戦略本部決定） 「地理的表示の保護制度に向けた検討を行い、結論を得る」
2011.10.25	我が国の食と農林漁業の再生のための基本方針・行動計画（食と農林漁業の再生推進本部決定） 「我が国の高品質な農林水産物に対する信用を高め、適切な評価が得られるよう、地理的表示の保護制度を導入する」
2012.8.3	地理的表示保護制度研究会[注]報告書骨子案
2014.4.25	特定農林水産物等の名称の保護に関する法律　閣議決定
2014.4.25	国会提出
2014.5.22	衆議院可決
2014.6.18	参議院可決、成立
2014.6.25	公布（平成26年法律第84号）
2015.6.1	施行

（注）我が国の地理的表示保護制度の導入に向けた提言をとりまとめるための有識者の検討会であり、2012年３月に農林水産省に設置されました。

2．我が国におけるこれまでの地理的表示保護に関する状況

(1) 我が国には、これまで、お酒の地理的表示を除き、地理的表示を特定し、その積極的保護を行う仕組みはありませんでした。ただし、**不正競争防止法**によって、商品の原産地や品質などを誤認させる表示をすること等は、不正競争として禁止されています（不正競争防止法第２条第１項）。これによって、原産地を誤認

させるような表示は禁止されますので、例えば、パルマ産でないハムに、あたかもパルマ産のような表示をすることはできないことになります。ただし、原産地を誤認させないような表示、例えば北海道産パルマハムという表示になると、この規定との関係では基本的には原産地の誤認を招かないと解釈されることになり、必ずしも十分な地理的表示の保護とはなっていませんでした。

(2) 一方、**お酒（ぶどう酒、蒸留酒、清酒）の地理的表示**については、一定の地理的表示について、本来の原産地で生産された一定の基準を満たすもの以外には、その地理的表示を使用することが禁止されています（酒税の保全及び酒類業組合等に関する法律第86条の6に基づく表示規制）。例えば、焼酎について「球磨」という地理的表示が保護されていますが、これによって、球磨川の伏流水を使用し、熊本県球磨郡又は人吉市で生産された焼酎以外には、「球磨」という表示は使用できなくなっています。この場合、熊本県以外で作られたことを明示した「○○県産球磨焼酎」といった表示や、「球磨風焼酎」といった表示も禁止されており、酒の地理的表示については既に手厚い保護が図られていました。[注]

現在保護されているお酒の地理的表示は、①日本のぶどう酒、蒸留酒の産地のうち国税庁長官が指定するものを表示する地理的表示（ぶどう酒の「山梨」、焼酎の「壱岐」、「球磨」、「琉球」、「薩摩」）、②WTO加盟国のぶどう酒、蒸留酒の産地を表示する地理的表示で、その国で保護されているもの（ボルドー、シャンパンなど）、③清酒の産地のうち、国税庁長官が指定するものを表示する地理的表示（「白山」）となっています。

(注) ワイン、蒸留酒の地理的表示については、日本も加盟するTRIPS協定第23条で手厚い保護が義務づけられており、これに従って、酒税の保全及び酒類業組合等に関する法律に基づく地理的表示の保護が行われています。TRIPS協定の詳細については、第2部の説明を参照してください。

お酒の地理的表示保護の仕組み

- **基準設定の根拠**（酒税の保全及び酒類業組合等に関する法律第86条の6第1項）

  財務大臣は、酒類の取引の円滑な運行及び消費者の利益に資するため、酒類の表示の適正化を図る必要があると認めるときは、<u>酒類製造業者又は酒類販売業者が遵守すべき必要な基準を定める</u>ことができる

- **地理的表示に関する表示基準**（国税庁告示）

  一定のぶどう酒、蒸留酒、清酒の地理的表示は、<u>その産地以外の地域を産地とする、ぶどう酒、蒸留酒、清酒への使用を禁止</u>（真正の原産地を表示する場合、翻訳して使用する場合、「種類」、「型」等の表現を伴う場合も同様）

- **基準違反への対応**
  - 基準を遵守しない者に対する遵守指示
  - 指示に従わない者の公表
  - 指示に従わない場合、基準遵守の命令
  - 命令違反に対する罰則(50万円以下の罰金)

(3) また、地理的表示の保護を直接の目的とする制度ではありませんが、地域ブランドを保護する仕組みとして、**地域団体商標制度**があります。地域団体商標制度は、地名と商品・役務の名称からなる商標（例：神戸牛、小田原かまぼこ）を保護する仕組みであり、農産物・食品の地域ブランド保護にも積極的な活用が図られています。ただし、品質を保証する仕組みは講じられていないこと、不正使用に対しては原則として権利者が対応するため農林漁業者等の小規模事業者では対応に困難な点があることなど、農産物・食品のブランド化に活用する上での課題もあり、こういった課題に対応するためにも地理的表示保護制度の創設が検討されま

した。なお、地域団体商標制度の詳細や地理的表示保護制度との比較については、第10の説明を参照してください。

図2　地域ブランドの課題と商標制度

○ 地域ブランドは品質の管理や侵害への対応について課題が存在。
○ 産品の名称を国が登録し、その表示等の不正使用を防止する措置を講じる商標制度では、これらを解決することが困難。

地域ブランドの課題

○ **品質の統一化が図られず、産品のブランド価値の向上が図られていない。**

　○ ある産品の事例
　・昭和50年代から栽培を開始。
　・ブームにより、地域名が先行して全国的に周知されるものの、**生産主体ごとの品質格差が大きく、低品質産品の存在**により需要者の評価が低下しつつある。
　・市による認定シールの取組や組合によるホームページでの周知を行っているが、低品質産品の排除の効果は低い。

○ **ブランドへのただ乗りが行われている実態**

　○ ある産品の事例
　・昭和40年代から栽培を開始。
　・火山灰土壌という土地条件の悪さを克服するため、古くから盛んな畜産の堆肥を活用し地力を高め、品質を向上。トップブランドとして全国的な知名度を得たが、**ブランドに便乗し、そのブランドの基準を満たさないものが名称を冠して販売されていた実態**があった。
　・現在、地方自治体と農協が対策を検討している状況。

商標制度

○ 商標制度では、品質を守る取組はあくまでも自主的な取組にすぎず、**品質を制度的に担保することはできない。**

○ 商標権は私権であり、侵害への対応は訴訟などによる**自力救済**。農林漁業者等が行うには一定の限界。

これらを克服する制度が必要

資料：農林水産省

第2
地理的表示法
（特定農林水産物等の名称の保護に関する法律）**の概要**

　地理的表示法は、生産者・消費者双方の利益の保護を目的としており、一定の品質等の基準を守るものだけに名称の使用を認めてブランドを保護するなどの特徴があります。

1．制度の目的

(1) 第1で説明したように、我が国では、地域独特の高い品質と評価を獲得するに至った産品の品質を評価し、地域共通の知的財産として保護する制度がなく、農産物・食品のブランド化を進め、活力ある農林水産業を展開する上で、課題が生じていました。このような状況に対応するため、我が国でも、新たに地理的表示の保護制度が設けられたのです。

　　この地理的表示保護制度の目的は、品質等の特性が産地と結び付いている農林水産物・食品の名称を知的財産として保護することによって、**①生産業者の利益保護を通じた農林水産業の発展**を図るとともに、**②消費者等需要者の利益保護**を図ることとされています（法第1条、提案理由説明）。つまり、生産業者の長年の努力によって、優れた産品が生み出され地域ブランドの確立が図られても、そのブランドを保護する仕組みがないと、その名声にただ乗りするような事例が生じ、評価の低下を招くなど生産者の努力が報われないことになります。また、消費者にとっても、名称を信頼して購入しても期待した品質どおりの産品が得られず、その利益が損なわれることになります。このため、品質等の特性

が産地と結び付いている名称を登録・保護し、定められた生産地で生産された一定の基準を満たす産品以外には、その名称を使用させないこととし、不正使用には行政が取締りを行うことによって、生産者の努力を守るとともに、消費者の信頼に応えられるようにするための制度が創設されたのです。これによって、まがい物が排除され、また、一定の基準が確保されることで消費者の評価が上昇することを通じて、対象農産物の付加価値が向上し、生産者の利益につながることが期待されます。

さらに、この地域ブランドを核とし、他の産品や観光を結び付けて地域全体の活性化につながることが期待されるほか、食文化の継承等にも役立つものと思われます。また、特色ある日本産品の海外展開を図る上での効果も期待されます。

(2)　なお、2015年3月に閣議決定された「食料・農業・農村基本計画」においては、高品質な農産物・食品づくりとそのブランド化等により、生産・加工・流通過程を通じた新たな価値を創出していくため、知的財産の戦略的な創造・活用・保護の取組を推進することとされ、この一環として地理的表示保護制度の活用を促進することとされています。また、同年5月に決定された「農林水産省知的財産戦略2020」では、農林水産物・食品について適切なブランド化の取組を推進し、消費者の信頼を確保するとともに、生産者が本来得るべき利益を確保するため、地理的表示保護制度の活用によるブランド化の促進等に取り組むこととされています。今後の農林水産政策の展開に当たっても、地理的表示保護制度を活用した差別化、高付加価値化の取組は、重要なテーマとなっています。

地理的表示保護制度の目的

（法第1条）

（目的）

第1条　この法律は、世界貿易機関を設立するマラケシュ協定附属書1Cの知的所有権の貿易関連の側面に関する協定に基づき特定農林水産物等の名称の保護に関する制度を確立することにより、特定農林水産物等の生産業者の利益の保護を図り、もって農林水産業及びその関連産業の発展に寄与し、併せて需要者の利益を保護することを目的とする。

（注）世界貿易機関を設立するマラケシュ協定附属書1Cの知的所有権の貿易関連の側面に関する協定とはTRIPS協定のことです。ここでは、TRIPS協定に整合した形で保護制度を創設したことが示されています。なお、TRIPS協定については第2部を参照してください。

（提案理由説明）（一部）

　地域で育まれた伝統と特性を有する農林水産物・食品のうち、品質等の特性が産地と結び付いており、その結び付きを特定できるような名称が付されているものについて、その名称を地理的表示として国に登録し、知的財産として保護する制度を創設することにより、生産業者の利益を図り、もって農林水産業及びその関連産業の発展に寄与し、併せて需要者の利益を保護することを目的として、この法律案を提出した次第であります。

図3 地理的表示法の目指すもの

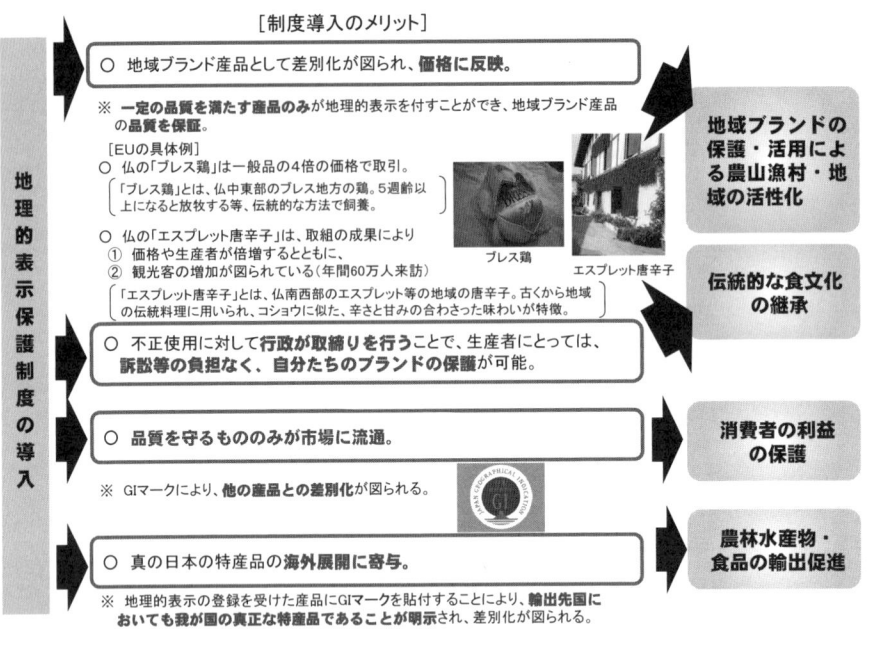

資料：農林水産省

2．制度の概要、特徴

本制度の内容については、第3以降で詳しく説明しますが、ここではその概要と特徴を述べておきます。

本制度では、地域と結び付きを有する特性を持つ地域ブランド産品の名称を「地理的表示」として、その**生産地や品質等の基準とともに、農林水産大臣が登録**します。この登録によって、基準を満たすものについては、地理的表示であることを示す標章（**GIマーク**）とともに、登録された地理的表示を使用することが認められます。一方、基準を満たさないものについては地理的表示やGIマークを使用することが禁止されます。この規制を守らず、不正に地理的表示を使用していた場合は、**行政による取締り**が行われます。

基準を守っているかどうかは、生産者団体が、品質等の基準を定めた明細書を定め、検査等によって**品質管理**を行うことによって、確認することとしています。このため、品質管理を行う生産者団体に加入する生産者のみが、地理的表示を使用できることになっています。ただし、生産者団体は複数設立することが可能なので、品質管理を行う体制を整えれば、特定の団体に加入しなくとも、地域の生産者が幅広くその地理的表示を使える仕組みとなっています。

　この制度の特徴としては、第1に、**生産地域と品質等の結び付き**を重視し、それを国が審査・登録することによって、品質等に**一定のお墨付き**を与えていることがあります。ブランドの確立のためには、優れた品質とともに、地域との関連性や物語性が必要と言われますが、こういった内容について、公的な審査を経て内容が明らかにされることで、ブランド化に資する効果が期待されます。第2に、**品質保証の仕組み**があります。品質や生産方法などの基準が明細書として定められ、この基準遵守を確保する措置を義務づけることによって、品質を守る産品のみが市場に流通し、品質等に対する消費者の信頼が高まる効果が期待されます。第3に、不正な使用については**行政の取締り**が行われ、訴訟等の手続をとらなくても、自分たちのブランドを守ることができます。第4に、基準を守る生産者に広く地理的表示の使用が認められ、**地域全体の共有財産**として、ブランド振興を図ることができます。このような特徴は、商標による保護とは異なる、本制度による地理的表示保護の特徴といえるでしょう。

図4　我が国の地理的表示保護制度の大枠

○　日本においても地理的表示保護制度を創設するため、「特定農林水産物等の名称の保護に関する法律」（平成26年法律第84号）が平成26年6月に成立（通称「地理的表示法」）。

制度の大枠

① <u>「地理的表示」を生産地や品質等の基準とともに登録。</u>

② <u>基準を満たすものに「地理的表示」の使用を認め、GIマークを付す。</u>

③ <u>不正な地理的表示の使用は行政が取締り。</u>

④ <u>生産者は登録された団体への加入等により、「地理的表示」を使用可。</u>

効　果

○　産品の品質について国が「お墨付き」を与える。

○　品質を守るもののみが市場に流通。
○　GIマークにより、他の産品との差別化が図られる。

○　訴訟等の負担なく、自分たちのブランドを守ることが可能。

○　地域共有の財産として、地域の生産者全体が使用可能。

資料：農林水産省

第1部　我が国の地理的表示保護制度

第5　我が国の地理的表示保護制度の概要

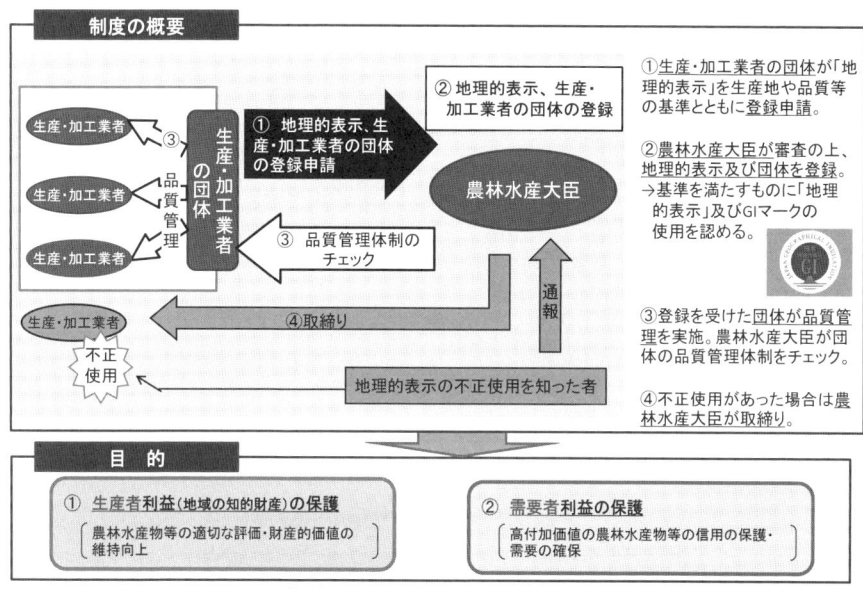

資料：農林水産省

3．地域ブランド確立に当たっての、本制度の重要性

　「ブランド」とは、一定の価値を備え、名称などの情報によって差別化され、その価値と情報の組み合わせに消費者がよいイメージを抱き、信頼を置いているものとされています。そして、このブランドを通じ、産品の品質を保証し、価値を提供することによって、消費者とのよい関係を築き、その産品が選択され続ける仕組みを作り上げることが、ブランド構築の取組です。ブランドは、消費者とのよい関係を長期的に築いていくために、非常に重要なものといえるでしょう。

　このブランド構築を進める上では、様々な課題に対応することが必要となりますが、特に、そのブランドがどのような価値を提供

し、どの点で他と区別されるかを明確にすること（**差別化ポイントの明確化**）が、まず重要となります。また、その差別化ポイントを消費者に伝え、その内容をきちんと確保し続けていくことも重要です。

　ここで、地域に根ざした「**地域ブランド**」については、その地域の風土に根ざした品質といった**地域との関連性**が差別化の重要なポイントとなります。また、地域ブランドでは多数の生産者が関与するため、事業者ごとの取組に差が出やすく、企業のブランドと違って**品質等の確保を徹底することが難しい**といった特徴があります。地域ブランドの取組に当たっては、こういった特徴を考慮して対応を行う必要があります。

　こういったことを考えると、2で述べたような特徴を持つ、地理

図6　地域ブランド確立のためのポイント

○　全国の取組事例から得られる地域ブランドの確立のために必要となる主なポイントは以下のとおり。

1．産品の価値の確立
　食味等の品質の高さや特性を確立していること。

【市田柿の場合】
・一口大で食べやすく、もっちりとした食感と上品な甘味。

2．地域との関連性、地域の人々の愛着
　自然的、歴史的、風土的、文化的、社会的等地域との何らかの関連性を有し、地域の人々が愛着を持つようになっていること。

・市田村（現在の長野県下伊那郡高森町市田地域）が発祥。
・「市田柿」の名称でおよそ100年の販売実績。
・盆地特有の朝晩の冷え込みと天竜川からの川霧がもたらす適度な湿度によって、高品質な干柿を生産。

3．売り方の工夫
　産品の価値や地域との関連性を伝えるため、適切な表示やパッケージデザイン、マーケティング等売り方が工夫されていること。

・商標マーク（ブランドマーク）の統一的使用。
・「市田柿の日」（12月1日）を設定し、集中プロモーションを実施。
・需要層を広げるため、若年層の嗜好に合った食べ方を提案。

4．消費者の信頼を裏切らないブランド管理
　「ブランド」とは消費者の信頼により成り立つことを認識し、その信頼を裏切らないブランド管理（品質・表示）を行っていること。

・市田柿ブランド推進協議会によるブランド管理。
・地域団体商標を取得。
・「市田柿品質基準」を導入。
・「衛生管理マニュアル」等を作成。

資料：農林水産省

的表示の保護制度は、地域ブランドの構築を進める上で、極めて有効な手段と考えられます。すなわち、地域と関連づけた形で、品質等の特性が明らかにされ、それに国のお墨付きが与えられます。この品質等については、一定の基準が定められ、その基準を遵守する生産者のみが名称を使用できるよう、品質等を確保する措置が講じられます。そして、このような品質確保措置がとられていることが、GIマークによって明示されるとともに、不適正なケースには行政の取締りが行われることになります。

　このように、地理的表示保護制度によって、地域性と関連づけた差別化ポイントの明示や、消費者に約束したその内容（品質等）を全ての生産者が守る仕組みが講じられ、また実効ある取締りが行われることから、本制度に取り組むことが、地域ブランドを構築していく上で効果的な手段となることが期待されるのです。

第3
保護される名称

地理的表示として保護を受けるためには、産品に生産地域と結び付いた特性があり、その名称によって生産地と特性を特定できること等の要件を満たすことが必要です。

1.「地理的表示」の内容

(1) 概要
　本制度で対象となる「地理的表示」については、次の要件を満たす名称の表示となります（法第2条第1項から第3項まで）。
① 一定の農林水産物等（食用農林水産物や飲食料品など）の名称であること
② その名称が示す農林水産物等が、特定の地域を生産地とし、その**生産地と結び付きのある品質等の確立した特性**を持つもの（＝特定農林水産物等）であること
③ その名称によって、**生産地と特性を特定**できるものであること
以下、それぞれを説明していきます。

(2) 制度の対象となる農林水産物等
　地理的表示保護制度の対象となる物ですが、①**食用の農林水産物**、②**飲食料品**、③**非食用の農林水産物であって政令で定めるもの**、④**農林水産物を原材料とする非食用の加工品であって政令で定めるもの**が対象となります。この対象となる物を「農林水産物等」

といいます（法第2条第1項）。具体的には、①には精米、カット肉、野菜、果実などが、②にはハム等の肉製品、めん類、豆腐、菓子、塩などが、③には花き、い草等の工芸農産物、真珠などが、④には精油、木炭、木材、畳表などが該当し、各地でブランド振興に取り組まれている農林水産物・食品のほとんどが対象になります。なお、③については、政令で、観賞用の植物、工芸農作物、立木竹、鑑賞用の魚、真珠の5品目が定められています（施行令第1条）。また、④については、政令で、飼料（農林水産物を原材料としたもの）、漆、竹材、精油、木炭、木材、畳表、生糸の8品目が定められています（施行令第2条）。

ただし、酒については、第1の2で説明した別の地理的表示の保護の仕組みがあることから、本制度の対象にはなりません。また、

図7　対象となる農林水産物等

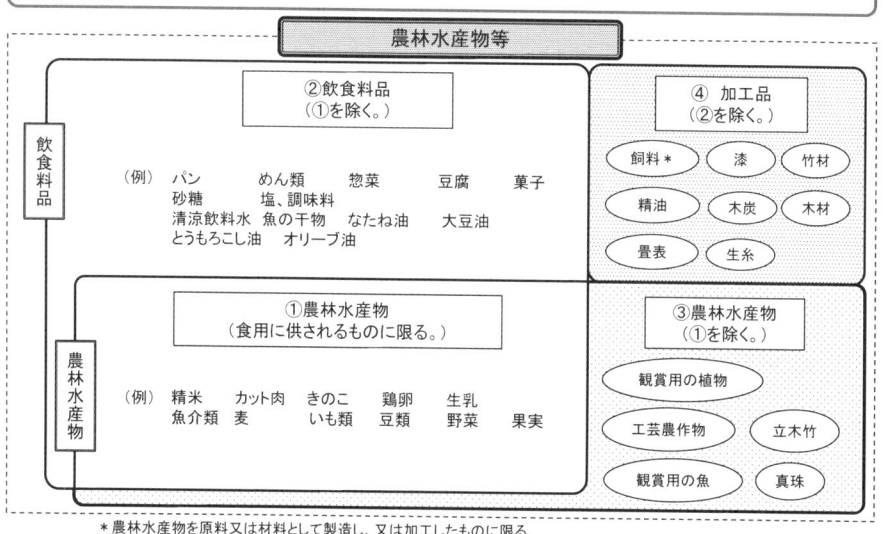

資料：農林水産省

医薬品、医薬部外品、化粧品及び再生医療等製品も対象外です。
　以上を表したのが、図7です。この「農林水産物等」に該当しないと、地理的表示保護の対象となりません。

(3) 特定農林水産物等

　地理的表示の保護の対象となるのは、**生産地と結び付きのある品質等の特性**を持った農林水産物等の名称です。この生産地と結び付きのある特性を持った農林水産物等を「**特定農林水産物等**」といいます。法律上の定義としては、①特定の場所、地域又は国を生産地とするものであること、②品質、社会的評価その他の確立した特性が、生産地に主として帰せられるものであること、の二つの要件を満たす農林水産物等を指すこととされています（法第2条第2項）。

　つまり、一定の地域で生産された産品が、他の地域で生産される物と異なる特別の品質等の特性を持っており、その特性がその生産地域の自然環境（気候や土壌など）や独自の生産ノウハウなどによって生み出されている場合に、その産品（＝特定農林水産物等）の名称を保護しようとしているのです。

図8　生産地と特性との結び付き

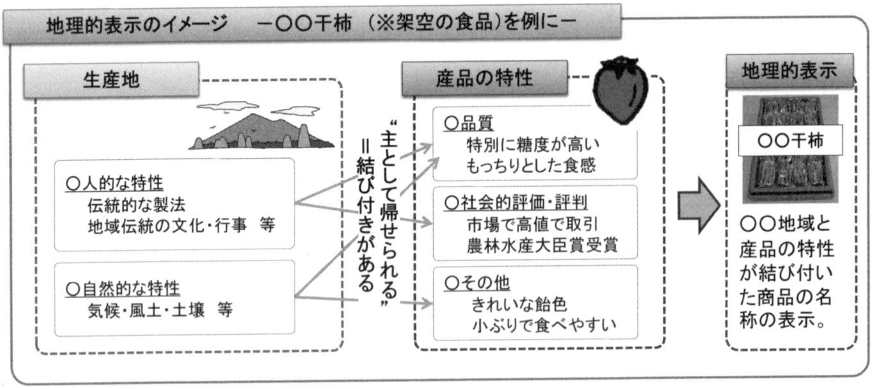

資料：農林水産省

なお、生産地の考え方や、生産地と特性との間にどのような結び付きが必要かについての詳細は、2の保護要件を参照してください。

(4) 生産地と特性を特定できる名称

地理的表示は、特定農林水産物等の名称であって、その名称によって、**生産地と生産地に結び付きのある特性が特定できる名称**の表示を指します（法第2条第3項）。例えば、(3)の図8の場合、「○○干柿」という名称によって、産地である「○○地域」と「糖度が高い、もっちりした食感などの特性」が特定できれば、この「○○干柿」という表示が地理的表示に該当することになります。

「**生産地を特定できる名称**」については、名称によって生産地がどこであるかがわかればよいので、名称に必ずしも地名を含む必要はありません。例えば、「しょっつる」といえば秋田県産の魚醤であることがわかりますので、このような場合も生産地を特定できる名称と言えます。また、名称に使われている地名と、実際の生産地が必ずしも一致していなくても（例えば、名称に使用されている地名より広い地域で生産されている場合）、これまでその名称で販売されてきているなどの実態があれば、実際の生産地がわかることになりますので、生産地を特定できる名称と言えます。

「**特性を特定できる名称**」については、その名称を聞けば、ある程度どのような産品であるか（例えば、どのような品質か）がわかるといえるような名称でなければなりません。このため、新たに作った名称で、これまでその名称が使用されていないような場合は、名称を聞いても品質などの特性がわかりませんので、「特性を特定できる名称」にはなりません。また、普通名称あるいは一般名称と言われる、一定の性質を持つ産品一般を指す名称（例えば、さつまいもや高野豆腐）は、生産地、特性双方とも特定できない名称となります。このため、これらの名称については、地理的表示とはなりません。

2．保護要件

(1) 概要

地理的表示の登録を受けるためには、次の要件を満たす必要があります（法第13条）。

① 申請者が**適切な生産者団体**であり、その生産者団体が行う品質管理に関する業務（**生産行程管理業務**）が**適確**に行われるようになっていること。
② 名称が示す農林水産物等が、制度の対象となっており、かつ、**生産地と結び付きのある確立した特性を持った農林水産物等**であること。また、既に登録された地理的表示が示す農林水産物等でないこと。
③ 名称が、その産品に関して、**生産地と特性を特定できる名称**であること。また、既存の登録商標と同一・類似の名称でないこと。

以下、それぞれを説明していきます。

(2) 申請者及びその業務についての要件

１）申請者についての要件

地理的表示の登録を受けられるのは、**生産者団体**に限られます（法第6条）。この生産者団体が登録後に品質管理に関する業務（生産行程管理業務）を行います。そして、生産行程管理業務によって品質などの確保が図られることから、この業務を行う生産者団体の構成員が地理的表示を使用できることになっています（法第3条）。

生産者団体とは、地理的表示が示す農林水産物等の生産業者を直接・間接の構成員とする団体です（法第2条第5項）。法人格はなくてもよいため、例えば、法人格のないブランド推進協議会といった団体も含まれます。生産者団体の具体例としては、農協、加工業

者の事業協同組合、○○ブランド協議会などが該当します。なお、団体の構成員となる生産業者は一でも良いとされていますので（団体審査基準）、申請を行おうとする産品の生産業者が一であっても、団体を構成すれば、その生産者団体が申請を行うことができます。

　ただし、法令・定款等により、加入の自由が定められていなくてはなりません。^(注) また、法人格のない場合には、代表者又は管理人の定めがあるものに限られます。

　さらに、①生産者団体に問題があって地理的表示の取消しを受けた日から２年経過していないときや、②役員の中に地理的表示法の違反による刑の執行が終わってから２年を経過していない者等が含まれるときは、その生産者団体は、登録を受けることができません（法第13条第１項第１号）。

(注) 農業協同組合や事業協同組合等については、その設立根拠法（農業協同組合法、中小企業等協同組合法）において、加入の自由が定められていることから、本要件を必然的に満たすことになります。

２）申請者が行う生産行程管理業務についての要件

　次に、生産者団体が行う**生産行程管理業務**が適切に行われるようになっている必要があります（法第13条第１項第２号）。この業務によって、生産地、品質等の特性、生産の方法等が定められた基準に適合していることを担保できるようになっている場合にのみ、登録を認めているのです。

　具体的には、①生産行程管理業務の基準となる明細書に定められた内容が、申請書に記載された内容と異なっているとき、②生産行程管理業務の方法が農林水産省令で定める基準に適合していないとき、③生産者団体に業務を適確に実施する経理的な基礎がないときや業務を公正に実施するための体制が整備されていないとき、については登録を受けることができません。

　なお、生産行程管理業務の詳細については、第７で説明しますので、これを参照してください。

⑶　名称が示す農林水産物等についての要件

１）特定農林水産物等

　地理的表示の登録を受けるためには、まず、その名称が示す農林水産物等が制度の対象となっていなければなりません。具体的には１の⑵で説明した、一定の農林水産物等の範囲内（食用農林水産物、飲食料品、非食用の農林水産物及び農林水産物の加工品で政令で定めるもの）である必要があります。

　さらに、その農林水産物等は、生産地と結び付きのある特性を持った農林水産物等（＝**特定農林水産物等**）である必要があります（法第13条第１項第３号イ）。特定農林水産物等とは、１の⑶で説明したとおり、①特定の場所、地域又は国を生産地とするものであること、②品質、社会的評価その他の確立した特性が、その生産地に主として帰せられるものであること、の二つの要件を満たす農林水産物等です。

２）生産地について

　１）で説明した二つの要件のうち、「**生産地**」については、実際に生産が行われている地域を指します。ここで、「生産」とは、産品に特性を付与し、又は特性を保持するために行われる行為とされていますので（法第２条第４項）、その産品を作り出すための全ての行程を指すのではなく、**特性に関連する生産行為のみが該当**することになります。例えば、ある自然的条件にある土地での農産物の栽培によって特別の品質が生み出されれば「栽培」がこれに当たりますし、加工行程によって特別の品質が生み出されれば「加工」がこれに当たります。また、漁獲後の処理行程によって品質が保持される特別の効果があれば「処理」がこれに該当します。

　このように、その生産地域の自然的な条件や行われる生産行程が、産品の特性を生み出すものであることから、生産地は、例えば自然条件が共通するとか、その地域独特の生産ノウハウが共通して

行われているといった共通性を持つ地域になります。こういった地域の範囲は、その産品に応じて、狭い場合もあれば、かなり広い場合もありますが、それぞれの実態に応じて、過大・過小とならないよう一定の範囲を適切に定めることが必要です。[注1] なお、国も生産地となり得ますが、国全体が先ほど述べたような共通の性格を持つ場合は、例外的な場合となると思われます。[注2]

(注1) 生産地の範囲の審査に当たっては、申請農林水産物等の生産が行われている範囲、特性に結び付く自然的条件を有する地域の範囲、申請農林水産物等の生産業者の所在地の範囲等を総合的に考慮するものとされています（農林水産物等審査基準）。

(注2) 生産地が国とされている場合については、特に、国内で共通の自然的条件や生産の方法が認められるか否か、これらが申請農林水産物等の特性と結び付いているか否かについて、慎重に審査を行うこととされています（農林水産物等審査基準）。

図9　生産地の範囲

○ 生産地は、農林水産物・食品等の品質等の特性と結び付きがある範囲である必要がある。
○ 当該産品の生産の実態に応じて、都道府県単位、市町村単位又はそれ以下の単位など、それぞれ異なってくる。

（例）　〇〇干柿（※架空の農産物）

生産地

○人的な特性
　伝統的な製法
　地域伝統の文化・行事　等

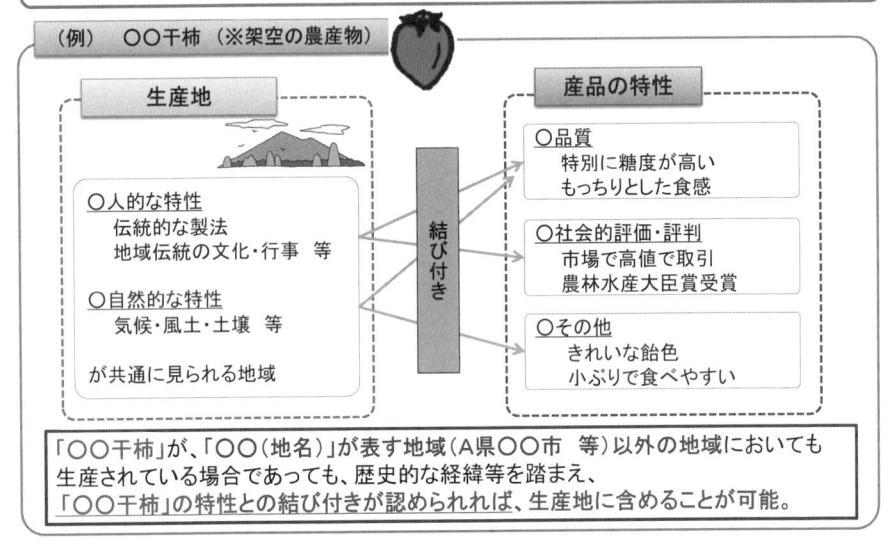

○自然的な特性
　気候・風土・土壌　等

が共通に見られる地域

結び付き

産品の特性

○品質
　特別に糖度が高い
　もっちりとした食感

○社会的評価・評判
　市場で高値で取引
　農林水産大臣賞受賞

○その他
　きれいな飴色
　小ぶりで食べやすい

「〇〇干柿」が、「〇〇（地名）」が表す地域（A県〇〇市　等）以外の地域においても生産されている場合であっても、歴史的な経緯等を踏まえ、
「〇〇干柿」の特性との結び付きが認められれば、生産地に含めることが可能。

資料：農林水産省

3）確立した特性について

　1）で説明した二つの要件のうち、「確立した特性が生産地に主として帰せられるものであること」についてですが、まず、特性が確立したものでなければなりません。この「**確立した特性**」については、申請された農林水産物等が、同種の農林水産物等と比較して差別化された特徴を有しており、その特徴を有した状態で、概ね25年生産された実績があることとされています（農林水産物等審査基準）。例えば、一般品と比べて非常に高い糖度があるりんごが25年以上生産されてきた場合等がこれに該当します。いわゆる**伝統性の要件**が必要とされているわけです。このため、新開発の産品やこれからブランド化を行う産品は、登録の対象となりません。

図10　確立した特性について

○ 産品は、産品の特性を有した状態で、一定期間（概ね25年）生産が継続されていることが必要。
○ 申請に当たって定めた新しい名称は、産品の特性を特定できないため、登録要件を満たさない。

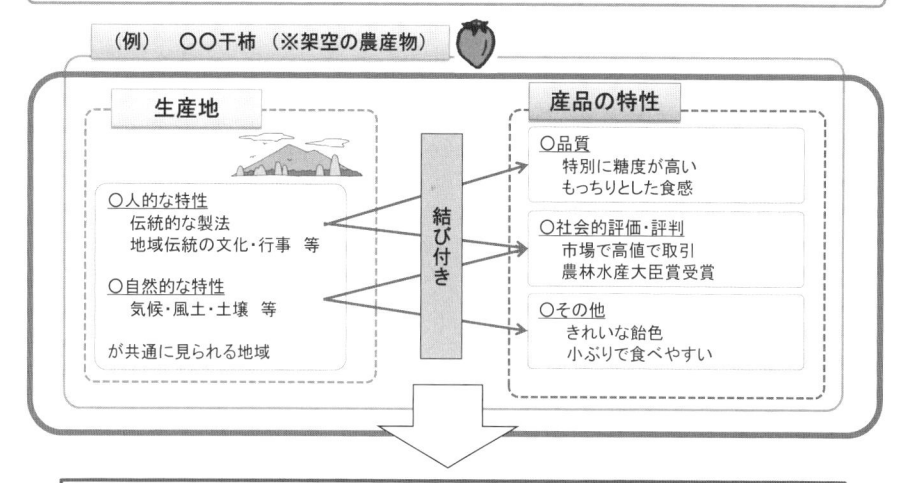

（例）　〇〇干柿　（※架空の農産物）

生産地

○人的な特性
　　伝統的な製法
　　地域伝統の文化・行事　等

○自然的な特性
　　気候・風土・土壌　等

が共通に見られる地域

結び付き

産品の特性

○品質
　　特別に糖度が高い
　　もっちりとした食感

○社会的評価・評判
　　市場で高値で取引
　　農林水産大臣賞受賞

○その他
　　きれいな飴色
　　小ぶりで食べやすい

生産地と結び付いた特性を有する状態で、産品が<u>一定期間（概ね25年）</u>
<u>継続</u>して<u>生産</u>されていることが必要（**伝統性要件**）。

資料：農林水産省

　なお、概ね25年とは、その特徴を有した状態で行われた生産期間の合計が概ね25年あることとされており、生産が一時中断していても合計した生産期間が25年あれば足ります。また、生産開始時期が厳密には確定できない場合であっても、生産期間が25年以上あれば（例：江戸時代中期（××年代）に生産が開始され、現在に至るまで生産が継続している）保護の対象となります。
　また、ある産品について、25年以上前から一定の基準で生産され続けてきたが、数年前により厳しい基準に改定され、改定された基準では25年の生産実績がない場合であっても、当初の基準設定以来、同種の農林水産物等と差別化された状態で概ね25年の生産実績があるとして、この要件を満たすこととされています。

4）生産地に帰せられる特性について

　次に、「**特性が生産地に主として帰せられる**ものであること」についてですが、これは、生産地の特徴や生産地ならではの生産方法が、特性と結び付いていることを、矛盾なく合理的に説明できることとされています（農林水産物等審査基準）。具体的には、例えば、生産地域の気温、降水量、土壌の性質などによって特別の品質が生み出されているとか、その地域で伝統的に受け継がれてきた独特の生産方法や地域固有の品種によって特別の品質が生み出されているといった場合になります。また、社会的評価を特性とする場合、生産地と社会的評価の結び付きについては、産品がその生産地で生産されてきた結果、高い評価を受けている場合に認められ、他の地域でも同様の方法で生産されており、その同様の方法での生産物が特に高い評価を受けている場合は認められないとされています。

特性が生産地に主として帰せられるものであることを示す具体例

（例１）「〇〇〇〇」の生産地である☆☆市は、△△山と□□山に囲まれた山間地にあり、日中と夜間には大きな気温差がある（別紙（略）のとおり）。また、その土壌は、火山灰土壌となっており、水はけが良い。・・・

　これらの自然的条件を備えた生産地（☆☆市）において、「〇〇〇〇」を栽培することにより、「〇〇〇〇」の他の産地の一般的な××と比べて、糖度が高い、酸味が少ないといった特性が生まれる。

（例２）「〇〇みかん」で用いられる品種「A」は、生産地である〇〇市の在来品種であり、約×××年前から栽培が開始され、約××年前に「A」と名づけられた。

　「〇〇みかん」の甘みと香りが強いという特性は、品種「A」によるところが大きい。

（例３）「〇〇味噌」は、１×××年（□□時代）、当時の△△藩（現在の〇〇県）で、その生産が開始された。当時の「〇〇

> 味噌」の製法は、他の藩の味噌とは異なり、原料配合割合が、××××、発酵・熟成期間が××か月であった。
> 　「〇〇味噌」の生産方法のうち、原料配合割合及び発酵・熟成期間は、「〇〇味噌」発祥当時のものと同じであり、これらの生産の方法を用いることで「〇〇味噌」の豊富な栄養素を含む酵母が多く含まれる等の特性が生まれる。

申請者ガイドラインより

5）既に名称が登録されている産品でないこと

　申請の対象とする産品について、既にその名称が地理的表示として登録されている産品と重複する場合は、登録が受けられません（法第13条第1項第3号ロ）。これについては、農林水産物等の区分、生産地、生産の方法、特性を総合的に勘案して、申請農林水産物等が既に登録を受けた特定農林水産物等と同一と判断される場合に、この要件に該当するとされています（農林水産物等審査基準）。

　例えば、一つの産品について、既にその名称が登録されている場合に、登録内容となっている生産地よりももっと広い地域が生産地であるとして別の申請をしたような場合は、この事由に該当することになります。一方、〇〇県全域を生産地とする「〇〇茶」が登録されているときに、〇〇県の一部である△△市を生産地とする「△△茶」を登録するような場合は、これには該当せず、他の要件を満たせば登録は可能と考えられます。

(4) 名称についての要件

1）生産地と特性を特定できる名称

　名称については、その産品に関して、**生産地と特性を特定できる名称**でなければなりません（法第13条第1項第4号イ、施行規則第16条）。これまで使用されていない名称ではその産品の特性を特定することができないため、その産品の名称として使用されてきたも

のである必要があります。一方、生産地と特性を特定できる名称である限り、地名を含む名称、**地名を含まない名称**いずれであってもよいとされています（名称審査基準）。例えば、先にも触れたように「しょっつる」などは、地名を含みませんが、秋田県産の特別の特性のある魚醬を指す名称であり、生産地と特性を特定できる名称といえるでしょう。

　地名を含む名称の場合、その地名は過去の行政区域名や旧国名等でもかまいません。また、名称に使われている地名と、実際の生産地が必ずしも一致していなくても（例えば、名称に使用されている地名より広い地域で生産されている場合）、これまでその名称で販売されてきているなどの実態があり、生産地を特定することができれば認められます。

　生産地と特性を特定できない名称の代表的なものは、**普通名称（いわゆる一般名称）**です。さつまいも、高野豆腐、カマンベールチーズなどは、一定の性質を持つ産品一般を指す名称であり、その生産地が特定されませんので、保護の対象とはなりません。また、動物・植物の品種名と同一の名称も、生産地について誤認を生じさせるような場合は生産地が特定されない名称となります。ただし、その品種が、基本的に一定の地域のみで生産され、その名称によって生産地が特定でき、誤認を招かない場合は保護の対象となり得ます。このほか、他人の著名な商品名と同一・類似の名称なども、生産地と特性を特定できない名称となりますし、登録に際して新しく定められた名称も同様です。

普通名称その他産地・特性を特定できない名称

１．普通名称（特定の場所、地域又は国を生産地とする産品を指す名称ではなく、一定の性質を有する産品一般を指す名称）
２．その他産地・特性を特定できない名称 　①　動物又は植物の品種名と同一の名称であって、産品の生産地について需要者に誤認を生じさせるおそれがあるもの（誤

第1部　我が国の地理的表示保護制度

　　認を生じさせるか否かの判断は、申請された産品の生産地以
　　外の地域におけるその品種の生産実態を考慮）
② 他人の商品等表示として需要者の間に広く認識されている
　　商標と同一又は類似の商標であって、その商品・役務又はこ
　　れらに類似する商品・役務に使用するものである場合
③ 他人の著名な商品表示等と同一又は類似の名称
④ 登録を受けるために新たな名称を定めた場合の新規名称
⑤ その他産地・特性を特定できない名称

名称審査基準より

図11　地名を含む名称の扱い

○ 生産地と特性との結び付きが認められる産品を特定できる名称は登録可能であるため、地名を含む名称に加え、旧国名や旧市町村名を含む名称、地名を含まないが地域と結び付きのある名称についても登録可能。
○ 地名を含んでいても、全国で生産され、地域との結び付きの乏しい産品の名称（普通名称）は、登録対象外。

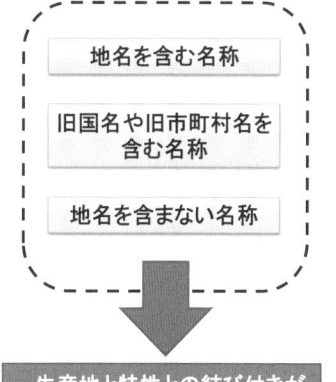

地名を含む名称

旧国名や旧市町村名を含む名称

地名を含まない名称

↓

生産地と特性との結び付きが認められる産品を特定できる名称であれば登録可能。

普通名称の例

我が国において特定の場所・地域を生産地とする農林水産物等を指す名称ではなく、一定の性質を有する農林水産物等一般を指す名称

小松菜

○ コマツナ（小松菜、学名 *Brassica rapa* var. *perviridis*）は、アブラナ科の野菜。
○ コマツナは、標準和名となっている。

・「小松菜」という名称は東京の小松川（江戸川区）に由来している。
・現在の生産地は東京都、神奈川県、埼玉県、千葉県などの都市近郊が主で、関東地方で全国の約8割を生産。
・福岡県、大阪府等、大都市近郊でも盛んに生産されている。

※ 登録の対象となるかは、具体的な申請内容を踏まえ、審査されることとなる。

資料：農林水産省

2）既存の商標と抵触しない名称

　その名称が産地と特性を特定できる名称であったとしても、**既に登録されている商標**と同一・類似の名称は、原則として地理的表示の登録がされません（法第13条第1項第4号ロ）。これは、既存の商標の権利者の利益保護に配慮した要件です。

　同一・類似の名称が登録できないこととなる商標の範囲は、地理的表示の登録申請をする商品又はこれに類似する商品に係る商標と、これらの商品に関する役務に係る商標です。例えば、りんごの名称の地理的表示登録の申請をする場合は、りんご及び柿・なし・桃等の果実についての商標や、果実の小売り・卸売りの業務において行われる役務の提供についての商標と同一・類似と判断されると、地理的表示の登録が受けられないこととなります。ただし、これらの商標についての**商標権者等が地理的表示の申請する場合**や（例えば、地域団体商標の商標権者である農業協同組合が、これと同一の名称について地理的表示の登録を申請する場合）、**商標権者等の承諾を受けて申請する場合**は、地理的表示の登録が可能です（法第13条第2項）。

　なお、商標等の類否の判断は、原則、商標審査基準に従うこととされています（名称審査基準）。商標審査基準は、特許庁のウェブサイトに掲載されていますので、参考にしてください。また、どのような商標があるかについては、特許情報プラットホームのウェブサイトで検索できます。

（特許庁ウェブサイト）
https://www.jpo.go.jp/shiryou/kijun/kijun2/syouhyou_kijun.htm
（特許情報プラットホームウェブサイト）
https://www.j-platpat.inpit.go.jp/web/all/top/BTmTopPage

図12　地理的表示としての保護に向けたチェックポイント

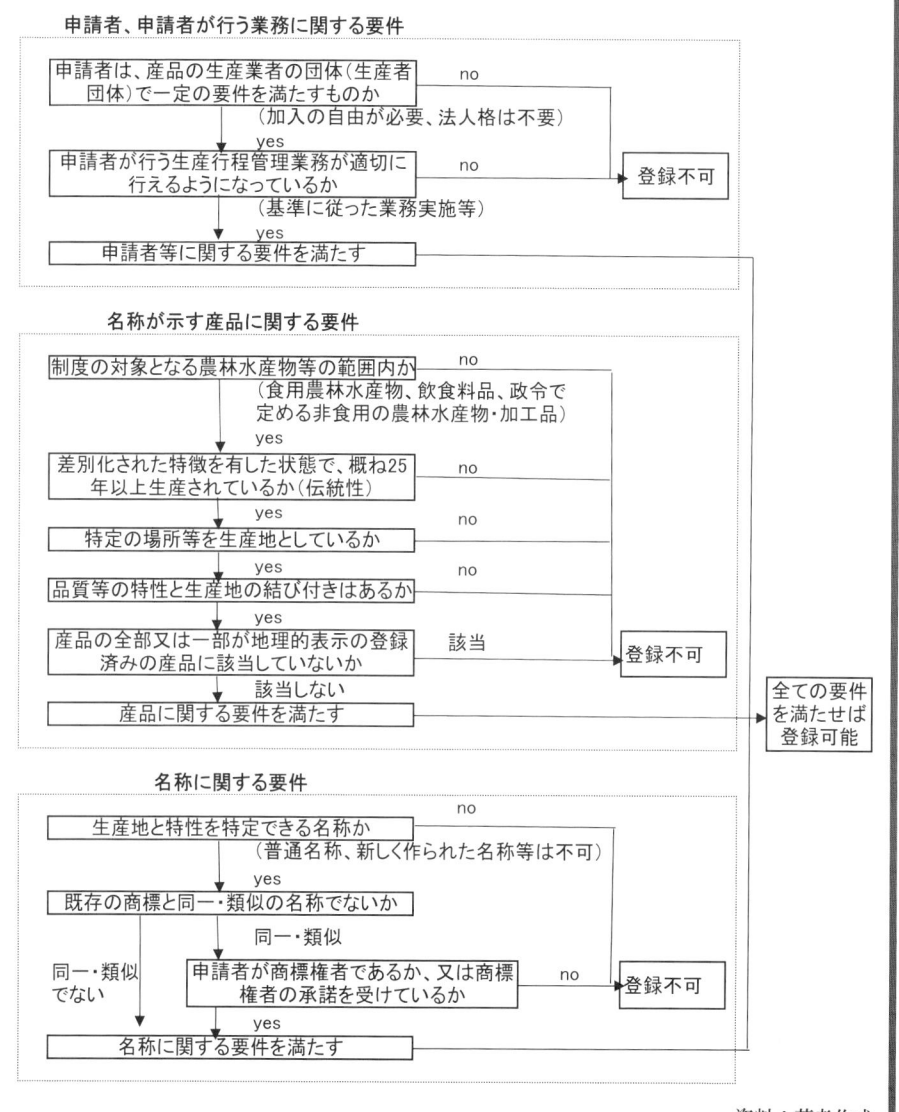

申請者、申請者が行う業務に関する要件

- 申請者は、産品の生産業者の団体（生産者団体）で一定の要件を満たすものか（加入の自由が必要、法人格は不要）── no →登録不可
- yes ↓
- 申請者が行う生産行程管理業務が適切に行えるようになっているか（基準に従った業務実施等）── no →登録不可
- yes ↓
- 申請者等に関する要件を満たす

名称が示す産品に関する要件

- 制度の対象となる農林水産物等の範囲内か（食用農林水産物、飲食料品、政令で定める非食用の農林水産物・加工品）── no →登録不可
- yes ↓
- 差別化された特徴を有した状態で、概ね25年以上生産されているか（伝統性）── no →登録不可
- yes ↓
- 特定の場所等を生産地としているか ── no →登録不可
- yes ↓ (※)
- 品質等の特性と生産地の結び付きはあるか ── no →登録不可
- yes ↓
- 産品の全部又は一部が地理的表示の登録済みの産品に該当していないか ── 該当 →登録不可
- 該当しない ↓
- 産品に関する要件を満たす

名称に関する要件

- 生産地と特性を特定できる名称か（普通名称、新しく作られた名称等は不可）── no →登録不可
- yes ↓
- 既存の商標と同一・類似の名称でないか
  - 同一・類似 → 申請者が商標権者であるか、又は商標権者の承諾を受けているか ── no →登録不可
  - 同一・類似でない ↓／yes ↓
- 名称に関する要件を満たす

→ 全ての要件を満たせば登録可能

資料：著者作成

第4
登録申請の手続

　地理的表示の登録を受けるためには、生産者団体が、明細書や生産行程管理業務規程を定めて、農林水産大臣に登録申請を行います。

1．申請書の提出

　登録の申請を行えるのは、生産行程管理業務を行う生産者団体です。申請は**一つの**農林水産物等の区分ごとに**1件の**申請が必要となります。この区分は、告示で定められた区分となります（農林水産物等の区分等を定める告示）。例えば、青果の柿と干し柿は別の区分（青果は「果実類」、干し柿は「果実加工品類」）になりますので、仮に同じ名称で呼ばれていても、別々に申請を行うことが必要です。(注)

　申請に当たっては、申請書に明細書等の書類を添付して農林水産大臣に提出します（法第7条）。提出窓口は、農林水産省食料産業局新事業創出課となっており、郵送又は持参により、正本一通を提出します。

　申請書の様式は省令で定められており（施行規則別記様式第1号）、この様式に従って申請を行う必要があります。この様式については、農林水産省の地理的表示保護のウェブサイトからダウンロードすることができます。なお、申請から登録までの手続の留意点については、申請者ガイドラインが定められていますので、これを参考に手続を進める必要があります。

（注）実例として、2015年6月1日に申請がされた「砂丘らっきょう」では、生らっきょうと味付けらっきょう漬けの二つの申請が行われています。

２．申請書の記載事項

(1) 申請書の記載事項は、①申請者に関して、氏名・住所等、②登録を申請する農林水産物等に関して、その区分、名称、生産地、特性、生産の方法、特性が生産地に主として帰せられるものであることの理由、生産実績、③その他必要な事項（同一又は類似の商標の有無など）となっています（法第7条第1項、施行規則第6条）。

申請書の記載事項

① 申請者の名称、住所等
② 申請農林水産物等の区分
③ 申請農林水産物等の名称
④ 申請農林水産物等の生産地
⑤ 申請農林水産物等の特性
⑥ 申請農林水産物等の生産の方法
⑦ 申請農林水産物等の特性がその生産地に主として帰せられるものであることの理由
⑧ 申請農林水産物等がその生産地において生産されてきた実績
⑨ 同一・類似商標の有無等
⑩ 連絡先（文書送付先）
⑪ 添付書類の目録

(2) 具体的な申請書の記載内容については、申請書作成マニュアルに詳細な留意事項がありますので、これを参考にしてほしいのですが、以下に特に注意すべき点を上げておきます。

1)「区分」に関しては、1で述べた告示で定められた農林水産物

等の区分に従って記載します。告示には、「区分」と「区分に属する農林水産物等」が定められていますので、これに従って、登録を申請する産品について、区分（例：第3類　果実類）と区分に属する農林水産物等（例：りんご）を記載します。

2）「**生産地**」については、申請する農林水産物等の生産が行われている場所、地域等の範囲を、その範囲が明確となるように、可能な限り行政区画名を用いて記載します。「○○県△△市及びその周辺地域」のような記載は、生産地の範囲が不明確となるため、適当ではありません。なお、ここで、生産地とは農林水産物等に特性を付与・保持する行為が行われる地を指しますから、例えば、加工方法によって特性が付与される場合は、加工地を生産地として記載します。この場合、原料の生産地を一定の範囲に限定する場合は、その旨を生産の方法に記載します（例えば、生産の方法の中で、「原料として○○県産の××を使用すること」と記載）。

3）「**特性**」については、抽象的に「おいしい」、「すばらしい」、「味が良い」、「美しい」といった記載ではなく、次の①から⑤までの要素を踏まえて、**同種の産品と比較して差別化された特徴**を説明しなければならないとされていますので（農林水産物等審査基準）、このような要素について具体的に記載することが必要です。例えば、一般品の重量が平均○gなのに対し、申請品は△gと非常に重い、とか、一般品は糖度○～○度であるのに対し、申請品は、糖度△度以上である、といったように、差別化できる特性を具体的に示すことが必要です。
　①　物理的な要素（大きさ、形状、外観、重量、密度）
　②　化学的な要素（添加物の有無、残留農薬の有無、酸味、糖度、脂肪分、pH等）
　③　微生物学的な要素（酵母、細菌の有無等）
　④　官能的な要素（食味、色、香り、手触り、風味、水分等）

⑤　その他

　また、特性として社会的評価を記載する際は、単に「全国的な知名度がある」といった表現ではなく、可能な限り具体的な事例（受賞歴、新聞への掲載など）を踏まえ、過去又は現在の評判が、申請農林水産物等をどのように評価したものであるかを記載する必要があります。(注)

（注）社会的評価の審査に当たっては、過去の評判及び現在の評判（過去、現在における受賞歴）並びにこれらの評判を有することになった要因に係る資料（技術的・科学的データ、新聞、著作物、ウェブサイト等）により判断を行うこととされています（農林水産物等審査基準）。

特性の記載（悪い例）

- 「○○みかん」は、他の産地の一般的なミカンと比べて、とても味が良く、おいしいミカンである。
- 「○○りんご」の外観はとても美しく、すばらしいリンゴである。
- 「○○りんご」は、糖度の高い、甘いリンゴである。
- 「○○」は、全国的に知名度がある。

特性の記載（良い例）

- 「○○みかん」は、他の産地の一般的なミカンと比べて、糖度は2、3度高く（「○○みかん」の糖度は××度以上）、酸味は少ない（「○○みかん」の酸度（クエン酸）は、××％以下、甘みと香りが強く、食味の良いミカンである。
- 「○○りんご」は、他の産地の一般的なリンゴと比べて（一般的なリンゴの糖度は××度）糖度が高く（「○○りんご」の糖度は××度以上）、甘いリンゴである。
- 「○○」は、昭和××年に「○○ブランド協議会」を設立し、ブランド管理に取り組んだ結果、平成××年度△△賞、平成××年度△△賞、・・・の賞を受賞するとともに、各種のメディア（平成××年××月××日放送の○○テレビ、平成××年××月××日の○○新聞、・・・）において取り上げられ、全国

的な知名度を有するに至っている。
　　△△賞は、□□の・・・を審査し・・・という方法によって評価するものであり、「○○」がこの賞を受賞したことは、・・・（特性等に関する評価）について高い評価を得たことを示すものである。

申請書作成マニュアルより

4）「**生産の方法**」については、**特性と関係する生産の行程**を記載します。例えば、特性を生み出すのに関連する、その地域独自の品種の使用、一定の自然条件にある地域での生産、伝統的な製法、選別の方法（出荷規格を含む。）などがあげられます。一方、特性と直接関係しない生産の行程を記載する必要はありません。申請書に記載した生産の方法は、一般に公開されますので、記載が必要でない行程まで記載して、営業秘密・ノウハウが開示されてしまうような事態が生じないよう注意する必要があります。なお、生産の方法には、生産の行程に加えて、申請農林水産物等の最終製品としての形態を記載することとされていますので、最終製品が生鮮品であるか、加工品等であるかがわかるよう記載します。具体的な記載については、申請書作成マニュアルを参照してください。

5）「**特性が生産地に主として帰せられるものであることの理由**」については、**生産地や生産の方法が、どのように特性に関係しているか（結び付き）**を記載します。例えば、生産地の自然的条件（地形、土壌、気候等）を詳しく説明した上で、特性との結び付きを説明したり、生産の方法で記載した内容が特性にどのように結び付いているかを記載します。具体的な記載については、申請書作成マニュアルを参照してください（第3の2(3)4）に一部を掲載してあります。）。

(3)　なお、地理的表示産品は、ある地域において、一定の生産方法

により一定の品質等の特性を有する産品の生産が長年行われ、消費者の方にもその一定の品質等の特性が認識されてきたものです。このような産品の名称を地域の共有財産として保護するのが地理的表示の保護制度ですから、登録に当たって、その内容を変えるものではなく、これまで確立されてきた特性や生産方法の内容を申請書に記載することになります。ただ、その内容が明文化されてこなかったり、関係者の間で認識に一定の差があることもあるでしょうから、関係者で協議し合意形成をした上で、申請書を作成することとなります。

3．申請書の添付書類

(1) 添付書類

申請書に添付する書類は、明細書、生産行程管理業務の方法に関する規程のほか、生産者団体の定款や財務諸表、申請する産品の写真や登録要件を満たす農林水産物等であることを証明する書類、同一・類似の商標がある場合の商標権者の承諾を証明する書類などです（法第7条第2項、施行規則第7条）。必要書類は申請の内容によっても差がありますので、詳しくは、申請者ガイドラインを参考にしてください。

(2) 明細書

1）添付書類の一つである**明細書**は、登録を申請する農林水産物の区分、名称、生産地、特性、生産の方法、特性が生産地に主として帰せられるものであることの理由、生産実績等を定めたものです。明細書の様式は法定されていませんが、明細書作成マニュアルの様式1が参考として示されており、原則として、申請書の記載内容の「申請者」欄から「連絡先（文書送付先）」までの事項を記載することとなります。

明細書の記載事項

①　作成者の名称、住所等
②　農林水産物等の区分
③　農林水産物等の名称
④　農林水産物等の生産地
⑤　農林水産物等の特性
⑥　農林水産物等の生産の方法
⑦　農林水産物等の特性がその生産地に主として帰せられるものであることの理由
⑧　農林水産物等がその生産地において生産されてきた実績
⑨　同一・類似商標の有無等
⑩　連絡先

2）この明細書は、**生産者団体ごとに定める**必要がありますので、生産者団体が複数あるときは、その生産者団体ごとの明細書を定め（もちろん、内容が同一であってもかまいません。）、申請書に添付する必要があります。この場合、明細書の「作成者」の欄には、それぞれの団体名等が記載されることになります。

3）明細書の内容は、申請書に記載された内容と異ならないよう定める必要があり（法第13条第1項第2号イ）、基本的には、申請書の記載内容と同様の内容又はそれをより詳細化したものとなります。ただし、申請書に記載された内容の趣旨に反しない範囲で、異なる内容を定めることは認められています。具体的には、特性について、申請書に記載した内容よりも厳しい規格を設けること（例えば、申請書では糖度12度以上とされている中で、明細書では糖度13度以上とすること）や、新たな要件を付加すること（例えば、申請書では大きさについて定めていないが、明細書では重量や直径の基準を定めること）が可能です。また、生産の方法について、新たな行程を追加すること（例えば、県が定めた防除基準に従って防除を実施する旨を追加すること）などが可能で

す。なお、特性や生産の方法について申請書の記載内容と異なる内容を明細書に記載する場合には、異なる部分に下線を引くこととされています（明細書作成マニュアル）。

　一方、特性の付与又は保持にとって必要十分な範囲を超える生産方法を記載することはできません。例えば、特性の付与又は保持と無関係な特定の餌を与えることを定めることなどはできません。また、販売価格等の取り決めや、競合規格の排除など、独占禁止法に抵触するおそれのある事項を定めることもできません。これらの場合は、申請書における記載内容に実質的に反する（法第13条第１項第２号イ）とされています（生産行程管理業務審査基準）。

　なお、明細書の具体的な記載内容については、明細書作成マニュアルを参考にしてください。

⑶　生産行程管理業務規程

　生産行程管理業務規程は、明細書に適合した生産が行われるようにするための生産行程管理業務の方法について定めた規程です。具体的には、明細書への適合性の確認方法、生産者に対する指導方法、地理的表示等の使用の確認や指導の方法などを定めます。この生産行程管理業務規程についても、**生産者団体ごとに定める**必要があります。生産行程管理業務については、第７で詳しく説明しますが、生産行程管理業務規程の作成方法については、生産行程管理業務規程作成マニュアルを参考にしてください。

４．申請書、添付書類等作成に当たってのポイント

　地理的表示は、「生産地域と結び付きのある一般品と異なる特性を有する産品の名称」を保護する仕組みです。このため、まずは**「生産地域と結び付きのある一般品と異なる特性」**を明確にすることが第一となります。地理的表示産品は、長い年月をかけて一定の品質等の特性と社会的評価を確立してきたものであり、特性につい

て既に一定の共通認識があると思われます。しかし、この内容が明文化されていないことも多いでしょうから、生産者はもちろん消費者の方の認識も踏まえ、内容を関係者の間で協議し、合意・確定していくのです。

この「特性」と関連する特徴を持ち、「特性」を生み出す行為が行われる地域の範囲が、「**生産地**」となりますし、「特性」を生み出すのに関連する生産の行程が、「**生産の方法**」となります。このように、「特性」を基礎に、「**生産地域**」や「**生産方法**」が首尾一貫するよう定められることになり、これを申請書や明細書に記載することになるのです。

そして、このように首尾一貫する「特性」、「生産地域」、「生産の方法」等を担保するものが生産行程管理業務なのですから、生産行程管理業務規程では、これらを担保するために必要な措置を過不足なく定めれば良いことになります。

図13 「**特性**」、「**生産地**」、「**生産の方法**」の関係

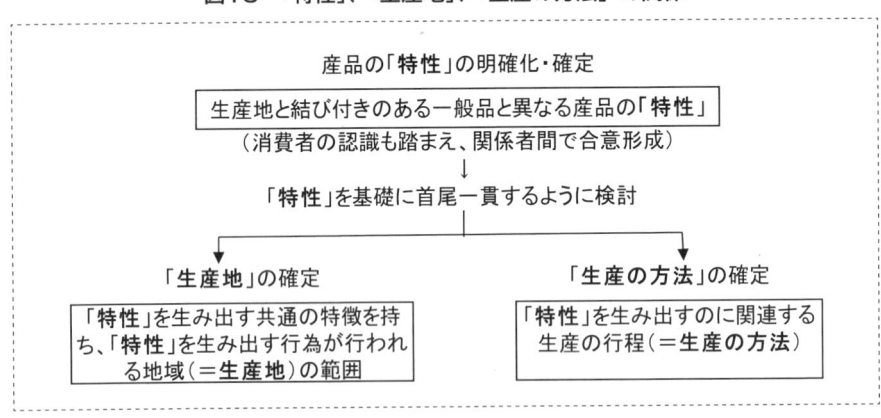

```
産品の「特性」の明確化・確定
┌─────────────────────────┐
│ 生産地と結び付きのある一般品と異なる産品の「特性」 │
│ （消費者の認識も踏まえ、関係者間で合意形成）      │
└─────────────────────────┘
             ↓
    「特性」を基礎に首尾一貫するように検討
       ↙              ↘
「生産地」の確定           「生産の方法」の確定
┌──────────────┐  ┌──────────────┐
│「特性」を生み出す共通の特徴を持│  │「特性」を生み出すのに関連する│
│ち、「特性」を生み出す行為が行わ│  │ 生産の行程（＝生産の方法） │
│る地域（＝生産地）の範囲    │  │              │
└──────────────┘  └──────────────┘
```

```
定められた特性、生産地、生産の方法を担保するため
    必要な措置⇒生産行程管理業務
```

資料：著者作成

第5
審査、登録

　地理的表示の登録申請が行われると、申請内容の公示、意見書の提出、審査等の手続を経て、登録が行われます。

1．申請の公示

　地理的表示の登録申請があった場合、農林水産大臣は、審査手続を開始します。まず、申請方式等形式面のチェックが行われ、必要な場合は補正の手続が行われます。また、申請者が、欠格事由に該当しない登録を受けることのできる生産者団体であるかどうかの確認が行われます。この確認を経た後、申請内容が農林水産省のホームページに公示されます（法第8条第1項）。併せて、申請書と明細書、生産行程管理業務規程が2月間、農林水産省食料産業局新事業創出課において公衆の縦覧に供されます（同条第2項）。

公示される事項

①	申請の番号及び受付年月日
②	申請者の名称、住所等
③	申請者のウェブサイトのアドレス（申請書に記載がある場合）
④	申請農林水産物等の区分
⑤	申請農林水産物等の名称
⑥	申請農林水産物等の生産地

⑦　申請農林水産物等の特性
⑧　申請農林水産物等の生産の方法
⑨　申請農林水産物等の特性がその生産地に主として帰せられるものであることの理由
⑩　申請農林水産物等がその生産地において生産されてきた実績
⑪　同一・類似商標の有無
⑫　同一・類似商標の概要
⑬　⑥～⑧の内容と明細書の内容が異なる場合、その旨及びその内容
⑭　申請農林水産物等の写真
⑮　公示年月日
⑯　申請書等の縦覧期間及び意見提出期間

2．意見書の提出

(1)　1の公示内容等を踏まえ、登録の申請に意見がある人は、公示の日から3月以内に**意見書の提出**をすることができます（法第9条）。例えば、品質等の特性、生産地、生産の方法などに異論がある場合や、その名称は一般的に使われており保護の要件を満たさないと考える場合、自分が権利を所有している商標と抵触していると考える場合など意見がある場合は、どなたでも意見書の提出が可能です。登録すべきという意見を提出することもできます。意見書の様式は省令で定められており（施行規則第8条及び別記様式第2号）、これに従って作成する必要があります。この意見書については、申請者に写しが送付されます。

(2)　なお、登録申請がされてから意見書提出の期限までに、公示の対象となった産品と重複する産品について、別の登録申請が行われたときは、最初の登録申請に対する意見書の提出があったものとみなされます（法第10条）。例えば、生産地の範囲に関係者の

間で争いがあり、一つの団体が地理的表示の登録申請をしたあとに、別の団体が生産地の範囲を変えてさらに登録申請をしたような場合は、後者の登録申請は先の申請に対する意見書の提出とみなされ、この内容を踏まえて審査が行われることとなります。

3．審査と学識経験者からの意見聴取

　申請に対する審査は、農林水産省食料産業局新事業創出課の審査担当者（審査官）が、特定農林水産物等審査要領に基づき行います。審査に当たっては、必要に応じて現地調査が行われます。この審査の内容や2の意見書を踏まえて、必要がある場合は、審査官から申請書等の記載内容の自主的な補正が求められることがあります。

　意見書の提出及び審査官の審査が終了した後、申請内容が保護要件を満たすかについて、**学識経験者からの意見聴取**が行われます（法第11条）。この際、提出された意見書の内容や関係者の意見も踏まえ、学識経験者の議論が行われます。保護要件を満たすかどうか、品質等の特性、生産地域、生産の方法等が妥当なものとなっているかどうか等について、専門家からの意見が出されることになるのです。

4．登録

　1～3の手続を経た後、審査結果のとりまとめが行われ、登録の可否が判断されます。第3で説明した登録要件を満たし登録が認められる場合は、**特定農林水産物等登録簿**に登録が行われます（法第12条）。なお、登録簿は公衆の縦覧に供されますので、その内容を確認することができます（法第14条）。

　登録がされると、申請した生産者団体に通知がされるとともに、農林水産省のホームページに公示が行われます（法第12条第3項）。

公示事項は、原則として登録事項と同一ですが、明細書で、特性や生産方法について、申請書の内容と異なる内容を定めたときは、その旨及びその内容もあわせて公示されますので（施行規則第13条第12号）、各生産者団体で扱いに差があるときはこの公示によって内容を知ることができます。

　登録を受けた生産者団体は、１カ月以内に登録免許税を納付し、納付についての領収書の原本を農林水産省食料産業局新事業創出課に提出しなければなりません。なお、登録免許税は、登録件数１件に付き９万円となっています。

登録される事項

①　登録番号及び登録の年月日
②　申請の番号及び受付年月日
③　登録される特定農林水産物等の区分
④　登録される特定農林水産物等の名称
⑤　登録される特定農林水産物等の生産地
⑥　登録される特定農林水産物等の特性
⑦　登録される特定農林水産物等の生産の方法
⑧　登録される特定農林水産物等の特性がその生産地に主として帰せられるものであることの理由
⑨　登録される特定農林水産物等がその生産地において生産されてきた実績
⑩　同一・類似商標の有無
⑪　同一・類似商標の概要
⑫　登録生産者団体の名称、住所等

第1部 我が国の地理的表示保護制度

図14 申請から登録までの流れ

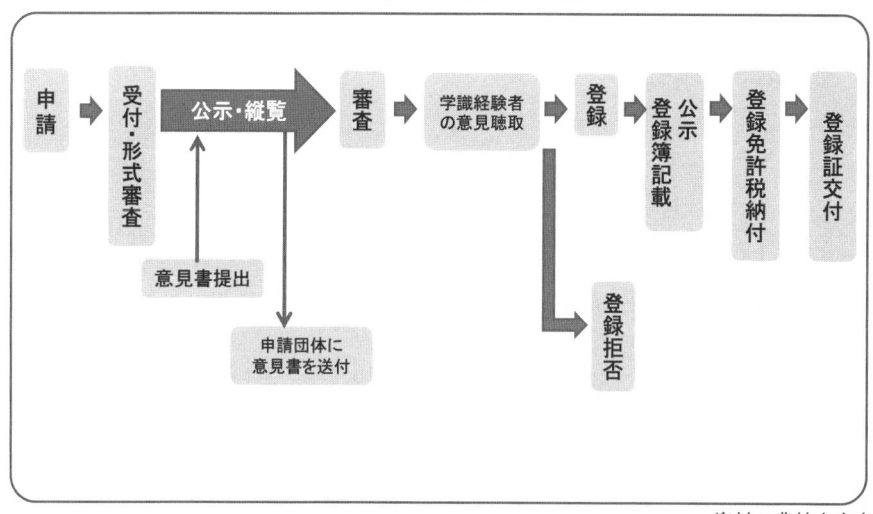

申請 → 受付・形式審査 → 公示・縦覧 → 審査 → 学識経験者の意見聴取 → 登録 → 公示 → 登録簿記載 → 登録免許税納付 → 登録証交付

意見書提出 → 申請団体に意見書を送付

登録 → 登録拒否

資料：農林水産省

（注1）縦覧期間は公示の日から2カ月間です。また、意見書の提出ができる期間は、公示の日から3カ月間です。
（注2）公示は、農林水産省のウェブサイトで行われます。また、縦覧は、農林水産省食料産業局新事業創出課において行われます。

第6
登録の効果
（使用が禁止される表示の内容など）

　地理的表示の登録が行われると、基準を満たす産品についてのみ、その地理的表示とGIマークを使用することができます。不適正な表示等には行政による取締りが行われます。

　地理的表示の登録によって、一定の場合のみに地理的表示を付すことができることになるほか、地理的表示であることを表す標章（GIマーク）の使用の義務づけの効果が生じます。また、基準を満たさない農林水産物等には地理的表示やGIマークの使用が禁止されます。

　地理的表示に関する表示については、地理的表示保護制度表示ガイドラインが定められていますので、詳細については、これを参照していただきたいと思いますが、その概要については以下のとおりです。

1．地理的表示を付すことができる場合

　地理的表示の登録が行われると、地理的表示を付すことができるのは一定の場合に限られます（法第3条第1項）。具体的には、地理的表示を付すことができる対象物は、登録を受けた生産者団体の構成員である生産業者が生産し、かつ、登録基準を満たしている農林水産物等及びその包装・容器・送り状となります。また、地理的表示を付すことができる者は、①登録を受けた生産者団体の構成員である生産業者と、②その生産業者から対象となる産品を直接・間

接に譲り受けた者（流通業者など）になります。したがって、生産業者から購入した地理的表示対象産品を、流通業者が小分けして販売する場合でも、地理的表示を付すことができます。なお、地理的表示を付す場合は、併せて、地理的表示を表す標章（GIマーク）を付さなければなりません（4を参照）。

図15　地理的表示やGIマークの使用について

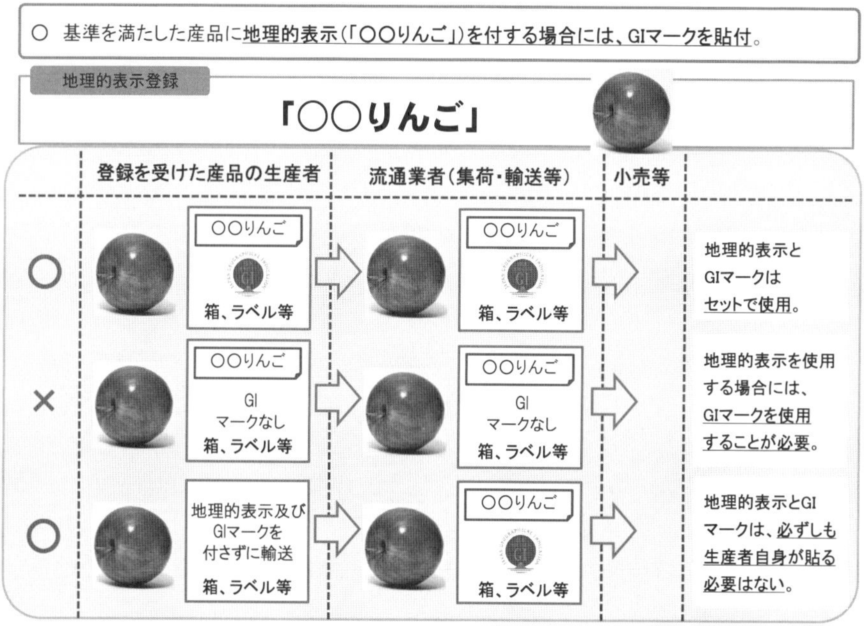

○ 基準を満たした産品に地理的表示（「○○りんご」）を付する場合には、GIマークを貼付。

	登録を受けた産品の生産者	流通業者（集荷・輸送等）	小売等	
○	○○りんご／GIマーク／箱、ラベル等	○○りんご／GIマーク／箱、ラベル等		地理的表示とGIマークはセットで使用。
×	○○りんご／GIマークなし／箱、ラベル等	○○りんご／GIマークなし／箱、ラベル等		地理的表示を使用する場合には、GIマークを使用することが必要。
○	地理的表示及びGIマークを付さずに輸送／箱、ラベル等	○○りんご／GIマーク／箱、ラベル等		地理的表示とGIマークは、必ずしも生産者自身が貼る必要はない。

資料：農林水産省

2．地理的表示を付すことが禁止される場合

(1)　一方、1以外の場合は、同種の産品等に地理的表示を付すことが禁止されます（法第3条第2項）。表示が禁止される具体的内容について、まず禁止の対象となる物は、**その地理的表示が表す産品と同一の区分に属する農林水産物等**とその農林水産物等を主

要な原材料とする加工品及びこれらの包装・容器・送り状です。例えば、○○りんごという地理的表示の場合、果実類が同一の区分になりますので、りんご、なし等の果実類及びその包装等には○○りんごの表示は使えません。また、りんごジュース、なしジュースなどの加工品及びその包装等についても同様です。

　何が同一の区分になるかについては、穀物類から飼料類までの42区分が告示で定められており（農林水産物等の区分等を定める告示）、その区分内のものが同一の区分に属する農林水産物等となります。

(2)　禁止される表示の内容は、**地理的表示及びこれに類似する表示**です。この類似する表示には、①真正の生産地の表示を伴う表示、②「種類」、「型」、「様式」、「模造品」又はこれに類する表現を伴った表示、③地理的表示を翻訳した表示が含まれることが定められています（施行規則第2条）。(注)このため、地理的表示そのものだけでなく、これと類似する表示、例えば、「○○りんご」が登録されている場合の「△△産○○りんご」（真正な産地を表示する場合）、「○○風りんご」（種類、型等の表現を伴う場合）、「○○（英語表記）apple」（翻訳した表示）といった表示も禁止されることになります。

　一方、食品表示法など法令の規定に基づき産品の原産地を表示する場合は、原則として、地理的表示又はこれに類似する表示には該当せず、規制対象となりません。ただし、原産地の表示が、その表示を付された産品が登録産品であると需要者に誤認を生じさせる方法で行われる場合には、規制対象となることがあるので注意が必要です。例えば、「○○りんご」という地理的表示が登録されている場合に、「産」の文字を「○○」や「りんご」の文字に比べ著しく小さくして「○○産りんご」という表示をする場合などは、規制対象となることがあります（地理的表示保護制度表示ガイドライン）。

第1部　我が国の地理的表示保護制度

(注) ①～③は、TRIPS協定で定める「追加的保護」の内容です（第2部を参照）。EUなど外国の地理的表示が我が国で登録された場合、その日本語訳も規制対象に含まれることになりますので、注意が必要です。

(3) なお、「〇〇りんご」が登録されている場合、「〇〇リンゴ」や「〇〇林檎」のように、名称に含まれるひらがな、カタカナ、漢字を相互に互換して表示するものは、登録されている地理的表示と同一の名称に該当するとされています（地理的表示保護制度表示ガイドライン）。一方、「〇〇（英語表記）apple」の場合は同一の名称とは言えず、類似の名称に当たるとされています。明細書に適合しない産品にこれらの名称を使用できないのはもちろん

図16　地理的表示やGIマークの使用規制

① 物について

○ 地理的表示は、①登録された産品自体、②登録産品を原材料として使用した加工品 に使用可能。
○ GIマークは、登録された産品自体以外には使用できない。

【地理的表示登録】
「〇〇りんご」

【同一の区分の農林水産物等】
※「〇〇りんご」の使用規制は、りんごと同一の区分に属する農林水産物等に及ぶ。

ケース①　登録産品のりんごに「〇〇りんご」と表示
〇〇りんご　〇

ケース②　登録産品でないりんご等に「〇〇りんご」と表示
〇〇りんご　×
【登録基準は満たさず】
地理的表示もマークも使用できない

【同一の区分の農林水産物等の加工品】

ケース③　登録産品を使用したりんごジュースに「〇〇りんごジュース」と表示
〇〇りんごジュース　〇
マークは使用できない
※ ただし、「〇〇りんご」が地理的表示登録産品であることを記載することは可能。
【登録産品を使用】

ケース④　登録産品を使用していないりんごジュースに「〇〇りんごジュース」と表示
〇〇りんごジュース　×
地理的表示もマークも使用できない
【登録産品を未使用】

資料：農林水産省

第6　登録の効果

② 表示について

○ 何人も、登録に係る農林水産物等が属する区分に属する農林水産物等又はその加工品に地理的表示又はこれに類似する表示を付してはならない。
○ 地理的表示と同一の表示及び類似する表示は、以下のものを含む。

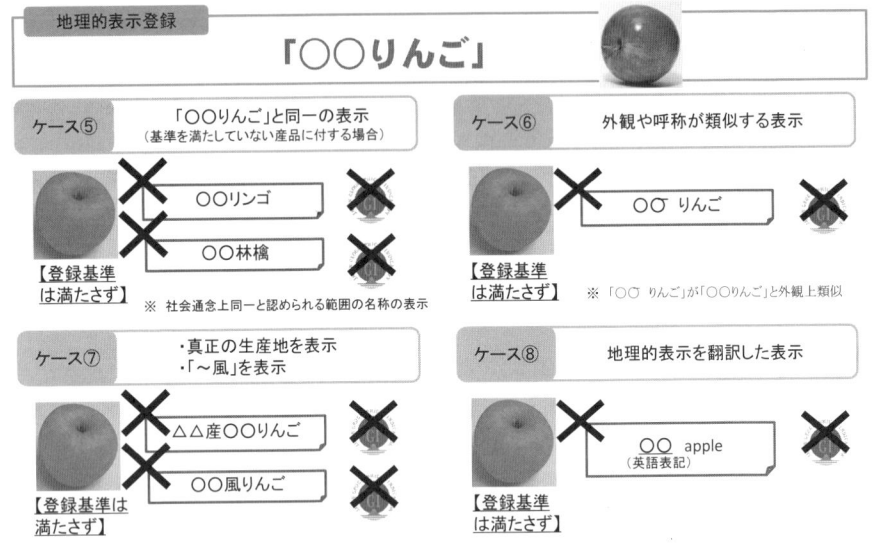

地理的表示登録　「○○りんご」

ケース⑤　「○○りんご」と同一の表示（基準を満たしていない産品に付する場合）
- ○○リンゴ
- ○○林檎

【登録基準は満たさず】　※ 社会通念上同一と認められる範囲の名称の表示

ケース⑥　外観や呼称が類似する表示
- ○ο りんご

【登録基準は満たさず】　※「○ο りんご」が「○○りんご」と外観上類似

ケース⑦
・真正の生産地を表示
・「〜風」を表示
- △△産○○りんご
- ○○風りんご

【登録基準は満たさず】

ケース⑧　地理的表示を翻訳した表示
- ○○ apple（英語表記）

【登録基準は満たさず】

資料：農林水産省

ですが、明細書に適合する農産物であっても、使用できるのは登録された地理的表示（「○○りんご」及びこれと同一と考えられる「○○林檎」等）であり、これと類似の名称（「○○apple」）は使用できません。もし、外国への輸出を想定している場合は、登録に際して、その際に使用する名称（「○○apple」）も併せて登録しておく必要があります。

3．禁止の例外

(1) 2で説明した禁止内容に該当する場合でも、次のような場合はその名称を使用することが可能です（法第3条第2項ただし書）。

(2) 一つ目は、地理的表示の**登録産品を主な原材料とする加工品**及びその包装等に、地理的表示を使用する場合です。具体的には、地理的表示の登録がされた「〇〇りんご」を主な原材料とするりんごジュースに「〇〇りんごジュース」と表示する場合などが該当します。主な原材料として使用されているかどうかの判断は、当該加工品に登録産品の特性を反映させるに足りる量の登録産品が原材料として使用されている場合とされています（地理的表示保護制度表示ガイドライン）。

この「登録産品の特性を反映させるに足りる量」とは、①加工品の全体重量に占める割合、及び②加工品の原材料のうち、登録産品と同一の種類の原材料に占める割合から判断されます。①の割合については加工品の種類や登録産品の性質に応じ適切な割合は異なり一概には言えません。その産品ごとの実情に即して、登録産品の特性が反映されているかを判断することとなるでしょう。②の割合については、原則として、少なくとも半量程度は登録産品が含まれる必要があると考えられます。

(3) 二つ目は、**地理的表示登録の前に出願された商標**等の使用に関する場合です。地理的表示の登録の日前に出願された登録商標については、その商標が地理的表示と同一・類似であっても、商標権者その他その商標を使用する権利を有する者は、その商標の指定商品・役務についてその商標を使用することができます。地理的表示の登録の日前から、商標法等の規定により商標の使用をする権利を有している者も同様です。

例えば「〇〇りんご」という地理的表示が登録されていても、登録以前に出願されたこれと同一の「〇〇りんご」という商標がある場合、その商標権者は、地理的表示の登録内容に適合しているかどうかとは関係なく、その商標を使用することができます。

(4) 三つ目は、その名称を既に使用していた者（**先使用者**）が、そ

の名称を使い続ける場合です。対象となるのは、地理的表示の登録の日前から、その地理的表示と同一・類似の表示を不正の目的でなく行っていた者とその業務を継承した者になります。これらの者から、その表示がされた産品を直接・間接に譲り受けた者も同様です。

　例えば、「○○りんご」という地理的表示が登録されていても、その登録前から不正の目的でなく「○○りんご」という名称を使用していた者は、その名称を継続して使用することができます。

　なお、登録産品と同一区分の農林水産物等についての先使用者については、法律で規定されており（法第3条第2項第4号）、この農林水産物等を主な原材料とする加工品についての先使用者については、省令で規定されています（施行規則第3条第1号）。

(5)　このほか、不正の目的でなく自己の氏名・名称等を使用する場合や、登録された地理的表示の中に普通名称が含まれる場合にその普通名称を使用する場合も例外となっています（施行規則第3条第2号及び第3号）。後者については、具体的には、「○○高野豆腐」や「○○カマンベールチーズ」が登録されているときであっても、その地理的表示に含まれる「高野豆腐」や「カマンベールチーズ」の使用は可能ということになります。

4．地理的表示を表す標章（GIマーク）の使用

(1)　産品に地理的表示を使用するときは、併せて地理的表示であることを示す標章（**GI**マーク）を付さなければなりません（法第4条）。GIマークのデザインは、省令により様式が決められており（施行規則第4条及び別表）、農林水産省のウェブサイトからダウンロードすることができます。フルカラーのデザインが原則とされていますが、包装紙のデザインを白黒2色に統一している場合などは、モノクロ又は単色のデザインを使用することができ

ることとされています（地理的表示保護制度表示ガイドライン）。この場合、事前に農林水産省食料産業局新事業創出課に連絡する必要があります。なお、産品にGIマークを付する場合には、併せて地理的表示の登録番号を記載するよう指導されています。

　なお、このGIマークについては、農林水産省が、2015年4月に我が国で商標登録を行っています。また、主要国においても商標の登録手続が進められています。

図17　地理的表示の標章（GIマーク）

○GIマークは、登録された産品の地理的表示と併せて付すものであり、産品の確立した特性と地域との結び付きが見られる真正な地理的表示産品であることを証するもの。

GIマークが日本の地理的表示保護制度のものであることをわかりやすくするため、大きな日輪を背負った富士山と水面をモチーフに、日本国旗の日輪の色である赤や伝統・格式を感じる金色を使用し、日本らしさを表現しています。

資料：農林水産省

（実際のデザインは、フルカラーのデザインが原則です。農林水産省のウェブサイトや本書のカバーで確認してください。）

(2)　このGIマークにより、その産品が登録内容に適合した地理的表示産品であることが明確になります。というのは、登録内容に適合しない場合でも、先使用者などはその地理的表示を使用する

ことができることから、地理的表示が付されているだけでは、その産品が登録内容に適合したものであるかどうかが確実でないのです。

　また、GIマークは地理的表示であることを表す**統一マーク**ですから、仮にその産品の名称などを知らない場合であっても、国が品質等の基準を審査し、その品質等の確保がされている産品であることはわかりますので、消費者の方の信頼度向上に効果をもたらすことが期待されます。

(3)　なお、GIマークを使用することが義務づけられるのは、地理的表示を付す場合です。このため、地理的表示の対象産品を流通させる場合であっても、地理的表示を使用しない場合には、GIマークを付す必要はありません。例えば、「○○りんご」という地理的表示の対象となっているりんごを、個々の農業者の方が「○○りんご」という表示を付さずに農協に出荷するような場合、農業者の方はGIマークを付す必要はなく、農業者から集荷したりんごを、農協が「○○りんご」という表示を付して販売するときに、併せてGIマークも使用することになります。

(4)　一方、明細書への適合が確認されていない産品には、GIマーク及びこれに類似するマークを付すことはできません。3で述べた例外的に地理的表示の使用ができる場合であっても、GIマークは使用できません。ですから、例えば、○○りんごが登録されているときは、そのりんごを原材料としたジュースに「○○りんごジュース」と表示することはできますが、GIマークは使用できないことになります。商標権者や先使用者として地理的表示を使用できる場合も、同様にGIマークの使用はできません。

　なお、「○○りんご」を使用しているジュースに、GIマークは使用できませんが、「地理的表示の登録を受けている「○○りんご」を原料としている」等の表示は可能です。また、「○○りん

ごジュース」自体が地理的表示の保護の要件を満たし登録がされたときは、地理的表示である「○○りんごジュース」としてGIマークを使用することができます。

5．表示規制違反等に対する措置

4までで説明した表示規制等の違反があった場合、農林水産大臣の措置命令（法第5条）を経て、罰則の対象となります。行政が主導して、不適正な表示の是正を行う措置が講じられることになっているのです。この措置によって、訴訟等の負担なく、自分たちのブランドを守ることが可能となっています。農林水産業・食品の分野では小規模な事業者の方も多く、訴訟等によってブランドの侵害に対応していくことが実際上困難な場合もありますので、ブランド保護上、行政の取締りが大きな役割を果たしていくことが期待されます。

詳しくは、第9で説明しますので、これを参照してください。

第7 登録後の品質管理
（生産行程管理業務）

　生産者団体が生産行程管理業務を行うことにより、明細書で定めた品質等の基準に適合した産品のみが地理的表示を付して流通することを確保し、消費者の信頼を高めます。

1．生産行程管理業務の意義

(1)　地理的表示の登録産品は、生産地域と結び付きのある特別の品質等の特性を持つ産品であり、この内容を継続的に保証し続けることによって、消費者の方の信頼を得て、評価を上げていくことが、制度の大きな特徴の一つとなっています。

　この品質管理を適確に行っていくため、我が国の地理的表示保護制度においては、生産者団体が、基準となる明細書を定め、これに従って、構成員である生産者に対して明細書に適合した生産が行われるよう指導、検査等の業務を行う仕組みをとっています。この業務を「**生産行程管理業務**」といい（法第2条第6項)、この生産行程管理業務を行う生産者団体の構成員のみが地理的表示を使用できることとして、一定の品質等を満たす産品のみが地理的表示を付して流通することを確保しているのです。(注)

（注）EUにおいては、品質管理のチェックを行うのは、公的管理当局又は独立した第三者機関となっており、日本の制度との相違点の一つとなっています。

(2)　生産行程管理業務を行う生産者団体は一つには限られません。このため、ある生産者団体に加入したくない場合には、生産者数

人で別の生産者団体を構成し、その団体が登録を受けて生産行程管理業務を行えば、地理的表示の使用が可能となります。当初の登録申請時に複数の生産者団体で申請することもできますし、地理的表示の登録後に生産者団体の追加を行うこともできます（法第15条）。生産者団体が複数ある場合、生産行程管理業務はそれぞれの団体が行うこととなり、生産行程管理業務の実施方法を定める生産行程管理業務規程も団体ごとに定められることになります。

図18　登録後の品質管理

① 生産・加工業者の団体は、生産行程管理業務規程に基づき、その構成員である生産・加工業者が、明細書（その産品が満たすべき品質の基準）に適合した生産を行うよう必要な指導、検査等を実施。
② 農林水産大臣は生産行程管理業務が適切に行われているか、定期的にチェック。

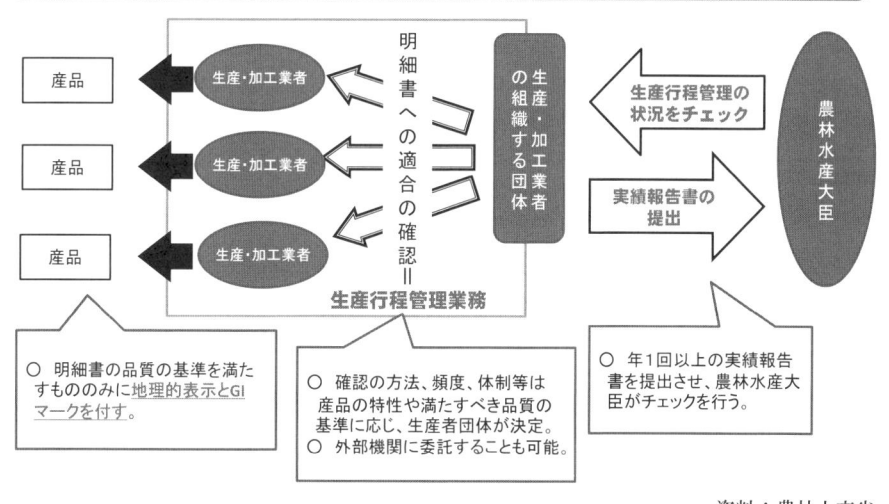

○ 明細書の品質の基準を満たすもののみに地理的表示とGIマークを付す。

○ 確認の方法、頻度、体制等は産品の特性や満たすべき品質の基準に応じ、生産者団体が決定。
○ 外部機関に委託することも可能。

○ 年1回以上の実績報告書を提出させ、農林水産大臣がチェックを行う。

資料：農林水産省

2．生産行程管理業務の実施方法

(1) 生産行程管理業務において、指導、検査等の基準となるものが**明細書**であり、この明細書との適合を確認していくことになりま

す。明細書は、その産品の名称、生産地、品質等の特性、生産の方法等が記載されたものですが、詳しくは、第4の3(2)の説明を参照してください。

(2) 生産行程管理業務の方法に関しては、登録申請までに規程（**生産行程管理業務規程**）を定める必要があり、生産行程管理規程が、施行規則で定める基準に適合していないと、地理的表示の登録はされません（法第13条第1項第2号ロ）。この基準については、施行規則第15条で定められていますが、具体的には、①明細書で定められた生産地、品質等の特性、生産の方法に適合した生産が行われているか確認すること、②適合しない場合は適切な指導を行うこと、③法令に従った地理的表示及びGIマークの使用が行われているか確認すること、④違反の場合は適切な指導を行うこと、⑤毎年、生産行程管理業務の実施状況の実績報告書を農林水産大臣に提出するとともに、その書類を5年間保存すること、等となっています。

　また、生産行程管理業務規程の様式は法定されていませんが、生産行程管理業務規程作成マニュアルの様式1が参考として示されており、明細書適合性の確認・指導の方法や、地理的表示使用の確認・指導の方法、実績報告書の作成・保存等を定めることになっています。

生産行程管理業務規程の記載事項

① 　作成者の名称、住所等
② 　農林水産物等の区分
③ 　農林水産物等の名称
④ 　明細書の変更
⑤ 　明細書適合性の確認
⑥ 　明細書適合性の指導
⑦ 　地理的表示等の使用の確認

>   ⑧ 地理的表示等の使用の指導
>   ⑨ 実績報告書の作成等
>   ⑩ 実績報告書の保存
>   ⑪ 連絡先

(3) 生産行程管理業務規程の具体的な記載内容については、生産行程管理業務規程作成マニュアルに詳細な留意事項がありますので、これを参考にしてほしいのですが、以下に特に注意すべき点をあげておきます。

1)「明細書適合性の確認」については、明細書に記載されている生産地・特性・生産の方法に従って生産することを確認する方法を具体的に記載します。この確認する方法については、①生産地・特性・生産の方法を全て漏れなく確認できるものであるとともに、②生産地・特性・生産の方法を全て漏れなく確認するに当たって、過多なものであったり、過小でないものであったりしないことが必要です。

　具体的な記載としては、明細書の記載内容に応じて、例えば、定められた品種を使用していることを配布記録で確認したり、栽培方法について生産者が作成した月報や現地調査で確認したり、出荷規格について選果場で確認すること等を定めることになります。

生産行程管理業務規程の内容例（明細書適合性の確認）

> ○明細書適合性の確認
>   (1) 品種の確認
>   品種「A」については、生産者団体○○が一元的に管理しており、生産業者からの申し込みを受けて品種「A」を配布することとし、申込み・配布の状況については記録をしている。
>   生産者団体○○は、この申込み・配布の記録と照らし合わせて、生産業者が品種「A」を使用しているかを確認する。

(2) 栽培の方法の確認

　生産者団体○○は、生産業者に生産資材の使用履歴等を記載した月報（様式は別紙（略）のとおり）を作成・提出させ、その記載内容を確認することで、栽培の方法を遵守しているかどうかを確認する。

　また、生産者団体○○は、年○○回、生産業者に対する現地調査を実施し、栽培の方法を遵守しているか否かを確認する。なお、栽培の方法が遵守されていないことが疑われる場合には、生産者団体○○は、臨時に、現地調査を実施する。

(3) 出荷規格・最終製品の確認

　「○○みかん」の選果は、生産者団体○○の共同選果場☆☆（所在地は×××）において行うこととし、この際に(1)及び(2)の確認の記録を確認するとともに、生産者団体○○の職員が選果状況を確認することで、出荷規格を遵守しているか否かを確認し、最終製品を確認する。

生産行程管理業務規程作成マニュアルより

2）「**明細書適合性の指導**」については、明細書適合性を確認した結果、明細書に記載されている生産地・特性・生産の方法に従って生産されていないことがわかった場合の指導方法を具体的に記載します。この指導方法については、①生産地・特性・生産の方法を全て漏れなく指導・是正することができるものであるとともに、②生産地・特性・生産の方法を全て漏れなく指導・是正するにあたって、過多なものであったり、過小なものであったりしないことが必要です。

　具体的な記載としては、明細書の記載内容に応じて、例えば、定められた品種、栽培方法に従った生産が行われていない場合に警告したり（場合により出荷停止や品種の配布の停止）、出荷規格を満たさないミカンについては地理的表示を付して出荷しないこと等を定めることになります。

生産行程管理業務規程の内容例（明細書適合性の指導）

○明細書適合性の指導
 (1) 品種及び栽培の方法について
　　生産者団体○○は、品種及び栽培の方法に従った生産が行われていない場合には、生産業者に対し警告を発し、是正を求める。
　　なお、警告を受けたにもかかわらずこれに従わない場合には、生産者団体○○は、当該生産業者の生産したミカンの出荷を停止するとともに、当該生産業者への品種「A」の配布を一定期間、禁止することもできるものとする。
 (2) 出荷規格について
　　生産者団体○○は、出荷規格を満たさないミカンについては、「○○みかん」及び登録標章を付した状態で出荷しない。

生産行程管理業務規程作成マニュアルより

3)「地理的表示等の使用の確認」については、①明細書に適合しない産品には地理的表示及びGIマークを使用していないかどうかを確認すること、②地理的表示を使用していない産品にGIマークを使用していないかどうかを確認すること、③地理的表示を使用している産品にはGIマークを使用しているかどうかを確認することについて記載します。

　また、「地理的表示等の使用の指導」については、上記①～③に関し、不適切な地理的表示の使用等に対して、どのような指導をするかについて記載します。

生産行程管理業務規程の内容例（地理的表示等の使用の確認）

○地理的表示等の使用の確認
 (1) 生産者団体○○は、前記××の確認の際に（出荷の際に）、品種・栽培の方法・出荷規格・最終製品の各基準をいずれも満たしているミカンについてのみ、地理的表示である「○○みかん」及び登録標章が使用されているか否かを確認する。

> この際、地理的表示である「○○みかん」及び登録標章を使用している者及びこれらが使用されているもの（例えば出荷用の段ボール）についても確認する。
> (2) 生産者団体○○は、前記××の確認の際に（出荷の際に）、以下のミカンがあるか否かを確認する。
>   ① 品種・栽培の方法・出荷規格・最終製品の各基準のいずれかを満たしていないミカンであるにもかかわらず、地理的表示である「○○みかん」及び登録標章が使用されているミカン
>   ② 地理的表示である「○○みかん」のみが使用されているミカン
>   ③ 登録標章のみが使用されているミカン
>
> 生産行程管理業務規程作成マニュアルより

(4) 生産者団体は、この生産行程管理業務規程に従って生産行程管理業務を適切に行っていく必要がありますが、同規程に従った生産行程管理業務を行っていないと、措置命令や登録の取消し等の処分の対象となり（法第21条及び第22条）、地理的表示の保護が受けられなくなるおそれがありますので留意が必要です。

(5) また、生産行程管理業務については、その全部又は一部を第三者に行わせることができます（生産行程管理業務審査基準）。この場合、第三者が行った生産行程管理業務が生産者団体が行ったものと同視できる場合であることに加えて、第三者が生産行程管理業務を実施する能力があることが必要です。第三者に行わせる場合の具体例としては、基準への適合状況の確認を、適切な外部検査機関に行わせるような場合が該当します。品質管理への消費者の方の信頼度の向上のためには、こういった外部の第三者機関に検査等を行ってもらうことも検討する必要があるでしょう。

　なお、生産行程管理業務を第三者に行わせる場合は、生産行程

管理業務規程に、第三者が行う部分についてその旨を記載しなければなりません。

3．生産行程管理業務実施のための経理的基礎及び体制

⑴　生産行程管理業務を行う生産者団体は、業務を適確・円滑に実施するに足りる経理的な基礎を有するとともに、業務の公正な実施を確保するために必要な体制を整備しておく必要があります（法第13条第１項第２号ハ及びニ）。

⑵　「経理的な基礎」とは、生産者団体の規模や会費収入の状況、構成員に対して行う指導・検査等の業務の内容等を総合的に考慮して、生産者団体が生産行程管理業務を安定的・継続的に行うに足りる財産的基盤を有していることをいいます（生産行程管理業務審査基準）。この経理的基礎を有するかどうかは、添付書類に記載された生産者団体の経理状況が、生産行程管理業務を実施するのに十分なものかどうかといった点を考慮して判断されます。

⑶　「業務の公正な実施を確保するため必要な体制が整備されている」とは、業務を行うに当たって、特定の生産業者に対してのみ便宜を供与したり、利害関係者の不当な介入を受けたり、生産者団体自らの利益のみを追求した結果、業務の公平性が損なわれるといった事態に陥ることを回避するための体制が整備されていることをいいます（生産行程管理業務審査基準）。これについては、①業務に従事する役員等の選任・解任の方法等が定款等に定められているか否か、②業務の実施について監督できる体制が構築されているか否か、③業務に従事する者の人数や業務分担、設備の設置状況、といった点を考慮して判断されます。

4．生産行程管理業務に関する報告、届出

(1) 生産行程管理業務の実績報告
　生産行程管理業務の実施内容については、少なくとも年１回（生産行程管理業務規程で、年１回よりも多い回数作成することとした場合は、その回数）、実績報告書を作成しなければなりません。この実績報告書は、生産行程管理業務審査基準の別紙で定める様式に従い作成する必要があります。

　実績報告書を作成した場合、生産行程管理業務規程で定めた提出期限までに到着するように、実績報告書、対応実績がわかる資料（検査日誌、生産業者から提出された月報等）等を、郵送又は持参により提出する必要があります。提出先は、登録生産者団体の所在地を所管する地方農政局（北海道については北海道農政事務所、沖縄については内閣府沖縄総合事務局）です。この資料については、提出から５年間、保管することが必要です。

(2) 生産行程管理業務規程の変更の届出
　生産行程管理業務規程を変更する際は、あらかじめ、農林水産大臣に届け出なければなりません（法第18条）。届出の様式は、申請者ガイドラインで定められています（様式本－２）。提出先は、農林水産省食料産業局新事業創出課で、郵送又は持参により提出します。変更後の生産業務管理規程も、当然、施行規則で定める基準に適合している必要があります。

(3) 生産行程管理業務休止の届出
　生産者団体が、生産行程管理業務を休止しようとするときは、あらかじめ、農林水産大臣に届け出なければなりません（法第19条）。届出の様式は、申請者ガイドラインで定められています（様式本－

3）。提出先は、農林水産省食料産業局新事業創出課で、郵送又は持参により提出します。なお、生産行程管理業務を休止した生産者団体の構成員については、適切な品質管理措置を受けられないことから、地理的表示及びGIマークの使用ができないとされています（申請者ガイドライン）。

また、生産行程管理業務を休止した生産者団体が業務を再開する場合も、申請者ガイドラインの様式（様式本－4）に従い、再開前に、届出を行う必要があります。

なお、生産者団体が生産行程管理業務を廃止した場合は、登録が失効することになりますが（法第20条）、この場合も届出が必要です。これについては、第8の3(1)の説明を参照してください。

第8
登録事項の変更、登録の取消し等

　生産者団体の追加や明細書の変更については変更の登録が必要です。また、生産者団体が生産行程管理業務を廃止した場合等は登録が失効するほか、生産者団体が命令に違反した場合等には登録の取消しの対象となります。

１．生産者団体の追加

　第7で説明したとおり、生産行程管理業務を行う生産者団体は一つには限られません。地理的表示の登録申請時から、複数の生産者団体があるときは、基本的に、共同で申請を行い（法第7条第3項）、地理的表示登録の時点から、特定農林水産物等登録簿に複数の生産者団体が登録されます。

　一方、地理的表示の登録後に、新たに生産者団体を追加したい場合には（例えば、既存の生産者団体に加入しない生産者で新たな団体を作って、生産行程管理業務を行う場合）、生産者団体を追加する**変更の登録**の申請を行うことが必要です（法第15条）。この場合の生産者団体の満たすべき要件は、第3の2(2)で説明した当初に登録する時の要件と同様です。追加の申請には、変更申請書、明細書、生産行程管理業務規程、その他関係書類が必要となります。なお、変更申請書の記載方法については、申請者ガイドラインの別紙4に「法第15条第1項の変更申請書作成マニュアル」がありますので、これを参考にしてください。

　この追加の登録によって、追加される生産者団体の構成員も、地理的表示の使用が可能となります。

2．明細書の変更

(1) 地理的表示の登録を受けた生産者団体が、明細書を変更しようとする場合は、(3)で説明する場合を除き、**変更の登録**を受けなければなりません（法第16条）。この場合、その地理的表示について登録を受けた生産者団体が複数あるときは、共同して変更の登録申請をしなければなりません。ただし、変更内容が、登録事項の変更を伴うものでなく、登録事項に反しない範囲のものである場合（例えば、登録事項としては糖度15度以上となっているが、明細書では糖度16度以上に変更する場合など）は、変更申請は不要とされています（特定農林水産物等審査要領）。この場合、事後的に変更後の明細書を農林水産省食料産業局新事業創出課に郵送又は持参により提出することとされています（申請者ガイドライン）。このため、このような場合は、生産者団体が複数ある場合でも、それぞれの生産者団体が個別に変更をすることができます。

(2) 変更の申請には、変更申請書、変更後の内容を反映した明細書及び生産行程管理業務規程、その他関係書類が必要です。変更申請書の記載方法については、申請者ガイドラインの別紙5に「法第16条第1項の変更申請書作成マニュアル」がありますので、これを参考にしてください。

　変更申請がされた場合、その変更内容が軽微なものである場合を除き、登録の際と同様に、意見書の提出、学識経験者からの意見聴取等の手続が講じられます。また変更内容は，農林水産物等登録簿に記載されます。

(3) 明細書の変更事項が、生産者団体の内容（名称、住所、代表者氏名）である場合、明細書の変更登録を申請する必要はありませ

んが、変更の内容及び変更年月日について、農林水産大臣に届け出なければなりません（法第17条）。提出先は、農林水産省食料産業局新事業創出課で、郵送又は持参により提出します。

　また、明細書の変更事項が、連絡先である場合は、明細書の変更をした後に、変更後の明細書を農林水産省食料産業局新事業創出課に郵送又は持参により提出します（申請者ガイドライン）。

3．登録の失効、取消し

(1)　登録の失効

　地理的表示の登録は、以下の場合、失効します（法第20条）。本制度においては、生産者団体が行う生産行程管理業務によって、その地理的表示産品の品質管理を行っていることから、生産者団体がなくなる等によりこの業務ができない場合は、登録を失効させることとしているのです。なお、登録生産者団体が複数あって、ある登録生産者団体についてのみ失効の事由が生じた場合は、その団体に係る部分のみが失効します。

　①　登録されている生産者団体（＝登録生産者団体）が解散し、清算が終わったとき
　②　登録生産者団体が、生産行程管理業務を廃止したとき

　登録が失効した場合、生産者団体（①の場合は、その清算人）は、効力を失った事由及びその年月日を届け出なければなりません（法第20条第2項）。届出の様式は、申請者ガイドラインで定められています（様式本－5）。失効した場合、農林水産大臣により登録簿からの消除が行われ、その旨が公示されます（法第20条第3項及び第4項）。

(2) 登録の取消し

1) 地理的表示の登録は、以下の場合、取消しの対象となります（法第22条）。

① 登録生産者団体が、生産者団体でなくなったとき[注1]
② 登録生産者団体が、欠格事由に該当したとき
③ 登録生産者団体が、農林水産大臣の措置命令に違反したとき
④ 登録生産者団体が、不正の手段で、登録又は変更登録を受けたとき
⑤ 登録された産品が特定農林水産物等でなくなったとき[注2]
⑥ 名称が産地や特性を特定できない名称になったとき[注3]
⑦ 商標権者等の承諾を得て、商標と同一・類似の名称が登録されている場合に、その承諾が撤回されたとき

(注1) 生産者の構成員がいなくなったり、加入の自由に関する定款の定めを廃止した場合等が考えられます。
(注2) 生産地域と結び付きのある特性を失ってしまった場合等が考えられます。
(注3) 登録された名称が特定の産品以外にも使用され、それが放置された結果、普通名称化してしまった場合などが該当します。ただし、登録された名称は、特定の産品以外に使用することが禁止され、行政による取締りも行われますので、一般的には、普通名称化することは考えにくいと思われます。

2) ⑤又は⑥を理由とする取消しが行われる場合、登録番号と取消しの理由が公示され、意見書の提出、学識経験者からの意見の提出の手続を経ることとなっています（法第22条第2項において準用する法第8条、第9条及び第11条）。取消しがあった場合、農林水産大臣により登録簿からの消除が行われ、その旨が生産者団体に通知されるとともに、公示されます（法第22条第3項及び第4項）。

第9
不適正表示などへの対応

不適正な表示やGIマークの使用があった場合は、命令を経て、罰則の対象となっており、行政によって是正が図られます。

1．不適正表示等をした者への対応

(1) 第6で説明した表示規制等の違反があった場合、農林水産大臣が**是正措置の命令**を行い、不適正な状態の是正を図ることとしています（法第5条）。具体的には、①地理的表示又はこれに類似する表示を付すことができない場合に、これらの表示を付していたときは、表示の除去又は抹消が、②地理的表示を使用し、GIマークを付さなければならない場合にGIマークを付していないときは、GIマークを付すことが、③GIマーク又はこれに類似するマークを付すことができない場合にこれらのマークを付していたときは、マークの除去又は抹消が命じられます。

このように、不適正表示等に対し、行政が積極的に是正措置を講ずることが地理的表示制度の特徴となっています。

(2) 上記の措置命令がされた場合に、命令に従わないときは、**罰則の対象**となります。(1)の①の命令の場合は、個人の場合5年以下の懲役又は500万円以下の罰金（併科が可能）、団体の場合3億円以下の罰金刑です（法第28条及び第32条第1項第1号）。また、(1)の②及び③の命令の場合は、個人の場合3年以下の懲役又

は300万円以下の罰金、団体の場合1億円以下の罰金刑です（法第29条及び第32条第1項第2号）。

⑶　なお、⑴の①、②又は③の違反の事実があることを発見した場合、誰でも、農林水産大臣に**適切な措置をとるよう申し出る**ことができます（法第25条）。申出先は農林水産省食料産業局新事業創出課又は地方農政局等の担当窓口です（P388参照）。この申出があった場合、農林水産大臣は調査の上、是正措置の命令等の適切な措置をとることとされています。

⑷　また、農林水産省食料産業局新事業創出課及び地方農政局等には不正表示通報窓口が設置されていますので、上記の申出によるほか、電話やメール等でも地理的表示等の不正使用についての情報を受け付けています。

不適正表示などに対する措置

不適正表示等の内容	命令の内容	命令違反に対する罰則
地理的表示又はこれに類似する表示を付すことができないときに、これらの表示を付した場合	地理的表示又はこれに類似する表示の除去又は抹消	個人：5年以下の懲役又は500万円以下の罰金（併科が可能） 団体：3億円以下の罰金
地理的表示を使用し、GIマークを付さなければならないときに、GIマークを付さなかった場合	GIマークを付すこと	個人：3年以下の懲役又は300万円以下の罰金 団体：1億円以下の罰金
GIマーク又はこれに類似するマークを付すことができないときに、これらのマークを付した場合	GIマーク又はこれに類似するマークの除去又は抹消	個人：3年以下の懲役又は300万円以下の罰金 団体：1億円以下の罰金

図19　不適正表示への対応

○① 登録を受けた団体の構成員が基準を満たしていない産品に「地理的表示」を付して産品を販売
　② 登録を受けた団体の構成員でない生産・加工業者が「地理的表示」を付して産品を販売
　　等の不正使用が行われていることを知った者は農林水産大臣(省)にその旨を通報。
○　農林水産大臣は不正使用を行っている生産・加工業者に対し、不正表示の除去又は抹消を命令。
　　→従わない場合は罰則も。

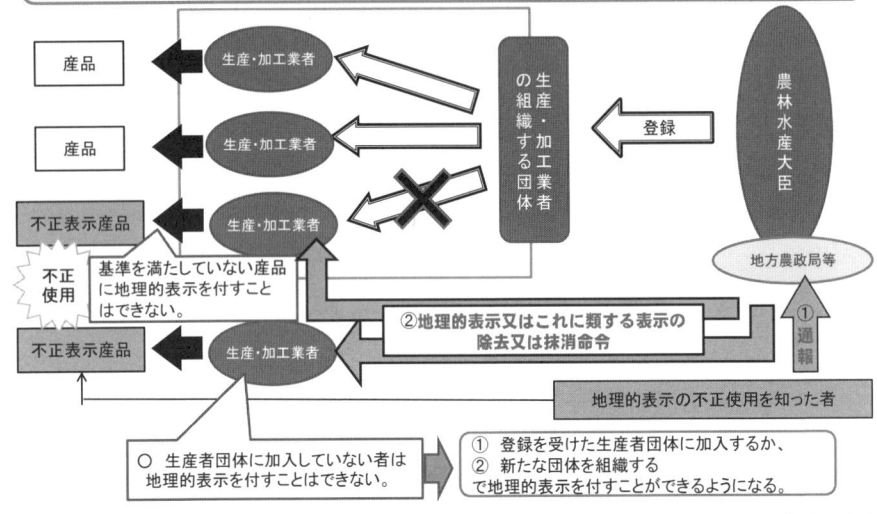

資料：農林水産省

２．生産者団体への対応

　以下の場合には、農林水産大臣が生産者団体に必要な措置の命令を行い、不適正な状態の改善を図ることとしています（法第21条）。これにより、生産者団体の構成員が不適正表示等をした場合は、生産者団体を通じてもその改善を図らせるとともに、生産者団体の行う生産行程管理業務の適正化を図っているのです。

　① 団体の構成員が不適正な地理的表示又は標章の使用・不使用をしたり、これらに関する是正命令に違反した場合
　② 明細書が登録された内容に適合していない場合
　③ 生産行程管理業務の方法が基準に合わなくなった場合、業務を適確に行う経理的な基礎や公正な業務の実施に必要な体制が

欠けた場合

　なお、この命令に生産者団体が従わない場合、登録の取消しの対象となります（法第22条）。

第10
地域団体商標制度など商標との関係

　地域団体商標制度は、地理的表示保護制度と並んで、地域ブランド保護に有効な制度であり、それぞれの特徴や地域の状況を踏まえて、活用を図っていくことが重要です。

1．地域団体商標制度の概要と地理的表示保護制度との比較

(1)　**地域団体商標制度**は、2006年から制度化されているものであり、これまで地域ブランド保護に活用されてきています。

　地域団体商標制度の創設前は、その商品の産地等を普通に用いられる方法で表示する標章のみからなる商標（産地名と商品名だけから構成される商標など）は、原則として登録を受けられませんでした。例外的に、全国的に著名となったもの（夕張メロン等）は登録が受けられることとされていましたが、そこまで著名となっていない地域ブランドは、産地名と商品名だけの名称では商標登録ができず、名称と図形等と併せる形で商標登録がされてきました。しかしながら、これでは名称自体は保護されず、発展段階にあるブランド保護上問題が生じることもあります。このため、全国的に著名とまでは至っていなくても、需要者にある程度の認識が得られていれば、**地域ブランドの名称の商標登録を認める制度**として、地域団体商標の仕組みが設けられたのです（商標法第7条の2）。この制度により多くの地域ブランドが地域団体商標として登録されてきており、農林水産物、食品の地域ブラン

ドも数多く登録されています。

　地域団体商標の登録の要件としては、①地域の名称（産地名等）＋商品等の名称からなる商標で、②事業協同組合、農協等の組合やNPO法人、商工会等が権利者となり、③その商標が、組合等またはその構成員の業務に係る商品等を表示するものとして広く認識されていること（隣接都道府県に及ぶ程度の認識）が必要とされます。

(2)　地域団体商標が登録されると、商標権者が、指定商品又は指定役務（出願に際して指定した商品又は役務をいいます。）について、登録商標の使用をする権利を占有します（商標法第25条）。また、指定商品・役務についての登録商標と類似する商標の使用や指定商品・役務に類似する商品・役務についての登録商標・類似する商標の使用等は権利侵害とみなされます（商標法第37条）。つまり、指定した商品・役務とこれに類似する商品・役務については、登録商標・これに類似する商標が、商標権者の許諾なしでは使用できなくなるのです。

　ただし、地域団体商標の場合、権利者である団体の構成員は、団体の定めるところによって、登録商標の使用をする権利を有しますので、団体構成員はその商標を使用できることになっています（商標法第31条の2）。また、商標登録出願前から、不正競争の目的でなく、その商標・類似する商標を使用していた者（先使用者）については、継続的にその商標を利用することができます（商標法第32条の2）。

　商標権が侵害された場合、**侵害の差止**（商標法第36条）や損害賠償が可能であり、損害賠償については**損害額の推定**（商標法第38条）、**過失の推定**（商標法第39条で準用する特許法第103条）等、請求を容易にする規定も設けられています。権利侵害に対しては、これらの規定を利用して、主に権利者自らが対応していくことになります。

(3) この地域団体商標制度と地理的表示保護制度を比較すると、双方とも地域ブランドを知的財産として保護する仕組みであることは共通します。一方、相違点としては、①地理的表示保護制度では、**生産地域との実質的な結び付き**のある品質等の特性があることを必須とし、これについて審査が行われること、②地理的表示保護制度では、**品質等の基準を定めこれを遵守する体制**をとることが必要であること（地域団体商標制度では任意）、③地理的表示保護制度の場合、これを示すGIマークを使用できること、④地理的表示保護制度では、**行政主導で偽物対策が講じられる**こと、⑤地理的表示保護制度では、**基準を遵守する者は広く名称が使用できる**こと（地域団体商標では、権利者及びその構成員に独

図20　地域団体商標制度の仕組み

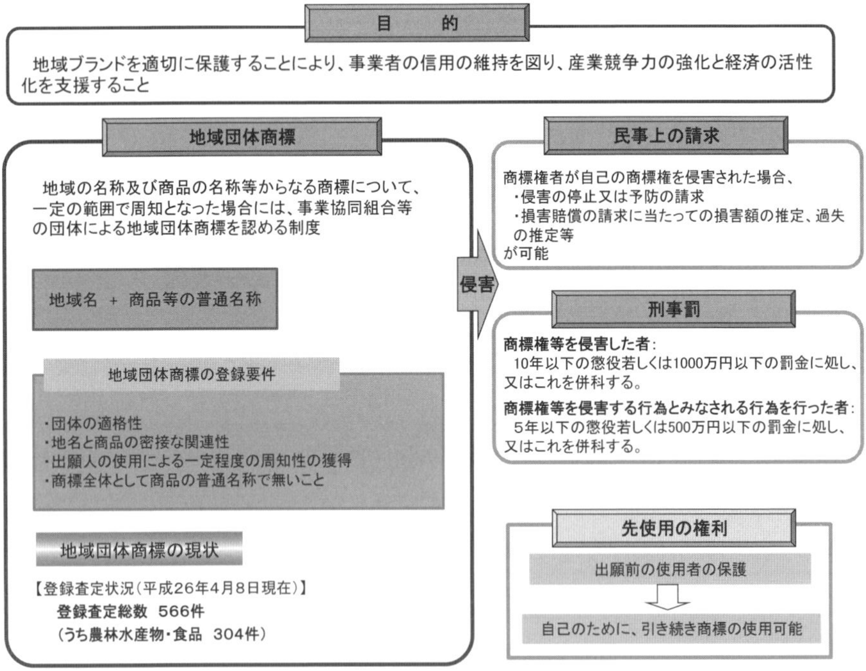

目　的

地域ブランドを適切に保護することにより、事業者の信用の維持を図り、産業競争力の強化と経済の活性化を支援すること

地域団体商標

地域の名称及び商品の名称等からなる商標について、一定の範囲で周知となった場合には、事業協同組合等の団体による地域団体商標を認める制度

地域名　＋　商品等の普通名称

地域団体商標の登録要件
・団体の適格性
・地名と商品の密接な関連性
・出願人の使用による一定程度の周知性の獲得
・商標全体として商品の普通名称で無いこと

地域団体商標の現状
【登録査定状況（平成26年4月8日現在）】
　登録査定総数　566件
　（うち農林水産物・食品　304件）

侵害 →

民事上の請求
商標権者が自己の商標権を侵害された場合、
・侵害の停止又は予防の請求
・損害賠償の請求に当たっての損害額の推定、過失の推定等
が可能

刑事罰
商標権等を侵害した者：
　10年以下の懲役若しくは1000万円以下の罰金に処し、又はこれを併科する。
商標権等を侵害する行為とみなされる行為を行った者：
　5年以下の懲役若しくは500万円以下の罰金に処し、又はこれを併科する。

先使用の権利
出願前の使用者の保護
⇩
自己のために、引き続き商標の使用可能

資料：農林水産省

占的使用権)、⑥地理的表示は**存続期限**がないこと(地域団体商標は10年ごとの更新)等があげられます。

すなわち、地理的表示保護制度では、消費者との関係では、国がお墨付きを与えたものとして、地域と関連する品質等をアピールでき、また、品質確保措置により消費者の信頼を高めることができます。また、権利保護の面では、行政主導の取締りによって、訴訟等の負担なく、自分たちのブランドを守ることが可能となっています。

このような特徴が、地域ブランド保護に当たって、地理的表示保護制度によるか、地域団体商標制度によるかを判断する上でのポイントとなります。

図21 地理的表示と地域団体商標の比較

○ 地域の実態や産品の特性を踏まえたブランド戦略に応じ、いずれかの制度を選択し、又は両者を組み合わせて利用することが可能。

	地理的表示保護制度	地域団体商標制度
対象	農林水産物、飲食料品等(酒類等を除く。)	全ての商品・サービス
申請主体	生産・加工業者の団体。法人格を有しない地域のブランド協議会等も可能。	事業協同組合等の特定の組合、商工会、商工会議所、NPOに限る。
産地との関係	品質等の特性が当該地域と結び付いている必要。	当該地域で生産されていれば足りる。
伝統性 周知性	一定期間継続して生産されている必要(伝統性)。	一定の需要者に認識されている必要(周知性)。
品質基準	産地と結び付いた品質の基準を定め、登録・公開する必要。	制度上の規定はなく、権利者が任意で対応。
品質管理	生産・加工業者が品質基準を守るよう団体が管理。管理状況について国の定期的なチェックを受ける。	制度上の規定はなく、権利者が任意で対応。
登録の明示方法	GIマークを付す必要。	登録商標である旨の表示を付すよう努める。
規制手段	不正使用は国が取り締まる。	不正使用は商標権者自らが対応(差止請求等)。その際、損害額の推定等の規定を活用できる。
権利付与	権利ではなく、地域共有の財産となり、品質基準等の一定の要件を満たせば、地域内の生産者は誰でも名称を使用可能。	名称を独占して使用する権利を取得。
保護期間	取り消されない限り権利が存続。(更新手続・費用はかからない。)	登録から10年間。(継続するためには更新手続・費用が必要。)
海外での保護	地理的表示保護制度を持つ国との間で相互保護が実現した際には、当該国においても保護される。	各国に個別に登録を行う必要。
【ブランド戦略】	産地と結び付いた**品質に国のお墨付き**を得て、**GIマークを付すこと**で差別化し、**地域一体となって**、ブランド価値の維持・向上を図ることができる。	産品の名称を**独占して使用する権利**を取得して、**自らの管理の下**で、ブランド価値の維持・向上を図ることができる。

資料:農林水産省

2．地理的表示か地域団体商標か

(1) 1．では、地理的表示保護制度と地域団体商標制度の比較を行いましたが、双方とも地域ブランドを保護する有効な仕組みであり、それぞれの地域・産品の置かれた状況に応じ制度を選択していくことが必要です。

　1．で述べたような地理的表示保護制度の特徴を生かしたいということであれば、地理的表示保護制度の活用を検討していくことになります。具体的には、①国のお墨付きを得た地域と関連する品質等を強調したり、制度に位置づけられた信頼度の高い品質保証措置でアピールしたい、②GIマークで差別化を図りたい、③偽物に対する行政の対応を期待したい、④登録後は、更新の手続なしで、ずっと名称保護を図りたい、といったような場合は、地理的表示保護制度の活用を検討することとなるでしょう。

　一方、地域団体商標制度であれば、組合等に明確な権利が設定されます。生産者が組合等にまとまっており、組合等として権利を明確化した上で、対外的な対応を強化したい場合とか、商標法に基づく差止請求や損害額の推定等の規定を活用したいということであれば、地域団体商標制度の活用を検討することとなるでしょう。

　なお、地理的表示保護制度、地域団体商標制度双方を活用することも可能です。これについては、3．及び4．の説明を参照してください。

(2) (1)では、地理的表示保護制度、地域団体商標制度双方の利用が可能なことを前提に説明しましたが、どちらか一方の制度の活用が難しい場合もあります。例えば、地域団体商標として保護を受けるためには、特定の組合等又はその構成員の商品・役務を表示するものとして広く認識されていなければなりませんから、生産

者がそのブランド産品を個々に出荷し、権利主体となりうる組合等にまとまらないといった場合は、地域団体商標制度の利用は難しいでしょう。また、地名を含まない名称の場合も、地域団体商標制度の利用はできません。一方、最近のブランドで伝統性がない場合や新しく作られた名称の場合は、地理的表示の保護の対象となりません。また、生産地域と特性の実質的な結び付きを説明できない場合も、地理的表示の保護の対象とはなりません。

3．既に地域団体商標等が存在する場合の地理的表示保護

(1) 第3の2(4)2）でご説明したように、既に登録されている商標（地域団体商標が含まれます。）と同一・類似の名称は、原則として地理的表示の登録がされません。このため、既に地域団体商標として登録されている名称については、地理的表示として保護が受けられないことになります。ただし、商標権者等が地理的表示の登録を申請する場合や、商標権者等の承諾を受けて申請する場合は、地理的表示の登録が可能ですので、地域団体商標の権利者である農協や事業協同組合等が、同一の名称について地理的表示の登録を申請することができます。また、地域団体商標の権利者の承諾を得て、ブランド推進協議会等が地理的表示の登録を申請することも可能です。

(2) こういった形で、地域団体商標があるときに、地理的表示を登録すると、商標権の効力及び地理的表示保護の効力、双方の効力を活用できます。具体的には、商標権者として差止請求や賠償額の推定等の商標法で定められた規定を活用できるとともに、GIマークの使用ができ、地理的表示の不適正使用については行政による取締りも期待できます。また、地理的表示の場合、生産者団体による品質管理措置が義務づけられます。このため、商標権者

及びその構成員以外で、その名称を使用している者がいるため、関係者が集まってブランド推進協議会を構成しているような場合は、この協議会が地理的表示法上の生産者団体となって一元的に品質管理を行うことにより、消費者の方の評価を上げていく効果も期待されます。

　なお、地理的表示の登録がされた場合、商標権の効力は適正な地理的表示の使用に及ばなくなり（商標法第26条第3項）、商標権者である組合等の構成員以外の方も商標権者の許諾なく地理的表示が使用できるようになることには留意が必要です。

図22　既に商標登録されている名称の取扱い

○　商標権者本人が申請を行う又は商標権者の承諾を得た場合に限り、地理的表示の登録が可能。

登録
① 商標権者自ら、又は商標権者から承諾を得た生産者団体が、地理的表示の登録を申請。
② 産地と結び付いた品質等の特性や生産方法を規定する品質基準を策定。
〔※　承諾が撤回された場合には、地理的表示登録の取消事由となる。〕

商標権者が地理的表示の登録を行うメリット

既に「○○りんご」の商標権を有する者は地理的表示の登録をすることにより、

① <u>産地と結び付いた品質について国のお墨付きが得られる。</u>
　　地域で育まれた伝統と特性を有する産品について、国際的にも広く認知された制度に則して国がお墨付きを与えることにより、地域及び生産者等の意欲が高まる。

② <u>GIマークが使用可能となる。</u>
　　産地と結び付いた品質について国のお墨付きを得た産品であることを需要者に示すことができ、他の同種の産品と差別化できる。

③ <u>不正使用は国が取り締まってくれる。</u>
　　地理的表示の不正使用に対して国が取締りを行うため、自ら権利行使する必要がなく、手間・費用がかからない。

留意点
地理的表示に登録されると、地域共有の財産となるため、独占排他的な使用はできなくなる。
（地理的表示の正当な使用に対して商標権の効力は及ばない。）

資料：農林水産省

第1部 我が国の地理的表示保護制度

図23 地域団体商標取得産品について、地理的表示の登録を併せて受けた場合の品質管理（架空の例）

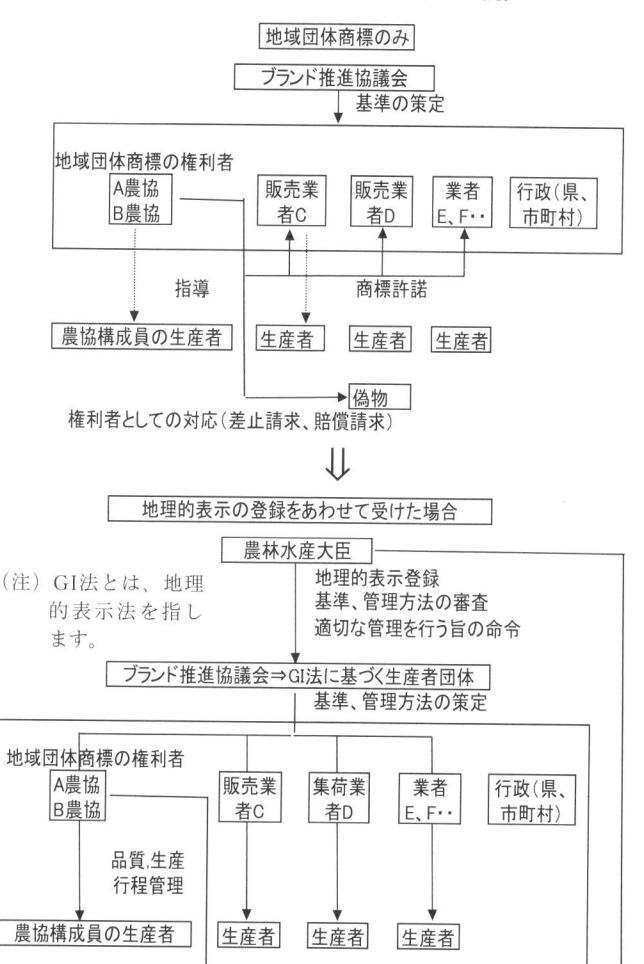

```
              地域団体商標のみ
         ┌──────────────────┐
         │  ブランド推進協議会  │
         └──────────────────┘
              基準の策定
┌─────────────────────────────────────────┐
│ 地域団体商標の権利者                          │
│ ┌──────┐ ┌──────┐ ┌──────┐ ┌──────┐ ┌──────┐│
│ │ A農協 │ │販売業 │ │販売業 │ │業者  │ │行政（県、││
│ │ B農協 │ │ 者C  │ │ 者D  │ │E、F‥│ │市町村）││
│ └──────┘ └──────┘ └──────┘ └──────┘ └──────┘│
└─────────────────────────────────────────┘
         指導         商標許諾
┌──────────┐ ┌──────┐ ┌──────┐ ┌──────┐
│農協構成員の生産者│ │生産者│ │生産者│ │生産者│
└──────────┘ └──────┘ └──────┘ └──────┘
                    ┌──────┐
                    │ 偽物 │
                    └──────┘
権利者としての対応（差止請求、賠償請求）

                    ⇩

           地理的表示の登録をあわせて受けた場合
              ┌──────────┐
              │  農林水産大臣  │
              └──────────┘
                  地理的表示登録
（注）GI法とは、地理    基準、管理方法の審査
  的表示法を指し     適切な管理を行う旨の命令
  ます。
    ┌────────────────────────────────┐
    │ブランド推進協議会⇒GI法に基づく生産者団体│
    └────────────────────────────────┘
              基準、管理方法の策定
┌─────────────────────────────────────────┐
│ 地域団体商標の権利者                          │
│ ┌──────┐ ┌──────┐ ┌──────┐ ┌──────┐ ┌──────┐│
│ │ A農協 │ │販売業 │ │集荷業 │ │業者  │ │行政（県、││
│ │ B農協 │ │ 者C  │ │ 者D  │ │E、F‥│ │市町村）││
│ └──────┘ └──────┘ └──────┘ └──────┘ └──────┘│
│   品質、生産                                 │
│   行程管理                                   │
└─────────────────────────────────────────┘
┌──────────┐ ┌──────┐ ┌──────┐ ┌──────┐
│農協構成員の生産者│ │生産者│ │生産者│ │生産者│
└──────────┘ └──────┘ └──────┘ └──────┘
                    ┌──────┐
                    │ 偽物 │
                    └──────┘
権利者としての対応（差止請求、賠償請求）  命令、命令違反に対する罰則
```

・ブランド推進協議会が地理的表示法の生産者団体となって、生産者に対し一元的な品質管理を行う

・GIマークの使用が可能に

・行政による取締りが行われる

・商標権者は、従来通り、差止請求、損害額の賠償等の商法上の規定を活用することも可能

資料：著者作成

第10 地域団体商標制度など商標との関係

4．地理的表示が登録された場合の商標保護

3．では既に商標が登録されている場合の取り扱いをご説明しましたが、逆に地理的表示が既に登録されている場合に、これと同一・類似の名称を商標登録する場合が考えられます。このような場合であっても、地理的表示法及び商標法上、商標登録を拒絶する規定はありませんので、(注)自己の業務に係る商品等について使用する商標で登録の要件を満たすものは、商標の登録を受けることができます。

ただし、商標を取得したとしても、地理的表示として登録された名称の使用は、地理的表示法に従って行う必要があり、明細書に適合することが確認された産品にしか使用することができません。また、その商標の効力は、適正な地理的表示の使用には及びません（商標法第26条第3項）。このため、実際上、商標取得が考えられるのは、次の場合などが考えられます。

① 地理的表示を登録した生産者団体（またはその一部の者を構成員とする団体）が、商標権の効力も得るため、併せて地域団体商標を取得する場合

② 地理的表示に係る産品を生産する個別の生産者が、自らの商品の差別化を図るため、地理的表示を含んだ商標を取得する場合

①の場合は、地理的表示の効力に併せて、生産者団体が商標権者として差止請求や賠償額の推定等の商標法で定められた規定を活用するといった効果が期待されます。②の場合は、個別の生産者が、地理的表示産品の共通の基準は遵守しつつ、その中での差別化を図ろうとする場合に（特別に甘いとか、さらにこだわった生産方法によっている等）、例えば自己の農園の名称と地理的表示の名称を含む名称を商標登録することが考えられます。

(注) なお、ワイン・蒸留酒の保護されている地理的表示を有する商標については、その地理的表示が示す産地以外の地域を産地とするワイン等に使用する場合、商標登録は拒絶されることとなっています（商標法第4条第1項第17号）。これは、TRIPS協定の規定を受けたものです。

第11
制度の活用に向けて

　制度の活用のためには、産品の特性等についての関係者の合意形成や継続的な品質管理の取組が重要です。さらに、産品ブランドを核に地域全体の活性化にも取り組む必要があります。

(1)　第2の3で説明したように、地理的表示の保護制度は、**地域ブランドの構築を図る上で、非常に有効な手段**となるものであり、この活用を積極的に検討いただきたいと思います。

(2)　地理的表示は、ある産品が生産地域と結び付きのある一般品と異なる特性を有する場合に、その産品の名称を保護する仕組みです。このため、地理的表示の保護制度を活用するためには、まず**「生産地域と結び付きのある一般品と異なる特性」**を明確にすることが第一となります。つまり、その産品が、どのような品質や社会的評価を持っているかの現状を把握し、一般産品と異なる差別化のポイントが何であるかを明確化していく必要があります。併せて、その差別化のポイント（特性）が、生産地域とどのようなつながりを持っているか、すなわち自然的な条件の影響、伝統的な生産ノウハウの存在、地域文化とのつながり等を洗い出していく必要があります。

　この「特性」と「生産地域との結び付き」を確定するに当たっては、地理的表示保護の仕組みが地域の共有財産として保護する仕組みであることから、**関係者の合意形成**が必須です。地域ブランドとされてきたものの中には、長い年月をかけて一定の品質と

社会的評価を確立してきてはいるものの、品質等について明確な基準がなく、関係者の中で一定の認識の差があることも多いと思います。これを、消費者の方のその産品に対する認識なども踏まえつつ、関係者の間で合意を形成し、確定していく必要があります。

(3) この特性と結び付く生産地の範囲が、「生産地」となりますし、特性を生み出すのに関連する生産の行程が、「生産の方法」となります。このように、**「特性」を基礎に、「生産地域」や「生産の方法」を首尾一貫するよう定めていく**ことになりますが、これらを確定していくに当たっても、関係者の合意形成が重要です。特性の確定を含め、これらの合意形成に当たっては、地方公共団体等の支援が必要になることもあるでしょう。

　この確定された「特性」、「生産地域」、「生産の方法」等が、申請書及び明細書に記載されることになります。

(4) このように首尾一貫するよう定められた**「特性」、「生産地域」、「生産の方法」等を担保するものが生産行程管理業務**であり、この適確な実施が保護の要件となっています。ブランドを維持・発展させていく上で、品質等の保証をきちんと行い消費者の信頼を裏切らないことが極めて重要ですが、我が国の地理的表示保護制度上は、これを生産行程管理業務で行うこととなっているのです。この業務を適確に行っていくため、生産行程管理業務規程で「特性」、「生産地域」、「生産の方法」の確認の方法等を過不足なく定めるとともに、これを適確に実施しうる業務実施体制を整えることが必要です。

(5) このように、地理的表示保護制度を活用していくためには、「その産品の品質等の特性（差別化ポイント）の洗い出し」、「特性、生産地域、生産の方法等に関する関係者の合意形成」、「品質等を

担保する体制の整備」が重要です。その上で、地理的表示として登録された後は、生産行程管理業務によって、消費者の期待を裏切らないような品質、表示の管理を継続的に行っていくとともに、GIマーク等を活かしたプロモーション、行政と連携した偽物対策など、価値向上に向けた様々な活動が重要となります。これに併せ、生産体制の強化、販売活動などに関係者が一丸となって取り組むことで、その**地域ブランドの構築・強化**が図られることが期待されます。

(6) 以上は、個別産品としてのブランド構築・発展についての話ですが、個別産品のブランド化にとどまらず、これを核にして、**地域全体の活性化**につなげていくことも必要でしょう。地理的表示の対象産品は、その地域の自然環境や、伝統的ノウハウ、歴史など、地域と強い結び付きのある産品であり、地域全体のイメージと強い関連を持つものです。地域性を活かしたブランド化された産品(＝地理的表示産品)が地域全体のイメージを向上させ、その強化された地域イメージがさらに個別産品のブランド力を高めるという、良い循環を作ることが重要です。そして、観光振興などとも連携し、人を呼び込み、地域全体の活性化につなげられれば、その地域ブランドはより高い効果を発揮することになるでしょう。このような取組のためには、農林水産物や食品の生産関係者のみならず、商工業関係者、観光関係者、自治体など、幅広い関係者の協力関係が必要になります。

　フランスでは、「**味の景勝地**」という取組によって、地域産品のブランドを核に、産品と関連する自然・文化遺産や滞在施設等の地域資源を結び付け、地域全体のブランド化を図り、観光客の増加等につなげる取組が行われています。我が国でも、こういったことに取り組もうとする動きが生じ始めていますが、今後の方向として注目されます。

図24 フランスの「味の景勝地」の仕組み

・農業省、環境省、観光省、文化省の４省が協力し、味の景勝地（Site Remarquable du Goût；SRG）を認定
・認定要件としては、
　①伝統的、かつ特徴的な地域農産品の存在
　②建物、景観等特徴的な「ヘリティッジ（自然や文化遺産）」の存在
　③滞在施設、遊歩道等の旅客の受け入れ体制
　④地域の関係者の組織化
・観光客の増加、地域の幅広い産品の購入の増加などの相乗効果

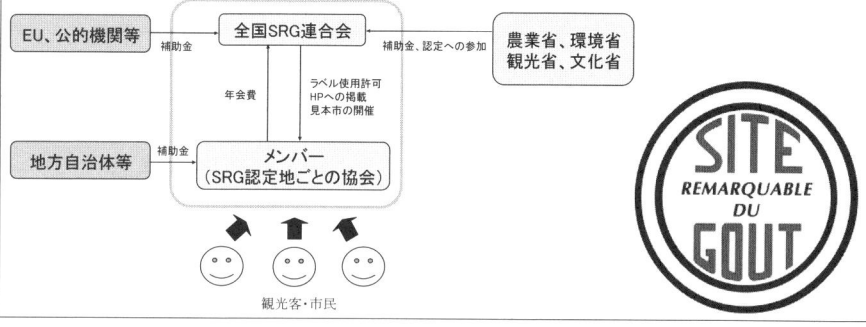

内容は、農林水産政策研究所の須田研究員の発表資料によっています。
詳しい内容は、P108でご紹介する農林水産政策研究所のウェブサイトをご参照ください。

(7) なお、地理的表示保護制度の活用については、農林水産省監修の「地理的表示活用ガイドライン」が作成されています。農林水産省の地理的表示に関するウェブサイトから入手できますので、こちらも参考にしてください。

第 2 部
国際的な地理的表示保護の状況

第1
概況

　地理的表示は既に多くの国で保護されていますが、保護内容は様々です。保護に積極的な国としては、EUのほか、スイス、インド等があります。

(1)　地理的表示については、第2でご説明するとおり、知的所有権の貿易関連の側面に関する協定（以下「**TRIPS協定**」といいます。）で保護内容が定められていることもあり、既に多くの国で保護が行われています。ただし、その保護内容は国によって様々であり、地域と結び付いた独特の特性のある産品を尊重し、地理的表示を手厚く保護する国（EU、スイス、インド等）がある一方、地理的表示の保護に必ずしも積極的でなく、保護の拡充に反対している国（米国、オーストラリア等）があります。また、保護の方式についても、地域と結び付いた独特の特性を重視し、これにふさわしい特別の保護制度を設けて保護を行う国と（EU等）、出所を示す識別のしるしの一つとして商標制度の中で保護する国（米国、オーストラリア等）があります。前者の、地理的表示を特別の保護制度によって、**商標とは独立した保護**を行っている国は100カ国以上に達しています。アジアにおいても、中国、インド、韓国、シンガポール、タイ、ベトナム等多くの国で、特別の地理的表示の保護制度が設けられています。

(2)　第2以降では、地理的表示に関して広く受け入れられている仕組みとして、TRIPS協定で定められた内容をご説明するととも

に、地理的表示について手厚い保護を行ってきているEUの制度をご説明します。また、地理的表示保護を巡るEUと米国の対立の状況についてご説明します。

図25　諸外国における地理的表示保護制度の導入状況

○ 諸外国では、地理的表示に対する独立した保護を与えている国は、100か国以上。

アジア	中東	欧州 （EUを除く）	ＥＵ	中南米	アフリカ
11か国	7か国	17か国	（28か国）	24か国	24か国

※　国際貿易センター（WTOと国連貿易開発会議（UNCTAD）の共同設立機関）調べ（平成21年）

資料：農林水産省

第2
TRIPS協定における取扱い

　地理的表示保護について、最も広く受け入れられている国際的なルールは、TRIPS協定で定めるものですが、農産物・食品の地理的表示の保護内容は必ずしも手厚いものではありません。

1．TRIPS協定の概要

　TRIPS協定は、WTO（世界貿易機関）設立協定の附属書であり、WTO加盟国であれば必ずTRIPS協定の加盟国になります。この協定は1995年１月に発効していますが、ここでは、著作権、商標、特許等と並んで、地理的表示が知的所有権の一つとして取り扱われています。TRIPS協定で定められた内容は、WTO加盟国なら遵守しなければならない内容であり、160カ国・地域を超えるという加盟国・地域の多さから、TRIPS協定で定められている内容が、現在、地理的表示保護に関して最も広く受け入れられている国際的なルールとなっています。(注)

（注）地理的表示保護に関する国際条約としては、ほかにリスボン協定（原産地名称の保護及び国際登録に関するリスボン協定）があります。この協定では、品質又は特徴が、自然的要因及び人的要因を含む地域の環境に、専ら又は本質的に由来する場合に、その生産物を表示する地理上の名称を、「原産地名称」（地理的表示の一種）と定義しています。この原産地名称について、世界知的所有権機関（WIPO）の国際事務局への登録によって他の加盟国でも保護し、保護内容は、真正な原産地が表示される場合や「種類」、「型」、「模造品」等の表現を用いる場合も含まれる手厚いものとなっています。ただし、加盟国数は28と少数にとどまっています（我が国は加盟していません。）。

2．TRIPS協定における地理的表示の定義

　TRIPS協定においては、地理的表示について、「ある商品に関し、その確立した品質、社会的評価その他の特性が当該商品の地理的原産地に主として帰せられる場合において、当該商品が加盟国の領域又は領域内の地域若しくは地方を原産地とすることを特定する表示」と定義しています（TRIPS協定第22条第１項）。つまり、①商品に一定の品質等の特性があって、②その特性とその商品の原産地が結び付いている場合に、③その原産地を特定する表示を「地理的表示」と呼んでいることになります。我が国制度における地理的表示の定義も、このTRIPS協定における定義に即したものとなっています。

3．保護内容

(1)　地理的表示の保護内容については、一般の商品に関する地理的表示とワイン・蒸留酒に関する地理的表示で、保護の程度が異なっています。

(2)　一般の商品については、「商品の地理的原産地について公衆を誤認させるような方法で、当該商品が真正の原産地以外の地理的区域を原産地とするものであることを表示し又は示唆する手段の使用」等が禁止されています。要するに、その商品の**産地を誤認させるような表示が禁止**されるのです。このため、逆に言うと、その商品の本当の産地を誤認させないような表示であれば許されることになります。例えば、「パルマハム」という地理的表示の場合、「北海道産パルマハム」という表示や、「パルマ風ハム」という表示は、その産地がパルマであるという誤認を招かないと考えられることから、表示が認められると考えられます。こういっ

た内容は、地理的表示の保護を重視する立場からは、十分なものではないという主張がされています。

(3) 一方、ワインや蒸留酒(ウイスキーなど)の地理的表示については、手厚い保護が講じられています。具体的には、これらの地理的表示に関しては、真正な原産地が表示される場合、翻訳して使用される場合、「種類」、「型」、「様式」、「模造品」等の表現を用いる場合についても、本来の産地で生産されていないワイン等に使用することが禁止されています。産地の誤認をまねかなくても使用が禁止されるということであり、例えば、「山梨産ボルドーワイン」、「ボルドー風ワイン」といった表示も禁止されることになります。

(4) この保護内容は「**追加的保護**」と呼ばれており、EUなど地理的表示保護に積極的な国は、この保護をワイン以外にも拡大するよう主張しています。EUのほか、スイス、インド、ブラジル等も同じ考え方をとっています。これらの国は、地域の特性を活かした高品質の産品の名称を保護し、これによって自国農産物・食品等の優位性を確保しようとしています。一方、米国、オーストラリア、カナダ等は、地理的表示産品と類似の産品(チーズなど)を大量に生産していることもあり、地理的表示の保護の拡充によって不利益が生じないよう、保護の拡充に反対しています。このため、WTOでは議論の進展が見られない状況となっています。

第3
EUにおける地理的表示保護制度

　EUは、地理的表示の保護に積極的に取り組んでおり、対象産品の価格上昇等の効果をあげています。我が国の制度は、EUの制度も参考に検討が行われ、多くの共通点があります。

1．EU共通の地理的表示保護制度

⑴　ヨーロッパでは、古くから農産物・食品の地理的表示の保護が図られてきました。例えば、フランスでは、20世紀初頭から、ボルドー、ブルゴーニュといったワインの原産地呼称（地理的表示の一種です。）をはじめとして、ワインや農産物・食品の原産地呼称の保護が行われてきました。フランスでは、自然的な条件とこれに対応した人的な要素（生産のノウハウ等）を備え、産品の特異性を生み出す地域を「テロワール」と呼んでいますが、この地域に根ざした品質を持つ産品を尊重し、これを保護しようとする仕組みが古くから設けられてきたのです。フランス以外でも、スペインやイタリアも同様の制度を導入して、地理的表示の保護を図ってきました。

⑵　このような経緯も踏まえ、1992年に、農産物及び食品の地理的表示について、**EU全体に適用される仕組み**が導入されました。このEUの保護の仕組みは、原産地と結び付いた特性のある産品の名称を登録し、その産品の品質や生産方法の基準を明細書として定め、その基準に適合した産品にのみ登録名称の使用を認める

ものです。このような形で地理的表示を保護することによって、画一化された商品に対する優位性を確保し、差別化による生産者への利益とともに、品質保証を通じた消費者への利益を追求する仕組みとなっています。なお、現在の保護の仕組みを定めている規則は、2012年に制定された「農産物及び食品の品質制度に関する2012年11月21日の欧州議会及び理事会規則」[注]です。

（注）規則の番号は、R(EU)No1151/2012です。なお、ワイン・芳香ワイン、蒸留酒の地理的表示の保護については、別規則（R(EU)No1308/2013、R(EU)No251/2014、R(EU)No110/2008）に基づき行われています。以下の説明は、原則として、農産物・食品の地理的表示に関するものです。

(3) 現在、農産物・食品の地理的表示の登録数は1,200を、ワイン・蒸留酒の地理的表示は2,000を超えています。また、2010年の農産物・食品の地理的表示産品の生産額は158億ユーロに達しており、ワイン・蒸留酒の地理的表示産品の生産額386億ユーロをあわせると、543億ユーロの生産額となります。地理的表示産品が、農業等の生産に一定の地位を占めていることがわかります。

地理的表示保護による価格上昇の効果をみると、農産物・食品の地理的表示産品と一般品との価格差は1.55倍、ワインについては2.75倍となっており、地理的表示の仕組みが産品の価格上昇に一定の効果を上げていることがうかがえます。

図26　地理的表示産品と一般品との価格差（2010）

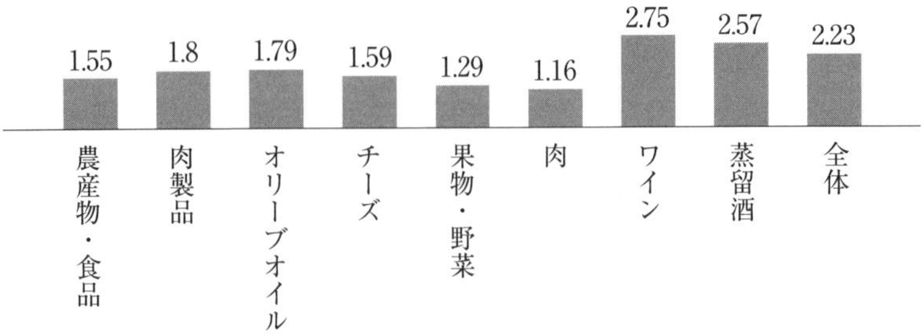

農産物・食品	肉製品	オリーブオイル	チーズ	果物・野菜	肉	ワイン	蒸留酒	全体
1.55	1.8	1.79	1.59	1.29	1.16	2.75	2.57	2.23

資料：AND-International（2012）

また、いくつかの地理的表示産品について、最終の小売価格に占める農家、加工業者、流通業者の配分を見ると、一般品と比べて、農家手取りの割合が上昇していることがわかります。例えば、ブレス鶏の例では、価格が3.7倍に上昇するだけでなく、その価格に占める農家手取りの割合が一般品の28%に比べ35%に上昇しており、価格上昇のメリットが主として農家手取りの向上に役立っていることがうかがえます。

図27　小売価格に占める農家手取りの割合
（地理的表示産品と一般品の比較）

PDO／PGI産品 （【】内は対照品）	農家	加工業者	流通	価格（総額）
ブレス鶏（Volaille de Bresse） 【商標付き鶏肉】	35% 【28%】	40% 【46%】	25% 【26%】	12ユーロ/kg 【3.25ユーロ/kg】
トスカーノ（Toscano） 【原産地を限定しないエキストラバージンオリーブオイル】	46-53% 【37-47%】	47-54% 【53-63%】		9.6ユーロ/750cc瓶 【6.05ユーロ/750cc瓶】
ノン渓谷のりんご（Mela Val di Non） 【トレンティーノ州のリンゴ】	50% 【38%】	10% 【12%】	40% 【50%】	1.75ユーロ/kg箱入り 【1.35ユーロ/kg箱入り】

資料：London Economics（2008）

（注）「ブレス鶏」は、フランスの鶏肉でPDOとして登録されています。「トスカーノ」は、イタリアのオリーブオイルでPGIとして登録されています。「ノン渓谷のりんご」は、イタリアのリンゴでPDOとして登録されています。

2．保護される名称

(1) EUにおいて地理的表示として保護される名称には、保護原産地呼称（**PDO**；Protected Designation of Origin）と保護地理的表示（**PGI**；Protected Geographical Indication）の2種類があります。双方とも、生産地と関連する特性を持った産品の名称であり、TRIPS協定上の地理的表示に該当するものですが、PDOについてはPGIより地域との関連が強いものが対象となっています。具体的には、PDOの場合、産品の品質又は特性が自然的、社会的要件を備えた地理的環境に専ら又は本質的に起因し

ていなければなりません。すなわち、産品の品質・特性が、その地域の土壌・気候等の自然環境やその地域独自の生産ノウハウと強く結び付いていないといけないのです。また、生産行程の全てが、一定の地域で行われている必要があるため、原料もその地域で生産されている必要があります。一方、PGIの場合は、品質、評判その他の特性と原産地に一定の結び付きがあればよく、また生産行程のいずれかがその地域で行われていればよいことになっています。このため、地域外からの原料で生産した場合も対象となります。

図28　PDOとPGI

	PDO（保護原産地呼称） (Protected Designation of Origin)	PGI（保護地理的表示） (Protected Geographical Indication)	備考
生産地	特定の場所、地域又は例外的に国を原産地としている		
生産地との結び付き	品質又は特性が、自然的、人的要因を備えた特定の地理的環境に専ら又は本質的に起因している	その地理的原産地に本質的に起因する、固有の品質、評判その他の特性を有している	PDOの方が生産地との結び付きが強い
生産地で行われる生産行程	生産行程の全てがその地域で行われる（原料もその地域産である必要）	生産行程のいずれかがその地域で行われる	PGIの場合、原料は他地域の物でも可
マーク			

資料・著者作成

(2)　2014年末段階で、農産物・食品の地理的表示で、PDOとして保護されている名称の数は584、PGIとして保護されている名称の数は617であり、合計して1,200を超える名称が保護されています。保護されている産品は、肉、ハム等の肉製品、チーズ、果物・野菜・穀物、油（オリーブオイル等）、その他幅広いものとなっています。登録数が多い国は、イタリア、フランス、スペインなどです。

図29　地理的表示（PDO・PGI）の登録状況（2014年末）

区　　分	PDO	PGI	計
肉	38	107	145
肉製品	34	108	142
チーズ	183	36	219
その他畜産物（卵、蜂蜜等）	30	9	39
油、油脂	109	15	124
果物、野菜、穀類	136	205	341
水産物	12	25	37
パン、菓子類	3	62	65
その他	39	50	89
計	584	617	1,201

登録数が多い国は、イタリア（267）、フランス（218）、スペイン（176）、ポルトガル（124）など

資料：EUの地理的表示のデータベースであるDOORに基づき著者作成

3．保護の手続

　PDO又はPGIの登録については、まず、産品の生産者団体が、産品の生産地のある国に、生産地域、品質、生産の方法等を定めた明細書を添えて申請を行います。(注)申請を受けた国は、登録要件に該当しているかどうかの審査を行い、要件に該当していると判断した場合には、欧州委員会に書類を提出します。書類の提出を受けた欧州委員会は原則6カ月以内に審査を行い、登録要件を満たすと判断すれば、申請内容を公告し、3カ月間の異議申立手続を経て、登録簿に登録を行います。この登録によって、名称の地理的表示としての保護が開始することになります。

（注）EU加盟国以外の第三国からの申請も可能です。この場合、欧州委員会に直接申請を行うか、その第三国の当局を通じて申請を行います。申請には、その第三国でその名称が保護されていることが必要です。

登録までの手続

・生産者団体による生産地の属する国への登録申請（明細書添付）
　　　　　　　　　⇩
・申請を受けた国での審査（国内の異議申立手続あり）
　　　　　　　　　⇩
・欧州委員会への書類提出、審査（書類提出から6カ月以内）
　　　　　　　　　⇩
・申請内容を公報で公示
　　　　　　　　　⇩
・異議申立手続（公示から3カ月間）
　　　　　　　　　⇩
・登録簿への登録、公報での公示
　　保護の開始

4．保護の内容

　登録された名称については、登録の対象とされていない産品（明細書の基準を満たさない産品）に業として使用することが禁止されます。禁止される範囲は、登録されている産品と類似の産品である場合や、類似でなくとも保護されている名称の評判を不当に利用する場合となっており、また、その産品を原料とする加工品についても禁止の対象となります。さらに、名称の悪用、誤用、想起となる場合も禁止され、真の生産地が示されている場合や、翻訳されている場合、「style」、「type」、「imitation」等の表現が添えられている場合も同様とされています。第2で説明したTRIPS協定の追加的保護の水準を超えて、想起（その名称を思い起こさせるような表示）等も保護内容とされており、**非常に手厚い保護内容**と言えます。また、TRIPS協定では、ワイン・蒸留酒の地理的表示についてのみ手厚い保護が講じられていますが、EUの制度では、農産物・食品の地理的表示全般についても、手厚い保護が講じられていま

す。
　なお、EUでは、保護される地理的表示として、PDOとPGIの2種類があるとご説明しましたが、この2種類で、保護内容に差はありません。

5．品質保証の仕組み

⑴　PDO又はPGIとして登録された産品については、**厳格な品質保証の仕組み**が講じられています。この仕組みとしては、まず、登録に際して、生産地、品質、生産の方法等が明細書として定められます。そして、この基準に適合した産品のみが登録名称を使用して市場に流通するよう、公的な管理当局（行政）から権限を与えられた独立の第三者機関が基準の適合状況をチェックすることとなっています。例えば、パルマハムの場合、豚の生産段階、食肉処理の段階、ハムの製造・熟成の段階で、それぞれ詳細な基準が定められていますが、この基準を遵守した生産がされているかを第三者機関が検査等によってチェックし、基準に適合した産品のみが市場に出されるようにしているのです（図30）。こういった厳格な品質管理措置はEU制度の特徴の一つであり、これが地理的表示産品の評価を上げる一因となっていると考えられます。

⑵　また、基準に適合しない産品に地理的表示が使用されている場合は、公的管理当局（行政）が取り締まり、流通の禁止等の措置をとることになっています。これによって、規制の実効性を確保しています。

図30 パルマハム（イタリア、PDO）の品質管理

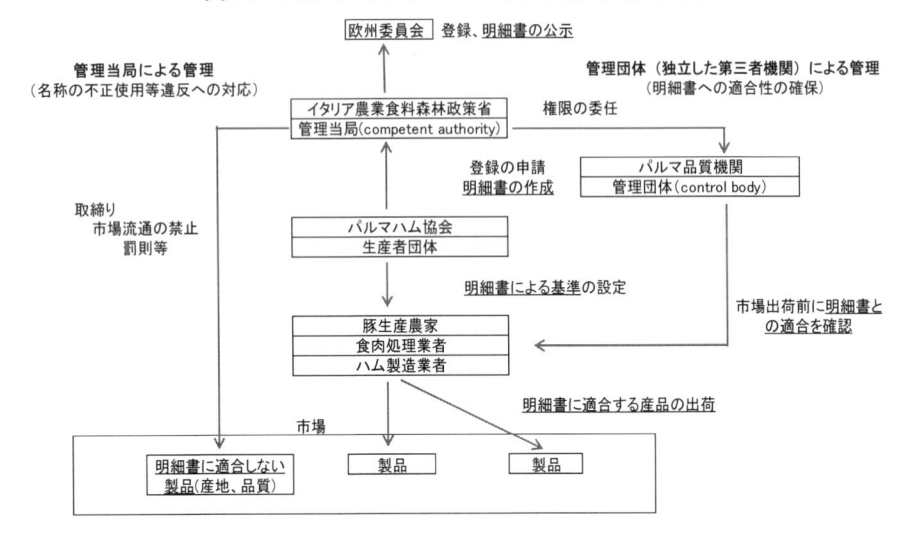

資料：パルマハム協会のウェブサイト等を基に著者作成

6．我が国制度との比較

(1)　以上、EUの制度をご説明してきましたが、我が国の制度は、EUの制度も参考に創設されたものであり、多くの共通点があります。具体的には、①品質等の特性と地域との結び付きを重視していること、②品質・生産方法等の基準を明示するとともにその基準を遵守する仕組みを講じていること（品質保証の仕組み）、③基準を守る者が幅広く名称を利用できる仕組みとなっていること、④地理的表示であることを示す特別のマークがあること、⑤行政により偽物等に対する取り締まりが行われること等です。

(2)　一方、いくつかの違いもあります。具体的には、①EUでは原料もその地域で生産するなど地域との結び付きの強いPDOの区

分を設けているが、我が国ではそのような区分は行っていないこと、②保護水準について、EUの方がより手厚い保護となっていること、③品質等の基準遵守の確保を行う主体が、EUでは独立した第三者機関であるのに対し、我が国では生産者団体が行うこととしていることなどです。

　このように若干の差はありますが、両制度とも、地域と結び付く特性を持った産品を保護することによって、生産者の利益を図るとともに、消費者の利益にもつなげようとする目的は同一であり、仕組みも非常に類似したものとなっています。

図31 EUの制度と我が国の制度の比較

	EUの保護制度	我が国の保護制度	備考
保護の対象	生産地域とつながりを持つ品質等の特性を有する農林水産物・食品の名称 つながりの程度により、PDO及びPGIの2種類	生産地域とつながりを持つ品質等の特性を有する農林水産物・食品(特定農林水産物等)の名称	EUでは、原料の生産も含めすべての生産がその地域で行われる等地域とのつながりが強いPDOの区分があるが、我が国にはない
保護水準	明細書に適合しない産品についての名称使用を禁止 真正の産地を表示する場合、翻訳、type等の表示(追加的保護)に加え、想起させる場合等も禁止	登録された特定農林水産物以外の産品についての地理的表示及びこれに類似する表示の使用禁止(類似する表示には、追加的保護の内容を含む)	EUは、追加的保護を超える手厚い保護 我が国の場合、「類似する表示」に追加的保護の内容を含む
品質・生産等の基準	品質・生産等の基準を明細書として定め、公示	品質・生産等の基準を定め、公示	ほぼ同様の仕組み
基準遵守の管理	公的管理当局または第三者機関によるチェック	生産者団体が農林水産大臣の審査を受けた生産行程管理業務規程に基づきチェック	EUは第三者認証、我が国は生産者団体による自己認証
違反に対する対応	公的管理当局が行う(具体的な対応は各国による)	農林水産大臣の措置命令、命令違反の場合の罰則	行政による対応が行われる点で共通
名称を使用できる者	明細書に適合することが確認された産品については、誰でも使用可能	生産行程管理業務を行う生産者団体の構成員たる生産業者及び当該者から直接・間接に産品の譲渡を受けた者	生産行程を管理する団体は複数設立が可能であり、基準遵守の体制が整いさえすればどの生産者も名称使用が可能な点で、EU制度と共通
同一の既存商標がある場合の取扱い	商品の同一性について消費者の誤認を招かない場合は、地理的表示の保護可能	商標権者が登録する場合、商標権者の承諾がある場合に限って、地理的表示の保護可能	我が国の場合、既存商標と同一の地理的表示の保護には、商標権者の承諾等が必要
特別のマーク	特別のマーク(PDO、PGI)の使用を義務づけ	特別のマーク(GIマーク)の使用を義務づけ	ほぼ同様の仕組み
一般名称化	登録された名称は一般名称化しない	明示的規定なし	

資料:著者作成

第4
地理的表示保護を巡るEUと米国の対立

　地理的表示の保護を巡っては、その強化に積極的なEU等と消極的な米国等が対立しており、その対立がFTA協定等にも反映されています。我が国にも影響のある問題であり、今後の方向を注目していく必要があります。

(1)　第1でご説明したように、地理的表示保護に関する各国の対応はまちまちであり、保護の方式、保護の内容等については各国により異なっています。第2でご説明したとおり、幅広く受け入れられている国際的な保護のルールとしては、TRIPS協定で定められたものがありますが、地理的表示全般についてワイン等の地理的表示と同等の保護水準（追加的保護）とすること等について議論が進まず、地理的表示保護の強化に熱心なEU等には不満があります。一方、米国等はこれ以上の地理的表示保護の強化に反対しています。

(2)　このような中で、EU、米国双方とも、FTA協定等地域間の貿易協定の中で、地理的表示保護についての自らの立場を反映させようとしています。例えば、2011年に発効したEUと韓国との間のFTA協定においては、地理的表示をTRIPS協定の追加的保護の内容で保護することを定めるとともに、附属書によって、保護の対象となる地理的表示を特定しています。これによって、協定で定められた地理的表示が、相手国で、手厚い保護が受けられることになっています。また、2013年に合意されたEUとカナダとの間のFTA協定においても、追加的保護の水準での地理的表示

の保護と、保護する地理的表示の附属書による特定が行われています。このように、EUは、FTA協定の地域間の貿易協定を通じて、EUの地理的表示が相手国で手厚く保護されるよう取組を強化しています。

(3) 一方、米国は、地理的表示の保護の強化によって、商標権者や同種の産品を生産している者等の権利が害されることのないよう、既に商標がある場合の地理的表示の保護の禁止、登録に際しての異議申立手続の整備等を、米国と韓国との間のFTA協定などいくつかの地域間貿易協定において定めています。

(4) このように、地理的表示を巡っては、特にEUと米国の間で、FTA協定等においても対立のあるところであり、今後我が国が締結する地域間の貿易協定の中でも、議論が行われることになると考えられます。今後の議論の方向性に注目しておく必要があるでしょう。

(5) なお、EUがFTA協定等を通じて行っている、**地理的表示の相互保護の枠組み作り**については、我が国の農林水産省としても、我が国の地理的表示の海外における保護を図る観点から、今後取り組んでいくこととされています。

農林水産政策研究所では、地理的表示に関し、EUやフランスの保護制度、我が国の状況等についての調査分析を行っています。関心のある方は、下記のウェブサイトをご参照いただければ幸いです。
http://www.maff.go.jp/primaff/kw/2015_gi.html

第3部
Q＆A

Q1. 全ての農林水産物、食品に関して、保護の対象となりますか。

Answer

　保護制度の対象となる物は、食用の農林水産物及び飲食料品の全てと、非食用の農林水産物及び農林水産物の加工品で政令で定めるものとなります。ここで、非食用の農林水産物としては、観賞用の植物、工芸農作物、立木竹、鑑賞用の魚、真珠の5品目が、非食用の農林水産物の加工品としては、飼料（農林水産物を原材料としたもの）、漆、竹材、精油、木炭、木材、畳表、生糸の8品目が定められています。

　ただし、酒については、別の地理的表示の保護の仕組みがあることから、本制度の対象にはなりません。また、医薬品、医薬部外品、化粧品及び再生医療等製品も対象外です。

（P18参照）

Q2. 歴史的な地名など、現在使われていない地名を含む名称も保護されますか。

Answer

　歴史的な地名など、現在使われていない地名を含む名称であっても、生産地や生産地と結び付きのある特性を特定できる名称であれば、保護の対象となり得ます。

（P30参照）

Q3. 地名を含まない名称も保護されますか。

Answer

　地名を含まない名称であっても、その名称によって、生産地や生産地と結び付きのある特性を特定できるものであれば、保護の対象となり得ます。
（P30参照）

Q4. 地名を含む名称であれば、保護の対象となりますか。

Answer

　地名を含んでいても、特定の地域以外でも広く生産され、地域との結び付きの乏しい産品の名称（普通名称）については、保護の対象とはなりません。例えば、小松菜、伊勢えびなどは、保護の対象外です。
（P30参照）

Q5. 名称に含まれる地名と生産が実際に行われている地域が異なっても保護されますか。

Answer

　名称に含まれる地名と生産が実際に行われている地域が異なる場合であっても（例えば、名称に含まれる地名以外の地域に生産が拡大しているような場合）、歴史的な経緯も踏まえ、生産地や生産地と結び付きのある特性を特定できる名称であれば、保護の対象となり得ます。

（P30参照）

Q6. 品種名と同一の名称は保護されますか。

Answer

　品種名は、一般的には生産地域と関係なく使用されることが多いと思われます。このため、「動物又は植物の品種名と同一の名称であって、産品の生産地について需要者に誤認を生じさせるおそれがあるもの」については、生産地を特定できない名称として、保護の対象となりません。

　この場合、誤認を生じさせるか否かの判断は、申請された産品の生産地以外の地域におけるその品種の生産実態を考慮することとされていますので、品種名と同一の名称であっても、その品種が、申請された産品の生産地以外で基本的に生産されていない場合などは、保護の対象となり得る場合があるでしょう。

（P30参照）

Q7. 登録に際して、新しい名称を作って登録することはできますか。

Answer

　新しく作られた名称は、これまで、その名称を使って申請された産品が販売等されておらず、一般に、その名称で生産地や生産地と結び付きのある特性を特定することができませんから、保護の対象とはなりません。

（P30参照）

Q8. 新しいブランド産品の名称は保護されますか。

Answer

　地理的表示の保護の要件として、産品が「確立した特性」を有することが必要です。この「確立した特性」については、申請された産品が、同種の産品と比較して差別化された特徴を有しており、その特徴を有した状態で、概ね25年生産された実績があることとされています（伝統性の要件）。

　このため、新しいブランド産品で、差別化された特性を有した状態になって、概ね25年以上の生産がされていない場合は、保護の対象となりません。

（P26参照）

Q 9．25年以上他とは異なる品質の産品が生産されてきましたが、数年前に厳しい基準が設定され、その基準に従った形では25年の生産実績がありません。このような場合でも、登録を受けることができますか。

Answer

登録には、同種の農林水産物等と比較して差別化された特徴を有しており、かつ当該特徴を有した状態で概ね25年生産されていること（伝統性の要件）が必要です。

概ね25年以上差別化された状態での生産実績があれば、たとえ当初の基準より厳しい要件が設定され、その基準に従った生産が25年に満たなくとも、伝統性の要件を満たすと扱われています。

（P27参照）

Q10. 登録しようとしている産品について、複数の名称で呼ばれている場合、複数の名称を登録することができますか。

Answer

　登録する産品が複数の名称で呼ばれており、その産品について農林水産物等の区分が同一で、基準（生産地、特性、生産の方法）が一つの場合、一つの登録において複数の名称を登録することができます。例えば、あるミカンが、「○○みかん」、「△△みかん」という二つの名称で呼ばれている場合、この二つの名称で一つの登録をすることが可能です。

　また、ある名称について、ひらがな、カタカナ、漢字又はアルファベットで表示した名称を複数登録すること（例えば、「○○りんご」と「○○林檎」の二つの名称を登録すること）も可能です。

　一方、産品の基準（生産地、特性、生産の方法）が複数あり、ある名称が限定された産品のみを指す名称と認識されている場合は、一つの登録で複数の名称を登録することはできません。例えば、生産地が同じイチゴについて「○○いちご」と「△△いちご」の複数の名称があるときに、糖度の高いイチゴのみが「△△いちご」と呼ばれている場合は、一つの登録で複数名称を登録するのではなく、別々の登録をする必要があります。（名称審査基準）

Q11. 申請しようとする産品の生産者が一人なのですが、登録の申請を行うことができますか。

Answer

　登録の申請を行うことができるのは生産者団体に限られます。このため、生産者としては登録申請ができません。ただし、生産者団体の構成員となる生産業者は一でもよいとされていますので、例えばその一の生産業者が加入する農協が生産者団体として登録申請を行うことができます。また、生産業者と生産業者以外の者（例えば流通業者や行政団体）が協議会のような団体を作って、登録申請を行うことも可能です。

　生産業者が一の場合であっても、今後生産業者を増やして地域の共有の財産として地域ブランドを守っていきたいときや、行政の取締り、GIマークといった地理的表示保護制度の利点を活かしていきたいときは、地理的表示として登録を申請することになじむ場合があると思われます。

（P22参照）

Q12. 確立した特性については、どのような内容が必要ですか。データが必要ですか。

Answer

「特性」については、抽象的に「おいしい」、「すばらしい」、「味が良い」、「美しい」といった内容ではなく、物理的な要素（大きさ、形状、重量等）、化学的な要素（酸味、糖度等）、微生物学的な要素（酵母、細菌の有無等）、官能的な要素（食味、色、香り等）などの要素を踏まえて、同種の産品と比較して差別化された特徴を説明しなければならないとされています。この説明に当たっては、例えば、一般品の重量が平均〇gなのに対し、申請品は△gと非常に重い、とか、一般品は糖度〇〜〇度であるのに対し、申請品は、糖度△度以上である、といったように、差別化できる特性を具体的に示すことが必要であり、その内容に応じて適切なデータなどを示すことが必要でしょう。

また、特性として社会的評価を示す際は、単に「全国的な知名度がある」といった内容ではなく、可能な限り具体的な事例（受賞歴、新聞への掲載など）を踏まえ、過去又は現在の評判を示すことが必要です。

（P36参照）

Q13. 生産地に帰せられる品質等の特性が必要とされていますが、この生産地と特性の結び付きはどのように説明すればいいのですか。

Answer

　生産地と特性の結び付きについては、生産地や生産の方法が、どのように特性に関係しているかを説明するものです。例えば、生産地の自然的条件（地形、土壌、気候等）を詳しく説明した上で、特性との結び付きを説明したり（例：その地域は火山灰土壌で水はけが良く、日中と夜間の気温差が大きい自然条件にあり、このような自然条件により糖度の高い特性が生まれる）、生産の方法で記載した内容が特性にどのように結び付いているかを説明します（例：その地域で伝統的に受け継がれてきた独特の生産方法や地域固有の品種によって特別の品質が生み出されている）。

　また、社会的評価を特性とする場合、生産地と社会的評価の結び付きについては、産品がその生産地で生産されてきた結果、高い評価を受けている場合に認められ、その地域で生産された産品ならではの高い評価を説明します。

　なお、具体的な内容については、第3の2（3）4）の例も参考にしてください。

（P28、P36参照）

Q14. 複数の特性（例：みかんの糖度について、早生のものは9度以上、通常のものは10度以上）があり、それが同一の名称（例：「○○みかん」）で呼ばれている場合は、一つの地理的表示として登録を申請することができますか。

Answer

　複数の特性がある場合であっても、対象農林水産物等が一つの区分に収まる場合は、一登録とした上で、そのような複数の基準を設けることができるとされています（農林水産物等審査基準）。このため、質問の事例の場合「○○みかん」という一つの登録とした上で、特性や生産の方法について複数の基準を設定することが可能です。

　ただし、一つの区分に収まらないときは、その区分ごとに登録の申請を行うことが必要です。例えば、青果のみかんと冷凍みかんが、同一の「○○みかん」と呼ばれているときは、青果のみかんについての「○○みかん」と、冷凍みかんについての「○○みかん」の二つの登録申請を行うことが必要です。

（P34参照）

Q15. 生産地の範囲はどの程度の広がり（集落、市町村、県など）で考えればいいのですか。また、どのような考え方で範囲を定めればいいのですか。

Answer

　生産地については、実際に生産が行われている地域になります。ここで、「生産」とは、産品に特性を付与し、又は特性を保持するために行われる行為を言います。例えば、ある自然的条件にある土地での農産物の栽培によって特別の品質が生み出されれば「栽培」がこれに当たりますし、加工行程によって特別の品質が生み出されれば「加工」がこれに当たります。このような産品に特性を与えている生産行程が実際にどこで行われているかによって、生産地域の範囲が決まることになります。

　また、その生産地域の自然的な条件や行われる生産行程が、産品の特性を生み出すものであることから、生産地は、例えば自然条件が共通するとか、その地域独特の生産ノウハウが共通して行われているといった共通性を持つ地域になります。こういった地域の範囲は、その産品に応じて、狭い場合もあれば、かなり広い場合もありますが、それぞれの実態に応じて、過大・過小とならないよう一定の範囲を適切に定めることが必要です。

　以上のように、生産地域は、生産の実態や特性に結び付く自然条件、生産ノウハウ等の要素を有する地域の範囲から決定されるもので、一概にどの程度の広がりと言うことはできません。その産品の実態を踏まえ決定することが重要です。

（P24参照）

Q16. 原料の生産地と加工地が異なる場合も保護の対象となるのですか。

Answer

　我が国の地理的表示の保護においては、生産行程の全てが特定の地域で行われる必要はなく、原料の生産地と加工地が異なる場合であっても保護の対象となります。ここで、地理的表示の保護を考える上では、「生産地」は産品に特性を付与し、又は特性を保持するために行われる行為が行われるところを指しますので、「加工」によって特性の付与等がされているのであれば、加工地を「生産地」として登録申請を行います。この場合、原料生産地について一定の範囲に限定する必要があれば、その旨を生産の方法として記載します。

（P24参照）

Q17. 申請・登録事項と明細書の内容は、完全に一致する必要がありますか。

Answer

　明細書は、登録を申請する農林水産物等の区分、名称、生産地、特性、生産の方法、特性が生産地に主として帰せられるものであることの理由、生産の実績等を定めたものであり、原則として、申請書の記載内容の相当する部分と同内容となります。

　ただし、申請書に記載された内容の範囲内で、異なる内容を定めることは認められています。具体的には、特性について、申請書に記載した内容よりも厳しい規格を設けること（例えば、申請書では糖度12度以上とされている中で、明細書では糖度13度以上とすること）や、新たな要件を付加すること（例えば、申請書では大きさについて定めていないが、明細書では重量や直径の基準を定めること）が可能です。また、生産の方法について、新たな行程を追加すること（例えば、県が定めた防除基準に従って防除を実施する旨を追加すること）などが可能です。この場合、明細書は生産者団体ごとに定めるものですから、生産者団体ごとに明細書の内容が異なっていてもかまいません。

（P40参照）

第3部　Q&A

Q18. 地理的表示の登録を受けている産品を販売するときは、必ずその登録された名称とGIマークを使用しなければならないのですか。

Answer

　地理的表示の登録を受けている産品を販売するときに、地理的表示を付すことは義務づけられていません。一方、地理的表示を付す場合は、必ず、併せてGIマークも付す必要があります。地理的表示（例：「○○りんご」）を使用する場合は、GIマークも併せて使用しなければならないのです。

　このため、地理的表示の基準を満たしている産品について、農業者が流通業者に販売するときには地理的表示を付さず、流通業者の段階で、地理的表示とGIマークを併せて付すことも可能です。

（P56参照）

Q19. 食品表示法等に基づく原産地表示は、地理的表示の使用規制の対象となりますか。

Answer

　法令の規定に基づき産品の原産地を表示する場合は、原則として、地理的表示又はこれに類似する表示には該当せず、規制対象となりません。

　ただし、原産地の表示が、その表示を付された産品が登録産品であると需要者に誤認を生じさせる方法で行われる場合には、規制対象となることがあるので注意が必要です。例えば、「○○りんご」という地理的表示が登録されている場合に、「産」の文字を「○○」や「りんご」の文字に比べ著しく小さくして「○○産りんご」という表示をする場合などは、規制対象となることがあります。

（P50参照）

Q20. 地理的表示の登録を受けている産品を原料にした加工品にも、登録された名称やGIマークを使用できますか。この場合、原料に占める地理的表示産品の割合に基準がありますか。

Answer

　地理的表示登録産品を主な原材料として製造、加工された加工品については、その地理的表示を使用することができます。例えば、「○○りんご」が登録されているとき、○○りんごを主な原材料とする加工品（例：りんごジュース、りんごパイ）に、「○○りんご」という地理的表示を含む「○○りんごジュース」、「○○りんごパイ」といった表示が可能です。ただし、その加工品自体が地理的表示の登録を受けているわけではありませんから、GIマークを使用することはできません。

　この場合、主な原材料として使用されているかどうかの判断は、当該加工品に登録産品の特性を反映させるに足りる量の登録産品が原材料として使用されている場合とされています。この「登録産品の特性を反映させるに足りる量」とは、①加工品の全体重量に占める割合、及び②加工品の原材料のうち、登録産品と同一の種類の原材料に占める割合から判断されます。①の割合については加工品の種類や登録産品の性質に応じ適切な割合は異なり一概には言えません。②の割合については、原則として、少なくとも半量程度は登録産品が含まれる必要があると考えられます。

　なお、食品表示法による食品表示基準では、「特色ある原材料」の表示を行う場合はその使用割合を表示することが義務づけられており、登録産品はこの「特色ある原材料」に該当しますので、この基準の対象となる一般用加工食品に登録された名称を使用する場合、その使用割合についても表示することが必要です。

（P53、P56参照）

Q21. 明細書への適合性が確認された産品を生産業者から購入し、これを小分けして販売する場合は、その小分けした物に、地理的表示やGIマークを使用することができますか。

Answer

　明細書への適合性が確認された産品を、登録された生産者団体の構成員である生産業者から直接・間接に譲り受けた者は、その産品及びその包装・容器・送り状に、地理的表示やGIマークを付すことができます。これは、小分けをして販売する場合でも、可能です。
(P48参照)

Q22. 登録を申請した生産者団体に加入していませんが、その生産者団体に加入しないで地理的表示を使用することはできますか。

Answer

　地理的表示保護制度においては、生産行程管理業務によって明細書への適合を担保していることから、生産行程管理業務を行う生産者団体の構成員が、地理的表示を付せることになっています。

　現在、登録を受ける生産者団体の構成員でない場合は、その生産者団体に加入するか、あるいは、他の生産業者等と別の生産者団体を設立し、生産行程管理業務を行う生産者団体として追加で登録を受けることで、地理的表示を使用することができるようになります。
(P48、P58参照)

Q23. 登録された地理的表示に関し不適正な表示を発見した場合は、どのような対応をとればいいですか。

Answer

　地理的表示の保護制度においては、不適正な表示等に対して、行政が積極的に是正措置をとることが特徴の一つとなっています。

　この是正措置については、行政独自の調査によっても行われるのですが、関係者が不適正な表示等を発見した場合は、その旨を農林水産大臣に申出を行い、適切な措置をとることを求めることができます。また、電話やメール等により情報提供することもできます。これらの連絡先は、P388に掲載してある、農林水産省食料産業局新事業創出課又は地方農政局等の窓口です。

　この申出等があった場合は、必要な調査を経て、表示の除去の命令など適切な措置が講じられることとなっていますから、不適正な表示等に対してはこの申出等を行うなど、積極的な対応が望まれます。

　なお、不適正な表示等によって損害を受けた場合には、不法行為として損害賠償の訴えを行うことも可能です。

（P72参照）

Q24. その名称が地域団体商標として登録されている場合は、地理的表示として保護されないのですか。

Answer

　登録を受けようとする名称が、申請する農林水産物等及びこれに類似する商品やこれらの商品に関する役務に関し既に登録されている商標（地域団体商標が含まれます。）と同一・類似の場合、原則として地理的表示の登録を受けることができません。このため、既に地域団体商標として登録されている名称については、原則として地理的表示の保護が受けられないことになります。

　ただし、商標権者等が地理的表示の登録を申請する場合や、商標権者等の承諾を受けて申請する場合は、地理的表示の登録が可能です。このため、地域団体商標の権利者である農協や事業協同組合等が、同一の名称について地理的表示の登録を申請することができます。また、地域団体商標の権利者の承諾を得て、ブランド推進協議会等が地理的表示の登録を申請することも可能です。

（P32、P81参照）

第3部 Q&A

Q25. 登録された地理的表示を含む商標を登録することは可能ですか。

Answer

　地理的表示が既に登録されている場合に、これと同一・類似の名称を商標登録することについては、地理的表示法及び商標法上、商標登録を拒絶するとの規定はなく、自己の業務に係る商品等について使用する商標で商標登録の要件を満たすものは、商標の登録を受けることができます。ただし、地理的表示の正当な使用に対しては、商標権の効力は制限されます。

　したがって、個別の生産者が、地理的表示産品の共通の基準は遵守しつつ、その中での差別化を図ろうとする場合（特別に甘いとか、さらにこだわった生産方法によっている等）などに、地理的表示を含んだ商標を取得することが可能です。

（P84参照）

Q26. 我が国で登録された地理的表示は、外国でも保護されますか。保護されない場合、ブランドを守るため、輸出に際してどのような方策が考えられますか。

Answer

　地理的表示法は日本国内に適用される法律であり、国内で登録された場合でも、直ちに外国で保護されることにはなりません。その国で地理的表示として保護されるためには、当該国の法律に基づき、地理的表示の保護手続を行う必要があります。

　一方、GIマークについては、国が主要国で商標の登録手続を進めており、登録後はその国で商標としての保護が図られます。このため、GIマークを貼付することで、我が国原産の真正品であることを外国でも示せることになります。

　なお、既に他国では行われていますが、相手国との間で、地理的表示の相互保護の枠組みを作ることも考えられます。このような枠組みが政府間で作られ、相互に保護する地理的表示が確定されれば、個別の生産業者・団体が他国で保護手続をとらなくとも、その国で地理的表示の保護が図られることとなります。今後の政府間の交渉の展開を注目する必要があるでしょう。

登録された名称の海外での保護

○ 地理的表示法は日本国内でしか効力を有さないため、登録されたことをもって、直ちに海外でも当該地理的表示が保護されるものではない。
○ 今後、①海外におけるGIマークの商標登録や、②地理的表示保護制度を有する国との間での相互保護の枠組みづくりを通じて、海外においても我が国の真正な特産品であることが明示され、差別化が図られるよう取り組んでいく。

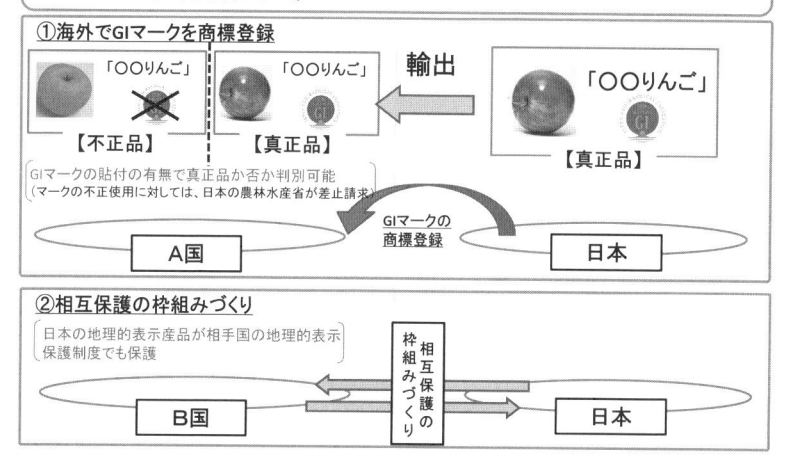

①海外でGIマークを商標登録

| 「〇〇りんご」【不正品】 | 「〇〇りんご」【真正品】 | ← 輸出 | 「〇〇りんご」【真正品】 |

GIマークの貼付の有無で真正品か否か判別可能
（マークの不正使用に対しては、日本の農林水産省が差止請求）

A国 ← GIマークの商標登録 ← 日本

②相互保護の枠組みづくり

日本の地理的表示産品が相手国の地理的表示保護制度でも保護

B国 ⇔ 相互保護の枠組みづくり ⇔ 日本

資料：農林水産省

Q27. EUで地理的表示の登録をしたい場合、どのような要件・手続になりますか。

Answer

　EUでは、第三国からの地理的表示の登録手続を定めており、実際に、中国、インド、タイなど数カ国の地理的表示が登録されています。

　EUの地理的表示保護の概要は第2部で説明していますが、我が国の制度と共通点が多い仕組みとなっています。また、EU以外の第三国からの申請については、申請を行う名称についてその国で保護されていることが保護要件として付加されています。

　このため、まず我が国で地理的表示としての登録を受けた上で、必要に応じて、EUでの登録を検討することとなるでしょう。具体的な申請については、農林水産省食料産業局新事業創出課に相談の上、対応されることが良いと思われます。

　なお、EUの地理的表示保護に関する規定、申請書の様式、申請者向けのガイドライン等については、以下のウェブサイトに記載があります。

http://ec.europa.eu/agriculture/quality/schemes/index_en.htm

http://ec.europa.eu/agriculture/quality/schemes/legislation/index_en.htm

（P101参照）

Q28. 地理的表示に関しては、どこに相談すればよいですか。

Answer

　地理的表示法に関する相談については、農林水産省食料産業局新事業創出課で対応するほか、各地方農政局の地理的表示法担当部署で対応しています。

　農林水産省食料産業局新事業創出課　電話番号　03-6738-6319

　各農政局の経営・事業支援部事業戦略課等（電話番号等は、P388参照）

　（北海道農政事務所については農政推進部経営・事業支援課、内閣府沖縄総合事務局については農林水産部食品・環境課）

　また、具体的な登録申請に関する産地からの相談については、平成27年度において民間団体（(一社)食品需給研究センター）に申請支援窓口が設置されており、フリーダイヤルで相談を受け付けています。個別の登録申請の相談は、この窓口に相談するとよいでしょう。相談内容に応じて、現地、電話、メール等による支援が実施されることになっています。

　地理的表示保護相談活用支援　中央窓口（愛称；GIサポートデスク）

　フリーダイヤル　0120－954－206

　ウェブサイト　http://www.fmric.or.jp/gidesk/

Q29. 地理的表示に関する情報は、どのように入手したらよいですか。

Answer

　地理的表示に関しては、農林水産省のウェブサイトに専用のページがありますので、申請や登録の状況、登録申請に当たっての様式・留意事項等の情報を、ここから入手することができます。

http://www.maff.go.jp/j/shokusan/gi_act/index.html

　また、地理的表示メールマガジンが配信されており、地理的表示についての情報を、タイムリーに知ることができます。このメールマガジンでは、地理的表示の登録申請の概要や登録された地理的表示の概要、制度の運用状況、その他説明会や関連する予算についての情報などが紹介されます。

　過去のメールマガジンは、以下のウェブサイトで見ることができます。メールマガジンの登録も、このウェブサイトから行うことができます。

http://www.maff.go.jp/j/shokusan/gi_act/mailmag/index.html

第4部
法律、ガイドライン等

○特定農林水産物等の名称の保護に関する法律

〔平成26年法律第84号〕

目次
　第1章　総則（第1条・第2条）
　第2章　特定農林水産物等の名称の保護（第3条―第5条）
　第3章　登録（第6条―第22条）
　第4章　雑則（第23条―第27条）
　第5章　罰則（第28条―第32条）
　附則

　　　第1章　総則

（目的）
第1条　この法律は、世界貿易機関を設立するマラケシュ協定附属書1Cの知的所有権の貿易関連の側面に関する協定に基づき特定農林水産物等の名称の保護に関する制度を確立することにより、特定農林水産物等の生産業者の利益の保護を図り、もって農林水産業及びその関連産業の発展に寄与し、併せて需要者の利益を保護することを目的とする。

（定義）
第2条　この法律において「農林水産物等」とは、次に掲げる物をいう。ただし、酒税法（昭和28年法律第6号）第2条第1項に規定する酒類並びに医薬品、医療機器等の品質、有効性及び安全性の確保等に関する法律（昭和35年法律第145号）第2条第1項に規定する医薬品、同条第2項に規定する医薬部外品、同条第3項に規定する化粧品及び同条第9項に規定する再生医療等製品に該当するものを除く。
　一　農林水産物（食用に供されるものに限る。）
　二　飲食料品（前号に掲げるものを除く。）
　三　農林水産物（第1号に掲げるものを除く。）であって、政令で定めるもの
　四　農林水産物を原料又は材料として製造し、又は加工したもの（第2号に掲げるものを除く。）であって、政令で定めるもの
2　この法律において「特定農林水産物等」とは、次の各号のいずれにも該当する農林水産物等をいう。
　一　特定の場所、地域又は国を生産地とするものであること。
　二　品質、社会的評価その他の確立した特性（以下単に「特性」という。）が前号の生産地に主として帰せられるものであること。
3　この法律において「地理的表示」とは、特定農林水産物等の名称（当該名称により前項各号に掲げる事項を特定することができるものに限る。）の表示をいう。
4　この法律において「生産」とは、農林水産物等が出荷されるまでに行われる一連の行為のうち、農林水産物等に特性を付与し、又は農林水産物等の特性を保持するために行われる行為をいい、「生産地」とは、生産が行われる場所、地域又は国をいい、「生産業者」とは、生産を業として行う者をいう。

5　この法律において「生産者団体」とは、生産業者を直接又は間接の構成員（以下単に「構成員」という。）とする団体（法人でない団体にあっては代表者又は管理人の定めのあるものに限り、法令又は定款その他の基本約款において、正当な理由がないのに、構成員たる資格を有する者の加入を拒み、又はその加入につき現在の構成員が加入の際に付されたよりも困難な条件を付してはならない旨の定めのあるものに限る。）であって、農林水産省令で定めるものをいう。

6　この法律において「生産行程管理業務」とは、生産者団体が行う次に掲げる業務をいう。
　一　農林水産物等について第7条第1項第2号から第8号までに掲げる事項を定めた明細書（以下単に「明細書」という。）の作成又は変更を行うこと。
　二　明細書を作成した農林水産物等について当該生産者団体の構成員たる生産業者が行うその生産が当該明細書に適合して行われるようにするため必要な指導、検査その他の業務を行うこと。
　三　前2号に掲げる業務に附帯する業務を行うこと。

第2章　特定農林水産物等の名称の保護

（地理的表示）

第3条　第6条の登録（次項（第2号を除く。）及び次条第1項において単に「登録」という。）を受けた生産者団体（第15条第1項の変更の登録を受けた生産者団体を含む。以下「登録生産者団体」という。）の構成員たる生産業者は、生産を行った農林水産物等が第6条の登録に係る特定農林水産物等であるときは、当該特定農林水産物等又はその包装、容器若しくは送り状（以下「包装等」という。）に地理的表示を付することができる。当該生産業者から当該農林水産物等を直接又は間接に譲り受けた者についても、同様とする。

2　前項の規定による場合を除き、何人も、登録に係る特定農林水産物等が属する区分（農林物資の規格化等に関する法律（昭和25年法律第175号）第7条第1項の規定により農林水産大臣が指定する種類その他の事情を勘案して農林水産大臣が定める農林水産物等の区分をいう。以下同じ。）に属する農林水産物等若しくはこれを主な原料若しくは材料として製造され、若しくは加工された農林水産物等又はこれらの包装等に当該特定農林水産物等に係る地理的表示又はこれに類似する表示を付してはならない。ただし、次に掲げる場合には、この限りでない。
　一　登録に係る特定農林水産物等を主な原料若しくは材料として製造され、若しくは加工された農林水産物等又はその包装等に当該特定農林水産物等に係る地理的表示又はこれに類似する表示を付する場合
　二　第6条の登録の日（当該登録に係る第7条第1項第3号に掲げる事項について第16条第1項の変更の登録があった場合にあっては、当該変更の登録の日。次号及び第4号において同じ。）前の商標登録出願に係る登録商標（商標法（昭和34年法律第127号）第2条第5項に規定する登録商標をいう。以下同じ。）に係る商標権者その他同法の規定により当該登録商標の使

用（同法第2条第3項に規定する使用をいう。以下この号及び次号において同じ。）をする権利を有する者が、その商標登録に係る指定商品又は指定役務（同法第6条第1項の規定により指定した商品又は役務をいう。）について当該登録商標の使用をする場合
　三　登録の日前から商標法その他の法律の規定により商標の使用をする権利を有している者が、当該権利に係る商品又は役務について当該権利に係る商標の使用をする場合（前号に掲げる場合を除く。）
　四　登録の日前から不正の利益を得る目的、他人に損害を加える目的その他の不正の目的でなく登録に係る特定農林水産物等が属する区分に属する農林水産物等若しくはその包装等に当該特定農林水産物等に係る地理的表示と同一の名称の表示若しくはこれに類似する表示を付していた者及びその業務を承継した者が継続して当該農林水産物等若しくはその包装等にこれらの表示を付する場合又はこれらの者から当該農林水産物等（これらの表示が付されたもの又はその包装等にこれらの表示が付されたものに限る。）を直接若しくは間接に譲り受けた者が当該農林水産物等若しくはその包装等にこれらの表示を付する場合
　五　前各号に掲げるもののほか、農林水産省令で定める場合

（登録標章）
第4条　登録生産者団体の構成員たる生産業者は、前条第1項前段の規定により登録に係る特定農林水産物等又はその包装等に地理的表示を付する場合には、当該特定農林水産物等又はその包装等に登録標章（地理的表示が登録に係る特定農林水産物等の名称の表示である旨の標章であって、農林水産省令で定めるものをいう。以下同じ。）を付さなければならない。同項後段に規定する者についても、同様とする。
2　前項の規定による場合を除き、何人も、農林水産物等又はその包装等に登録標章又はこれに類似する標章を付してはならない。

（措置命令）
第5条　農林水産大臣は、次の各号に掲げる規定に違反した者に対し、当該各号に定める措置その他の必要な措置をとるべきことを命ずることができる。
　一　第3条第2項　地理的表示又はこれに類似する表示の除去又は抹消
　二　前条第1項　登録標章を付すること。
　三　前条第2項　登録標章又はこれに類似する標章の除去又は抹消

第3章　登録

（特定農林水産物等の登録）
第6条　生産行程管理業務を行う生産者団体は、明細書を作成した農林水産物等が特定農林水産物等であるときは、当該農林水産物等について農林水産大臣の登録を受けることができる。

（登録の申請）
第7条　前条の登録（第15条、第16条、第17条第2項及び第3項並びに第22条第1項第1号ニを除き、以下単に「登録」という。）を受けようとする

生産者団体は、農林水産省令で定めるところにより、次に掲げる事項を記載した申請書を農林水産大臣に提出しなければならない。
　一　生産者団体の名称及び住所並びに代表者（法人でない生産者団体にあっては、その代表者又は管理人）の氏名
　二　当該農林水産物等の区分
　三　当該農林水産物等の名称
　四　当該農林水産物等の生産地
　五　当該農林水産物等の特性
　六　当該農林水産物等の生産の方法
　七　第２号から前号までに掲げるもののほか、当該農林水産物等を特定するために必要な事項
　八　第２号から前号までに掲げるもののほか、当該農林水産物等について農林水産省令で定める事項
　九　前各号に掲げるもののほか、農林水産省令で定める事項
２　前項の申請書には、次に掲げる書類を添付しなければならない。
　一　明細書
　二　生産行程管理業務の方法に関する規程（以下「生産行程管理業務規程」という。）
　三　前２号に掲げるもののほか、農林水産省令で定める書類
３　生産行程管理業務を行う生産者団体は、共同して登録の申請をすることができる。
　（登録の申請の公示等）
第８条　農林水産大臣は、登録の申請があったときは、第13条第１項（第１号に係る部分に限る。）の規定により登録を拒否する場合を除き、前条第１項第１号から第８号までに掲げる事項その他必要な事項を公示しなければならない。
２　農林水産大臣は、前項の規定による公示の日から２月間、前条第１項の申請書並びに同条第２項第１号及び第２号に掲げる書類を公衆の縦覧に供しなければならない。
　（意見書の提出等）
第９条　前条第１項の規定による公示があったときは、何人も、当該公示の日から３月以内に、当該公示に係る登録の申請について、農林水産大臣に意見書を提出することができる。
２　農林水産大臣は、前項の規定による意見書の提出があったときは、当該意見書の写しを登録の申請をした生産者団体に送付しなければならない。
　（登録の申請の制限）
第10条　次の各号のいずれにも該当する登録の申請は、前条第２項並びに次条第２項及び第３項の規定の適用については、第８条第１項の規定による公示に係る登録の申請について前条第１項の規定によりされた意見書の提出とみなす。この場合においては、農林水産大臣は、当該各号のいずれにも該当する登

録の申請をした生産者団体に対し、その旨を通知しなければならない。
　一　第8条第1項の規定による公示に係る登録の申請がされた後前条第1項に規定する期間が満了するまでの間にされた登録の申請であること。
　二　当該登録の申請に係る農林水産物等の全部又は一部が第8条第1項の規定による公示に係る特定農林水産物等の全部又は一部に該当すること。
2　前項第2号に該当する登録の申請は、前条第1項に規定する期間の経過後は、することができない。ただし、第8条第1項の規定による公示に係る登録の申請について、取下げ、第13条第1項の規定により登録を拒否する処分又は登録があった後は、この限りでない。

　（学識経験者の意見の聴取）
第11条　農林水産大臣は、第9条第1項に規定する期間が満了したときは、農林水産省令で定めるところにより、登録の申請が第13条第1項第2号から第4号までに掲げる場合に該当するかどうかについて、学識経験を有する者（以下この条において「学識経験者」という。）の意見を聴かなければならない。
2　前項の場合において、農林水産大臣は、第9条第1項の規定により提出された意見書の内容を学識経験者に示さなければならない。
3　第1項の規定により意見を求められた学識経験者は、必要があると認めるときは、登録の申請をした生産者団体又は第9条第1項の規定により意見書を提出した者その他の関係者から意見を聴くことができる。
4　第1項の規定により意見を求められた学識経験者は、その意見を求められた事案に関して知り得た秘密を漏らし、又は盗用してはならない。

　（登録の実施）
第12条　農林水産大臣は、登録の申請があった場合（第8条第1項に規定する場合を除く。）において同条から前条までの規定による手続を終えたときは、次条第1項の規定により登録を拒否する場合を除き、登録をしなければならない。
2　登録は、次に掲げる事項を特定農林水産物等登録簿に記載してするものとする。
　一　登録番号及び登録の年月日
　二　第7条第1項第2号から第8号までに掲げる事項
　三　第7条第1項第1号に掲げる事項
3　農林水産大臣は、登録をしたときは、登録の申請をした生産者団体に対しその旨を通知するとともに、農林水産省令で定める事項を公示しなければならない。

　（登録の拒否）
第13条　農林水産大臣は、次に掲げる場合には、登録を拒否しなければならない。
　一　生産者団体について次のいずれかに該当するとき。
　　イ　第22条第1項の規定により登録を取り消され、その取消しの日から2年を経過しないとき。

ロ　その役員（法人でない生産者団体の代表者又は管理人を含む。(2)において同じ。）のうちに、次のいずれかに該当する者があるとき。
　　　(1)　この法律の規定により刑に処せられ、その執行を終わり、又は執行を受けることがなくなった日から２年を経過しない者
　　　(2)　第22条第１項の規定により登録を取り消された生産者団体において、その取消しの日前30日以内にその役員であった者であって、その取消しの日から２年を経過しない者
　二　生産行程管理業務について次のいずれかに該当するとき。
　　イ　第７条第２項の規定により同条第１項の申請書に添付された明細書に定められた同項第２号から第８号までに掲げる事項と当該申請書に記載されたこれらの事項とが異なるとき。
　　ロ　生産行程管理業務規程で定める生産行程管理業務の方法が、当該生産者団体の構成員たる生産業者が行うその生産が明細書に適合して行われるようにすることを確保するために必要なものとして農林水産省令で定める基準に適合していないとき。
　　ハ　生産者団体が生産行程管理業務を適確かつ円滑に実施するに足りる経理的基礎を有しないとき。
　　ニ　生産行程管理業務の公正な実施を確保するため必要な体制が整備されていると認められないとき。
　三　登録の申請に係る農林水産物等（次号において「申請農林水産物等」という。）について次のいずれかに該当するとき。
　　イ　特定農林水産物等でないとき。
　　ロ　その全部又は一部が登録に係る特定農林水産物等のいずれかに該当するとき。
　四　申請農林水産物等の名称について次のいずれかに該当するとき。
　　イ　普通名称であるとき、その他当該申請農林水産物等について第２条第２項各号に掲げる事項を特定することができない名称であるとき。
　　ロ　次に掲げる登録商標と同一又は類似の名称であるとき。
　　　(1)　申請農林水産物等又はこれに類似する商品に係る登録商標
　　　(2)　申請農林水産物等又はこれに類似する商品に関する役務に係る登録商標
２　前項（第４号ロに係る部分に限る。）の規定は、次の各号のいずれかに該当する生産者団体が同項第４号ロに規定する名称の農林水産物等について登録の申請をする場合には、適用しない。
　一　前項第４号ロに規定する登録商標に係る商標権者たる生産者団体（当該登録商標に係る商標権について専用使用権が設定されているときは、同号ロに規定する名称の農林水産物等についての登録をすることについて当該専用使用権の専用使用権者の承諾を得ている場合に限る。）
　二　前項第４号ロに規定する登録商標に係る商標権について専用使用権が設定されている場合における当該専用使用権の専用使用権者たる生産者団体（同

号ロに規定する名称の農林水産物等についての登録をすることについて次に掲げる者の承諾を得ている場合に限る。)
　　　イ　当該登録商標に係る商標権者
　　　ロ　当該生産者団体以外の当該専用使用権の専用使用権者
　　三　前項第4号ロに規定する名称の農林水産物等についての登録をすることについて同号ロに規定する登録商標に係る商標権者の承諾を得ている生産者団体（当該登録商標に係る商標権について専用使用権が設定されているときは、当該農林水産物等についての登録をすることについて当該専用使用権の専用使用権者の承諾を得ている場合に限る。)
3　農林水産大臣は、第1項の規定により登録を拒否したときは、登録の申請をした生産者団体に対し、その旨及びその理由を書面により通知しなければならない。

　　（特定農林水産物等登録簿の縦覧）
第14条　農林水産大臣は、特定農林水産物等登録簿を公衆の縦覧に供しなければならない。

　　（生産者団体を追加する変更の登録）
第15条　第6条の登録に係る特定農林水産物等について生産行程管理業務を行おうとする生産者団体（当該登録を受けた生産者団体を除く。)は、第12条第2項第3号に掲げる事項に当該生産者団体に係る第7条第1項第1号に掲げる事項を追加する変更の登録を受けることができる。
2　第7条から第9条まで及び第11条から第13条までの規定は、前項の変更の登録について準用する。この場合において、第7条第1項中「次に掲げる事項」とあるのは「第1号に掲げる事項、登録番号及び第9号に掲げる事項」と、第8条第1項中「前条第1項第1号から第8号までに掲げる事項」とあるのは「前条第1項第1号に掲げる事項、登録番号」と、第11条第1項中「第13条第1項第2号から第4号まで」とあるのは「第13条第1項第2号及び第4号（イを除く。)」と、第12条第1項中「同条から前条まで」とあるのは「同条、第9条及び前条」と、同条第2項中「次に」とあるのは「変更の年月日及び第3号に」と、第13条第1項中「次に掲げる場合」とあるのは「第1号、第2号及び第4号（イを除く。)に掲げる場合」と、同項第2号イ中「これらの」とあるのは「登録番号に係る前条第2項第2号に掲げる」と読み替えるものとする。

　　（明細書の変更の登録）
第16条　登録生産者団体は、明細書の変更（第7条第1項第3号から第8号までに掲げる事項に係るものに限る。)をしようとするときは、変更の登録を受けなければならない。
2　前項の場合において、第6条の登録に係る登録生産者団体が2以上あるときは、当該登録に係る全ての登録生産者団体は、共同して同項の変更の登録の申請をしなければならない。
3　第7条第1項及び第2項、第8条、第9条並びに第11条から第13条まで

の規定（第１項の変更の登録に係る事項が農林水産省令で定める軽微なものである場合にあっては、第９条及び第11条の規定を除く。）は、第１項の変更の登録について準用する。この場合において、第７条第１項中「次に掲げる事項」とあるのは「第１号に掲げる事項、登録番号及び第３号から第８号までに掲げる事項のうち変更に係るもの」と、第８条第１項中「前条第１項第１号から第８号までに掲げる事項」とあるのは「前条第１項第１号に掲げる事項、登録番号、同項第３号から第８号までに掲げる事項のうち変更に係るもの」と、第12条第１項中「同条から前条まで」とあるのは第１項の変更の登録に係る事項が当該農林水産省令で定める軽微なものである場合以外の場合にあっては「同条、第９条及び前条」と、同項の変更の登録に係る事項が当該農林水産省令で定める軽微なものである場合にあっては「同条」と、同条第２項中「次に掲げる」とあるのは「変更の年月日及び変更に係る」と、第13条第１項第２号イ中「同項第２号」とあるのは「同項第３号」と、「事項」とあるのは「事項のうち変更に係るもの」と読み替えるものとする。

（登録生産者団体の変更の届出等）

第17条 登録生産者団体は、当該登録生産者団体に係る第12条第２項第３号に掲げる事項に変更があったときは、遅滞なく、その旨及びその年月日を農林水産大臣に届け出なければならない。

２　農林水産大臣は、前項の規定による届出があったときは、当該届出に係る事項を特定農林水産物等登録簿に記載して、変更の登録をしなければならない。

３　農林水産大臣は、前項の変更の登録をしたときは、その旨を公示しなければならない。

（生産行程管理業務規程の変更の届出）

第18条 登録生産者団体は、生産行程管理業務規程の変更をしようとするときは、あらかじめ、農林水産大臣に届け出なければならない。

（生産行程管理業務の休止の届出）

第19条 登録生産者団体は、生産行程管理業務を休止しようとするときは、あらかじめ、農林水産大臣に届け出なければならない。

（登録の失効）

第20条 次の各号のいずれかに該当する場合には、登録（当該登録に係る登録生産者団体が２以上ある場合にあっては、第12条第２項第３号に掲げる事項のうち当該各号のいずれかに該当する登録生産者団体に係る部分に限る。以下この条において同じ。）は、その効力を失う。

一　登録生産者団体が解散した場合においてその清算が結了したとき。

二　登録生産者団体が生産行程管理業務を廃止したとき。

２　前項の規定により登録がその効力を失ったときは、当該登録に係る登録生産者団体（同項第１号に掲げる場合にあっては、清算人）は、遅滞なく、効力を失った事由及びその年月日を農林水産大臣に届け出なければならない。

３　農林水産大臣は、第１項の規定により登録がその効力を失ったときは、特定農林水産物等登録簿につき、その登録を消除しなければならない。

4　農林水産大臣は、前項の規定により登録を消除したときは、その旨を公示しなければならない。
　　（措置命令）
第21条　農林水産大臣は、次に掲げる場合には、登録生産者団体に対し、明細書又は生産行程管理業務規程の変更その他の必要な措置をとるべきことを命ずることができる。
　一　その構成員たる生産業者が、第3条第2項若しくは第4条の規定に違反し、又は第5条の規定による命令に違反したとき。
　二　その明細書が第12条第2項第2号に掲げる事項に適合していないとき。
　三　第13条第1項第2号（イを除く。）に該当するに至ったとき。
　　（登録の取消し）
第22条　農林水産大臣は、次に掲げる場合には、登録の全部又は一部を取り消すことができる。
　一　登録生産者団体が次のいずれかに該当するとき。
　　イ　生産者団体に該当しなくなったとき。
　　ロ　第13条第1項第1号ロ（(1)に係る部分に限る。）に該当するに至ったとき。
　　ハ　前条の規定による命令に違反したとき。
　　ニ　不正の手段により第6条の登録又は第15条第1項若しくは第16条第1項の変更の登録を受けたとき。
　二　登録に係る特定農林水産物等が第13条第1項第3号イに該当するに至ったとき。
　三　登録に係る特定農林水産物等の名称が第13条第1項第4号イに該当するに至ったとき。
　四　第13条第2項各号に規定する商標権者又は専用使用権者が同項各号に規定する承諾を撤回したとき。
2　第8条、第9条及び第11条の規定は、前項（第2号及び第3号に係る部分に限る。）の規定による登録の取消しについて準用する。この場合において、第8条第1項中「第13条第1項（第1号に係る部分に限る。）の規定により登録を拒否する場合を除き、前条第1項第1号から第8号までに掲げる事項」とあるのは「登録番号、取消しをしようとする理由」と、同条第2項中「前条第1項の申請書並びに同条第2項第1号」とあるのは「前条第2項第1号」と、第11条第1項中「第13条第1項第2号から第4号まで」とあるのは「第22条第1項第2号及び第3号」と読み替えるものとする。
3　農林水産大臣は、第1項の規定による登録の全部又は一部の取消しをしたときは、特定農林水産物等登録簿につき、その登録の全部又は一部を消除しなければならない。
4　農林水産大臣は、前項の規定により登録の全部又は一部を消除したときは、その旨を、当該登録の取消しに係る登録生産者団体に通知するとともに、公示しなければならない。

　　　　第4章　雑則
（公示の方法）
第23条　この法律の規定による公示は、インターネットの利用その他の適切な方法により行うものとする。
2　前項の公示に関し必要な事項は、農林水産省令で定める。
（報告及び立入検査）
第24条　農林水産大臣は、この法律の施行に必要な限度において、登録生産者団体、生産業者その他の関係者に対し、その業務に関し必要な報告を求め、又はその職員に、これらの者の事務所、事業所、倉庫、ほ場、工場その他の場所に立ち入り、業務の状況若しくは農林水産物等、その原料、帳簿、書類その他の物件を検査させることができる。
2　前項の規定により立入検査をする職員は、その身分を示す証明書を携帯し、関係人にこれを提示しなければならない。
3　第1項の規定による立入検査の権限は、犯罪捜査のために認められたものと解してはならない。
（農林水産大臣に対する申出）
第25条　何人も、第3条第2項又は第4条の規定に違反する事実があると思料する場合には、農林水産省令で定める手続に従い、その旨を農林水産大臣に申し出て適切な措置をとるべきことを求めることができる。
2　農林水産大臣は、前項の規定による申出があったときは、必要な調査を行い、その申出の内容が事実であると認めるときは、第5条又は第21条に規定する措置その他の適切な措置をとらなければならない。
（権限の委任）
第26条　この法律に規定する農林水産大臣の権限は、農林水産省令で定めるところにより、その一部を地方支分部局の長に委任することができる。
（農林水産省令への委任）
第27条　この法律に定めるもののほか、この法律の実施のための手続その他この法律の施行に関し必要な事項は、農林水産省令で定める。
　　　　第5章　罰則
第28条　第5条（第1号に係る部分に限る。）の規定による命令に違反した者は、5年以下の懲役若しくは500万円以下の罰金に処し、又はこれを併科する。
第29条　第5条（第1号に係る部分を除く。）の規定による命令に違反した者は、3年以下の懲役又は300万円以下の罰金に処する。
第30条　第11条第4項（第15条第2項、第16条第3項及び第22条第2項において準用する場合を含む。）の規定に違反した者は、6月以下の懲役又は50万円以下の罰金に処する。
第31条　次の各号のいずれかに該当する者は、30万円以下の罰金に処する。
　一　第17条第1項又は第20条第2項の規定による届出をせず、又は虚偽の届出をした者

二　第18条の規定による届出をせず、又は虚偽の届出をして生産行程管理業務規程の変更をした者
　　三　第19条の規定による届出をせず、又は虚偽の届出をして生産行程管理業務の休止をした者
　　四　第24条第1項の規定による報告をせず、若しくは虚偽の報告をし、又は同項の規定による検査を拒み、妨げ、若しくは忌避した者
第32条　法人（法人でない団体で代表者又は管理人の定めのあるものを含む。以下この項において同じ。）の代表者若しくは管理人又は法人若しくは人の代理人、使用人その他の従業者が、その法人又は人の業務に関して、次の各号に掲げる規定の違反行為をしたときは、行為者を罰するほか、その法人に対して当該各号に定める罰金刑を、その人に対して各本条の罰金刑を科する。
　　一　第28条　3億円以下の罰金刑
　　二　第29条　1億円以下の罰金刑
　　三　前条　同条の罰金刑
2　法人でない団体について前項の規定の適用がある場合には、その代表者又は管理人が、その訴訟行為につきその法人でない団体を代表するほか、法人を被告人又は被疑者とする場合の刑事訴訟に関する法律の規定を準用する。

　　　附　則

（施行期日）
第1条　この法律は、公布の日から起算して1年を超えない範囲内において政令で定める日から施行する。ただし、附則第6条の規定は、公布の日から施行する。
（検討）
第2条　政府は、この法律の施行後10年以内に、この法律の施行の状況について検討を加え、その結果に基づいて必要な措置を講ずるものとする。
（調整規定）
第3条　この法律の施行の日が食品表示法（平成25年法律第70号）の施行の日前である場合には、同日の前日までの間における第3条第2項の規定の適用については、同項中「農林物資の規格化等に関する法律」とあるのは、「農林物資の規格化及び品質表示の適正化に関する法律」とする。
（商標法の一部改正）
第4条　商標法の一部を次のように改正する。
　　第26条に次の1項を加える。
3　商標権の効力は、次に掲げる行為には、及ばない。ただし、その行為が不正競争の目的でされない場合に限る。
　　一　特定農林水産物等の名称の保護に関する法律（平成26年法律第　号。以下この項において「特定農林水産物等名称保護法」という。）第3条第1項の規定により商品又は商品の包装に特定農林水産物等名称保護法第2条第3項に規定する地理的表示（以下この項において「地理的表示」という。）を付する行為

二　特定農林水産物等名称保護法第3条第1項の規定により商品又は商品の包装に地理的表示を付したものを譲渡し、引き渡し、譲渡若しくは引渡しのために展示し、輸出し、又は輸入する行為

三　特定農林水産物等名称保護法第3条第1項の規定により商品に関する送り状に地理的表示を付して展示する行為

（登録免許税法の一部改正）

第5条　登録免許税法（昭和42年法律第35号）の一部を次のように改正する。
別表第1第87号の次に次のように加える。

87の2　登録生産者団体の登録又は変更の登録		
特定農林水産物等の名称の保護に関する法律（平成26年法律第　　号）第6条（特定農林水産物等の登録）の登録生産者団体の登録又は同法第15条第1項（生産者団体を追加する変更の登録）の変更の登録	登録件数	1件につき9万円

（政令への委任）

第6条　附則第3条に定めるもののほか、この法律の施行に関し必要な事項は、政令で定める。

〇特定農林水産物等の名称の保護に関する法律施行令

〔平成27年政令第227号〕

内閣は、特定農林水産物等の名称の保護に関する法律（平成26年法律第84号）第2条第1項第3号及び第4号の規定に基づき、この政令を制定する。

（食用に供されない農林水産物）

第1条　特定農林水産物等の名称の保護に関する法律（以下「法」という。）第2条第1項第3号の政令で定める農林水産物は、次に掲げるもの（食用に供されるものを除く。）とする。

一　観賞用の植物
二　工芸農作物
三　立木竹
四　観賞用の魚
五　真珠

（農林水産物を原材料とする製品等）

第2条　法第2条第1項第4号の政令で定める農林水産物を原料又は材料として製造し、又は加工したものは、次に掲げるもの（飲食料品に該当するものを除く。）とする。

一　飼料（農林水産物を原料又は材料として製造し、又は加工したものに限る。）
二　漆
三　竹材
四　精油
五　木炭
六　木材
七　畳表
八　生糸

　　　附　則

（施行期日）

第1条　この政令は、法の施行の日（平成27年6月1日）から施行する。

（登録免許税法施行令の一部改正）

第2条　登録免許税法施行令（昭和42年政令第146号）の一部を次のように改正する。

第30条中「第85号」の下に「、第87号の2」を加える。

（公益通報者保護法別表第8号の法律を定める政令の一部改正）

第3条　公益通報者保護法別表第8号の法律を定める政令（平成17年政令第146号）の一部を次のように改正する。

本則に次の1号を加える。

四百四十一　特定農林水産物等の名称の保護に関する法律（平成26年法律第84号）

（農林水産省組織令の一部改正）

第４条　農林水産省組織令（平成12年政令第253号）の一部を次のように改正する。

　第５条中第16号を第17号とし、第９号から第15号までを１号ずつ繰り下げ、第８号の次に次の１号を加える。

　　九　特定農林水産物等の名称の保護に関すること。

　第46条中第５号を第６号とし、第４号を第５号とし、第３号を第４号とし、第２号の次に次の１号を加える。

　　三　特定農林水産物等の名称の保護に関すること。

〇特定農林水産物等の名称の保護に関する法律施行規則

〔平成27年農林水産省令第58号〕

（生産者団体）

第1条　特定農林水産物等の名称の保護に関する法律（以下「法」という。）第2条第5項の農林水産省令で定める団体は、次に掲げる要件に該当する団体とする。

一　生産業者を直接又は間接の構成員とする団体（法人でない団体にあっては代表者又は管理人の定めのあるものに限り、法令又は定款その他の基本約款において、正当な理由がないのに、構成員たる資格を有する者の加入を拒み、又はその加入につき現在の構成員が加入の際に付されたよりも困難な条件を付してはならない旨の定めのあるものに限る。）であること。

二　団体が法第21条各号に掲げる場合に該当することとなった場合（当該団体が外国の団体である場合に限る。）において、農林水産大臣が当該団体に対し明細書又は生産行程管理業務規程の変更その他の必要な措置をとるべき請求をしたときは、これに応じる団体であること。

（登録に係る特定農林水産物等に係る地理的表示に類似する表示）

第2条　法第6条の登録（次条第1号、第6条第2項第2号ホ、第15条第1号、第17条及び第18条第2項を除き、以下単に「登録」という。）に係る特定農林水産物等に係る法第3条第2項の類似する表示には、次に掲げる表示を含むものとする。

一　登録に係る特定農林水産物等に係る地理的表示に当該特定農林水産物等以外の農林水産物等の生産地の表示を伴うもの

二　登録に係る特定農林水産物等に係る種類、型若しくは様式に関する表示、模造品である旨の表示又はこれらに類する表現の表示を伴うもの

三　登録に係る特定農林水産物等に係る地理的表示を翻訳した表示

（法第3条第2項第5号の農林水産省令で定める場合）

第3条　法第3条第2項第5号の農林水産省令で定める場合は、次に掲げる場合とする。

一　法第6条の登録の日（当該登録に係る法第7条第1項第3号に掲げる事項について法第16条第1項の変更の登録があった場合にあっては、当該変更の登録の日）前から不正の利益を得る目的、他人に損害を加える目的その他の不正の目的（次号において「不正の目的」という。）でなく法第6条の登録に係る特定農林水産物等が属する区分に属する農林水産物等を主な原料若しくは材料として製造され、若しくは加工された農林水産物等若しくはその包装等に当該特定農林水産物等に係る地理的表示と同一の名称の表示若しくはこれに類似する表示を付していた者及びその業務を承継した者が継続して当該農林水産物等若しくはその包装等にこれらの表示を付する場合又はこれらの者から当該農林水産物等（これらの表示が付されたもの又はその包装等にこれらの表示が付されたものに限る。）を直接若しくは間接に譲り受けた者が当該農林水産物等若しくはその包装等にこれらの表示を付する場合

二　不正の目的でなく自己の氏名若しくは名称若しくは著名な雅号、芸名若しくは筆名又はこれらの著名な略称の表示を付する場合
三　登録に係る特定農林水産物等の名称に普通名称が含まれる場合において、当該特定農林水産物等の名称の一部となっている普通名称の表示を付するとき。

（登録標章の様式）
第４条　法第４条第１項の農林水産省令で定める標章は、別表の上欄に掲げる農林水産物等又はその包装等の区分ごとにそれぞれ同表の下欄に定める様式のとおりとする。

（書面の用語等）
第５条　登録の申請に関する書面は、次項に規定するものを除き、日本語で書かなければならない。ただし、生産者団体の名称及び住所、代表者（法人でない生産者団体にあっては、その代表者又は管理人）の氏名並びに農林水産物等の名称については、外国語を用いることができる。
２　委任状その他の書面であって、外国語で書いたものには、その翻訳文を添付しなければならない。

（申請書の記載事項等）
第６条　法第７条第１項第７号の農林水産物等を特定するために必要な事項は、次に掲げる事項とする。
一　申請農林水産物等の特性がその生産地に主として帰せられるものであることの理由
二　申請農林水産物等がその生産地において生産されてきた実績
２　法第７条第１項第８号の農林水産省令で定める事項は、次に掲げる事項とする。
一　申請農林水産物等の名称について法第13条第１項第４号ロの該当の有無
二　申請農林水産物等の名称について法第13条第１項第４号ロに該当する場合には、次に掲げる事項
　イ　登録商標（商標法（昭和34年法律第127号）第２条第５項に規定する登録商標をいう。以下この号及び第18条第１項において同じ。）に係る商標権者の氏名又は名称
　ロ　登録商標
　ハ　商標登録に係る指定商品又は指定役務（商標法第６条第１項の規定により指定した商品又は役務をいう。）
　ニ　商標登録の登録番号
　ホ　商標権の設定の登録（当該商標権の存続期間の更新登録があったときは、商標権の設定の登録及び存続期間の更新登録）の年月日
　ヘ　商標権について専用使用権が設定されているときは、当該専用使用権の専用使用権者の氏名又は名称
　ト　登録をすることについて商標権者又は専用使用権者の承諾を要するときは、当該承諾の年月日

3　法第7条第1項第9号の農林水産省令で定める事項は、同条第2項の規定により申請書に添付すべき書類の目録とする。
4　申請書は、別記様式第1号により作成しなければならない。
　（申請書に添付する書類）
第7条　法第7条第2項第3号の農林水産省令で定める書類は、次に掲げる書類とする。
　一　代理人により登録の申請をする場合には、その権限を証明する書面
　二　登録を受けようとする団体に係る登記事項証明書、定款その他の当該団体が法第2条第5項に規定する生産者団体であることを証明する書面
　三　登録を受けようとする団体が外国の団体である場合には、第1条第2号の請求に応じることを誓約する書面
　四　登録を受けようとする団体が法第13条第1項第1号イ又はロのいずれかに該当することの有無を明らかにする書面
　五　最近の事業年度における財産目録、貸借対照表、収支計算書その他の登録を受けようとする団体が生産行程管理業務を適確かつ円滑に実施するに足りる経理的基礎を有することを証明する書類
　六　登録を受けようとする団体が生産行程管理業務の公正な実施を確保するため必要な体制を整備していることを証明する書類
　七　申請農林水産物等が特定農林水産物等であることを証明する書類（録音又は録画をしたものを含む。）
　八　申請農林水産物等の写真
　九　登録をすることについて商標権者又は専用使用権者の承諾を要するときは、これを証明する書面
　（意見書の様式）
第8条　法第9条第1項の意見書は、別記様式第2号により作成しなければならない。
　（学識経験者からの意見聴取）
第9条　農林水産大臣は、法第11条第1項の規定により学識経験者の意見を聴くときは、次条の学識経験者の名簿に記載されている者の意見を聴くものとする。
　（学識経験者の名簿）
第10条　農林水産大臣は、学識経験者を選定して、学識経験者の名簿を作成し、これを公表するものとする。
　（再公示等）
第11条　農林水産大臣は、法第8条第1項の規定による公示をした後当該公示に係る登録の申請について登録又は登録の拒否をするまでの間において、申請書、明細書又は生産行程管理業務規程の内容に実質的な変更があったときは、改めて同条、法第9条及び第11条の規定による手続を行わなければならない。
　（特定農林水産物等登録簿）

第12条　法第12条第2項の特定農林水産物等登録簿（次項において単に「特定農林水産物等登録簿」という。）は、別記様式第3号により作成するものとする。
2　特定農林水産物等登録簿は、農林水産省食料産業局に備えるものとする。
（登録に係る公示事項）
第13条　法第12条第3項の農林水産省令で定める事項は、次に掲げる事項とする。
　一　登録番号及び登録の年月日
　二　登録に係る特定農林水産物等の区分
　三　登録に係る特定農林水産物等の名称
　四　登録に係る特定農林水産物等の生産地
　五　登録に係る特定農林水産物等の特性
　六　登録に係る特定農林水産物等の生産の方法
　七　登録に係る特定農林水産物等の特性がその生産地に主として帰せられるものであることの理由
　八　登録に係る特定農林水産物等がその生産地において生産されてきた実績
　九　登録に係る特定農林水産物等の名称について法第13条第1項第4号ロの該当の有無
　十　登録に係る特定農林水産物等の名称について法第13条第1項第4号ロに該当する場合には、第6条第2項第2号に掲げる事項
　十一　登録を受けた生産者団体の名称及び住所並びに代表者（法人でない生産者団体にあっては、その代表者又は管理人）の氏名
　十二　第4号から第6号までに掲げる事項と明細書に定めた法第7条第1項第4号から第6号までに掲げる事項とが異なる場合には、その旨及びその内容
（特定農林水産物等登録証の交付）
第14条　農林水産大臣は、登録をしたときは、当該登録を受けた生産者団体に特定農林水産物等登録証を交付するものとする。
2　前項の特定農林水産物等登録証は、別記様式第4号による。
（生産行程管理業務の方法の基準）
第15条　法第13条第1項第2号ロの農林水産省令で定める基準は、次に掲げる基準とする。
　一　法第16条第1項の変更の登録を受けたときは、当該変更の登録に係る事項に係る明細書の変更を行うこと。
　二　構成員たる生産業者が行うその生産が明細書に定められた法第7条第1項第4号から第6号までに掲げる事項に適合して行われていることを確認すること。
　三　前号の規定による確認の結果、構成員たる生産業者が行うその生産が明細書に定められた法第7条第1項第4号から第6号までに掲げる事項に適合して行われていないことが判明したときは、当該生産業者に対し、適切な指導を行うこと。

四　構成員たる生産業者が法第3条第1項及び第4条第1項の規定に従って特定農林水産物等又はその包装等に当該特定農林水産物等に係る地理的表示及び登録標章を付していることを確認すること。
　五　前号の規定による確認の結果、構成員たる生産業者が法第3条第2項又は第4条の規定に違反していることが判明したときは、当該生産業者に対し、適切な指導を行うこと。
　六　実績報告書（生産行程管理業務の実施状況に関する報告書をいう。次号において同じ。）を作成し、明細書及び生産行程管理業務規程の写しとともに毎年1回以上農林水産大臣に提出すること。
　七　実績報告書及びこれに関する書類を前号の提出の日から5年間保存すること。

（申請農林水産物等について法第2条第2項各号に掲げる事項を特定することができない名称）

第16条　法第13条第1項第4号イの申請農林水産物等について法第2条第2項各号に掲げる事項を特定することができない名称には、次に掲げる名称を含むものとする。
　一　動植物の品種の名称と同一の名称であって、申請農林水産物等の生産地について誤認させるおそれのあるもの
　二　不正競争防止法（平成5年法律第47号）第2条第1項第1号又は第2号に掲げる行為を組成する名称

（生産者団体を追加する変更の登録）

第17条　第5条、第6条第3項及び第4項、第7条から第11条まで並びに第13条から第15条までの規定は、法第15条第1項の変更の登録について準用する。この場合において、第6条第4項中「別記様式第1号」とあるのは「別記様式第5号」と、第7条中「次に掲げる書類」とあるのは「第1号から第6号までに掲げる書類」と、第8条中「別記様式第2号」とあるのは「別記様式第6号」と、第13条中「次に掲げる事項」とあるのは「変更の年月日並びに第1号から第3号まで、第11号及び第12号に掲げる事項」と、同条第12号中「第4号から第6号までに掲げる事項と明細書に定めた法第7条第1項第4号から第6号」とあるのは「登録に係る法第7条第1項第4号から第6号までに掲げる事項と明細書に定めた同項第4号から第6号」と読み替えるものとする。

（明細書の変更の登録）

第18条　法第16条第3項の農林水産省令で定める軽微な事項は、次に掲げる事項とする。
　一　行政区画又は土地の名称の変更に伴う登録に係る特定農林水産物等の生産地の名称の変更
　二　登録に係る特定農林水産物等の名称が法第13条第1項第4号ロに該当する場合において、当該登録後に同号ロに規定する登録商標に係る商標権について専用使用権が設定されたときにおける当該専用使用権の専用使用権者の

氏名又は名称の追加
三　誤記の訂正
四　前3号に掲げるもののほか、法第7条第1項第3号から第8号までに掲げる事項の実質的な変更を伴わない変更
2　第5条、第6条第1項、第2項及び第4項、第7条から第11条まで並びに第13条から第16条までの規定（法第16条第1項の変更の登録に係る事項が前項に掲げる事項である場合にあっては、第8条から第11条まで及び第14条の規定を除く。）は、法第16条第1項の変更の登録について準用する。この場合において、第6条第4項中「別記様式第1号」とあるのは「別記様式第7号」と、第7条中「次に掲げる書類」とあるのは「第1号及び第4号から第9号までに掲げる書類」と、同条第7号中「申請農林水産物等」とあるのは「法第16条第1項の変更の登録に係る事項が法第7条第1項第4号から第7号までに掲げる事項である場合には、申請農林水産物等」と、第8条中「別記様式第2号」とあるのは「別記様式第8号」と、第13条中「次に掲げる事項」とあるのは「変更の年月日、第1号から第3号までに掲げる事項及び変更に係る事項」と、第14条第1項中「登録をしたときは、当該登録」とあるのは「変更の登録（法第7条第1項第3号に掲げる事項に係るものに限る。）をしたときは、当該変更の登録」と読み替えるものとする。

（法第22条第1項の規定による登録の取消しへの準用）
第19条　第8条から第10条までの規定は、法第22条第1項（第2号及び第3号に係る部分に限る。）の規定による登録の取消しについて準用する。この場合において、第8条中「別記様式第2号」とあるのは、「別記様式第9号」と読み替えるものとする。

（公示の方法）
第20条　法第23条第1項の規定による公示は、農林水産省のウェブサイトへの掲載により行うものとする。

（身分を示す証明書）
第21条　法第24条第2項の証明書は、別記様式第10号による。

（農林水産大臣に対する申出の手続）
第22条　法第25条第1項の規定による申出は、次に掲げる事項を記載した文書（正副3通）をもってしなければならない。
一　申出人の氏名又は名称及び住所
二　申出に係る農林水産物等の名称
三　申出の理由
四　申出に係る農林水産物等又はその包装等に登録に係る特定農林水産物等に係る地理的表示若しくはこれに類似する表示を付した者、登録標章を付していない者又は登録標章若しくはこれに類似する標章を付した者の氏名又は名称及び住所
五　申出に係る農林水産物等の申出時における所在場所及び所有者の氏名又は名称

（権限の委任）
第23条　法に規定する農林水産大臣の権限のうち、次の各号に掲げるものは、当該各号に定める地方農政局長（北海道農政事務所長を含む。以下同じ。）に委任する。ただし、農林水産大臣が自らその権限を行使することを妨げない。
　一　法第24条第１項の規定による登録生産者団体、生産業者その他の関係者に対する報告の徴収　当該登録生産者団体、生産業者その他の関係者の主たる事務所の所在地を管轄する地方農政局長
　二　法第24条第１項の規定による登録生産者団体、生産業者その他の関係者に関する立入検査　当該登録生産者団体、生産業者その他の関係者の事務所、事業所、倉庫、ほ場、工場その他の立入検査に係る場所の所在地を管轄する地方農政局長
　三　法第25条第１項の規定による申出の受付及び同条第２項の規定による農林水産物等又はその包装等に登録に係る特定農林水産物等に係る地理的表示若しくはこれに類似する表示を付した者、登録標章を付していない者又は登録標章若しくはこれに類似する標章を付した者に関する調査　当該農林水産物等又はその包装等に登録に係る特定農林水産物等に係る地理的表示若しくはこれに類似する表示を付した者、登録標章を付していない者又は登録標章若しくはこれに類似する標章を付した者の主たる事務所の所在地を管轄する地方農政局長
　　　附　則
（施行期日）
第１条　この省令は、法の施行の日（平成27年６月１日）から施行する。
（農林水産省組織規則の一部改正）
第２条　農林水産省組織規則（平成13年農林水産省令第１号）の一部を次のように改正する。
　　第27条の見出し中「知的財産専門官」の下に「、地理的表示審査官」を加え、同条第１項中「審査官25人」を「地理的表示審査官４人、審査官23人」に、「国際専門官１人」を「国際専門官２人」に改め、同条第８項中「国際専門官は」の下に「、命を受けて」を加え、同項を同条第９項とし、同条第７項を同条第８項とし、同条第６項を同条第７項とし、同条第５項の次に次の１項を加える。
　６　地理的表示審査官は、命を受けて、特定農林水産物等の登録に係る審査を行う。
　　第164条中第26号を第27号とし、第９号から第25号までを１号ずつ繰り下げ、第８号の次に次の１号を加える。
　　九　特定農林水産物等の名称の保護に関すること。
　　第190条中第12号を第13号とし、第８号から第11号までを１号ずつ繰り下げ、第７号の次に次の１号を加える。
　　八　特定農林水産物等の名称の保護に関すること。
　　第197条の次に次の１条を加える。

(地理的表示専門官)
第197条の2　関東農政局、中国四国農政局及び九州農政局の事業戦略課に、それぞれ地理的表示専門官1人を置く。
2　地理的表示専門官は、地方農政局の管轄区域内における特定農林水産物等の名称の保護に関する専門の事項についての調査、連絡調整及び指導に関する事務を行う。
　第296条中第14号を第15号とし、第7号から第13号までを1号ずつ繰り下げ、第6号の次に次の1号を加える。
　　七　特定農林水産物等の名称の保護に関すること。
　第302条中第11号を第12号とし、第7号から第10号までを1号ずつ繰り下げ、第6号の次に次の1号を加える。
　　七　特定農林水産物等の名称の保護に関すること。
別表（第4条関係）

農林水産物等又はその包装等の区分	様　式
直径15ミリメートルの大きさの標章を付することが困難でない農林水産物等又はその包装等	カラーの標章を使用する場合においては、様式1 モノクロームの標章を使用する場合においては、様式2 単色の標章を使用する場合においては、様式3
直径15ミリメートルの大きさの標章を付することが困難な農林水産物等又はその包装等	カラーの標章を使用する場合においては、様式4 モノクロームの標章を使用する場合においては、様式5 単色の標章を使用する場合においては、様式6

様式一(第四条関係)

(1) 外側の円の直径は、15mm以上とし、内側の円の直径は外側の円の直径の一万分の六千二百十六倍とする。
(2) 標章中AからFまでの部分の大きさは、次の表の左欄に掲げる部分ごとに、それぞれ同表の右欄に定める大きさとする。

部分	大きさ
A	外側の円の直径の一万分の六百七十五倍
B	外側の円の直径の一万分の四千五百十六倍
C	外側の円の直径の一万分の二千百八十二倍
D	外側の円の直径の一万分の三千八百八十八倍
E	外側の円の直径の一万分の五百五十倍
F	外側の円の直径の一万分の五千六百六倍

(3) イ、ロ、ニ及びホの部分並びに「JAPAN GEOGRAPHICAL INDICATION」、「日本」、「地理的表示」及び「GI」の文字の色は、次の表の左欄に掲げる部分及び文字ごとに、それぞれ同表の右欄に定める色とする。

部分又は文字	色
イ	白
ロ	PANTONE 199C 又は 0% cyan / 100% magenta / 65% yellow / 10% black
ニ	PANTONE 4655C 又は 25% cyan / 40% magenta / 65% yellow / 0% black
ホ	PANTONE 4655C 70% 又は 17% cyan

		30% magenta 45% yellow 0% black
「JAPAN GEOGRAPHICAL INDICATION」、「日本」、「地理的表示」及び「GI」の文字	PANTONE 4655C 又は	25% cyan 40% magenta 65% yellow 0% black

（4） ハの部分の色は、次のいずれにも該当するようにするものとする。
（ⅰ） ハの部分中上端部において次の表に定める起点色、上端部から一万分の三千三百七十五倍の部分において同表に定める起点色と終点色の丁度中間の色となるように均一に色の変化が行われたもの。
（ⅱ） ハの部分中上端部から一万分の三千三百七十五倍の部分において（ⅰ）に定める中間の色、上端部から一万分の四千五百倍の部分において次の表に定める終点色となるように均一に色の変化が行われたもの。

色の名前	色	
起点色	PANTONE 4655C 又は	25% cyan 40% magenta 65% yellow 0% black
終点色	PANTONE 4645C 又は	30% cyan 50% magenta 70% yellow 10% black

様式二（第四条関係）

（１）　外側の円の直径は、15mm以上とし、内側の円の直径は外側の円の直径の一万分の六千二百十六倍とする。
（２）　標章中ＡからＦまでの部分の大きさは、次の表の左欄に掲げる部分ごとに、それぞれ同表の右欄に定める大きさとする。

部分	大きさ
A	外側の円の直径の一万分の六百七十五倍
B	外側の円の直径の一万分の四千五百十六倍
C	外側の円の直径の一万分の二千百八十二倍
D	外側の円の直径の一万分の三千八百八十八倍
E	外側の円の直径の一万分の五百五十倍
F	外側の円の直径の一万分の五千六百六倍

（３）　イ、ロ、ニ及びホの部分並びに「JAPAN GEOGRAPHICAL INDICATION」、「日本」、「地理的表示」及び「GI」の文字の色は、次の表の左欄に掲げる部分及び文字ごとに、それぞれ同表の右欄に定める色とする。

部分又は文字	色
イ並びに「日本」、「地理的表示」、及び「GI」の文字	白
ロ	100% black
ニ及び「JAPAN GEOGRAPHICAL INDICATION」の文字	65% black
ホ	50% black

（４）　ハの部分の色は、次のいずれにも該当するようにするものとする。

（ⅰ）ハの部分中上端部において次の表に定める起点色、上端部から一万分の三千三百七十五倍の部分において同表に定める起点色と終点色の丁度中間の色となるように均一に色の変化が行われたもの。
（ⅱ）ハの部分中上端部から一万分の三千三百七十五倍の部分において（ⅰ）に定める中間の色、上端部から一万分の四千五百倍の部分において次の表に定める終点色となるように均一に色の変化が行われたもの。

色の名前	色
起点色	0% black
終点色	80% black

様式三(第四条関係)

(1) 外側の円の直径は、15mm以上とし、内側の円の直径は外側の円の直径の一万分の六千二百十六倍とする。
(2) 標章中AからFまでの部分の大きさは、次の表の左欄に掲げる部分ごとに、それぞれ同表の右欄に定める大きさとする。

部分	大きさ
A	外側の円の直径の一万分の六百七十五倍
B	外側の円の直径の一万分の四千五百十六倍
C	外側の円の直径の一万分の二千百八十二倍
D	外側の円の直径の一万分の三千八百八十八倍
E	外側の円の直径の一万分の五百五十倍
F	外側の円の直径の一万分の五千六百六倍

(3) イ、ロ、ハ及びニの部分並びに「JAPAN GEOGRAPHICAL INDICATION」の文字の色は黒色とする。

様式四（第四条関係）

（1） 外側の円の直径は、10mm以上とし、内側の円の直径は外側の円の直径の一万分の六千二百十六倍とする。
（2） 標章中ＡからＦまでの部分の大きさは、次の表の左欄に掲げる部分ごとに、それぞれ同表の右欄に定める大きさとする。

部分	大きさ
A	外側の円の直径の一万分の六百七十五倍
B	外側の円の直径の一万分の四千五百十六倍
C	外側の円の直径の一万分の二千八百十二倍
D	外側の円の直径の一万分の三千八百八十八倍
E	外側の円の直径の一万分の五百五十倍
F	外側の円の直径の一万分の五千六百六倍

（3） イ、ロ、ニ及びホの部分並びに「JAPAN GEOGRAPHICAL INDICATION」、「日本」、「地理的表示」及び「GI」の文字の色は、次の表の左欄に掲げる部分及び文字ごとに、それぞれ同表の右欄に定める色とする。

部分又は文字	色
イ	白
ロ	PANTONE 199C 又は 0% cyan / 100% magenta / 65% yellow / 10% black
ニ	PANTONE 4655C 又は 25% cyan / 40% magenta / 65% yellow / 0% black
ホ	PANTONE 4655C 70% 又は 17% cyan

特定農林水産物等の名称の保護に関する法律施行規則

		30% magenta 45% yellow 0% black
「JAPAN GEOGRAPHICAL INDICATION」、「日本」、「地理的表示」及び「GI」の文字	PANTONE 4655C 又は	25% cyan 40% magenta 65% yellow 0% black

（4）　ハの部分の色は、次のいずれにも該当するようにするものとする。
　（ⅰ）ハの部分中上端部において次の表に定める起点色、上端部から一万分の三千三百七十五倍の部分において同表に定める起点色と終点色の丁度中間の色となるように均一に色の変化が行われたもの。
　（ⅱ）ハの部分中上端部から一万分の三千三百七十五倍の部分において（ⅰ）に定める中間の色、上端部から一万分の四千五百倍の部分において次の表に定める終点色となるように均一に色の変化が行われたもの。

色の名前		色	
起点色		PANTONE 4655C 又は	25% cyan 40% magenta 65% yellow 0% black
終点色		PANTONE 4645C 又は	30% cyan 50% magenta 70% yellow 10% black

様式五(第四条関係)

(1) 外側の円の直径は、10mm以上とし、内側の円の直径は外側の円の直径の一万分の六千二百十六倍とする。
(2) 標章中AからFまでの部分の大きさは、次の表の左欄に掲げる部分ごとに、それぞれ同表の右欄に定める大きさとする。

部分	大きさ
A	外側の円の直径の一万分の六百七十五倍
B	外側の円の直径の一万分の四千五百十六倍
C	外側の円の直径の一万分の二千八百八十二倍
D	外側の円の直径の一万分の三千八百八十八倍
E	外側の円の直径の一万分の五百五十倍
F	外側の円の直径の一万分の五千六百六倍

(3) イ、ロ、ニ及びホの部分並びに「JAPAN GEOGRAPHICAL INDICATION」、「日本」、「地理的表示」及び「GI」の文字の色は、次の表の左欄に掲げる部分及び文字ごとに、それぞれ同表の右欄に定める色とする。

部分又は文字	色
イ並びに「日本」、「地理的表示」、及び「GI」の文字	白
ロ	100% black
ニ及び「JAPAN GEOGRAPHICAL INDICATION」の文字	65% black
ホ	50% black

(4) ハの部分の色は、次のいずれにも該当するようにするものとする。

特定農林水産物等の名称の保護に関する法律施行規則

(ⅰ)ハの部分中上端部において次の表に定める起点色、上端部から一万分の三千三百七十五倍の部分において同表に定める起点色と終点色の丁度中間の色となるように均一に色の変化が行われたもの。

(ⅱ)ハの部分中上端部から一万分の三千三百七十五倍の部分において(ⅰ)に定める中間の色、上端部から一万分の四千五百倍の部分において次の表に定める終点色となるように均一に色の変化が行われたもの。

色の名前	色
起点色	0% black
終点色	80% black

様式六（第四条関係）

（1）　外側の円の直径は、10mm以上とし、内側の円の直径は外側の円の直径の一万分の六千二百十六倍とする。
（2）　標章中AからFまでの部分の大きさは、次の表の左欄に掲げる部分ごとに、それぞれ同表の右欄に定める大きさとする。

部分	大きさ
A	外側の円の直径の一万分の六百七十五倍
B	外側の円の直径の一万分の四千五百十六倍
C	外側の円の直径の一万分の二千二百八十二倍
D	外側の円の直径の一万分の三千八百八十八倍
E	外側の円の直径の一万分の五百五十倍
F	外側の円の直径の一万分の五千六百六倍

（3）　イ、ロ、ハ及びニの部分並びに「JAPAN GEOGRAPHICAL INDICATION」の文字の色は黒色とする。

別記
様式第一号（第六条関係）

　　　　　　　　　　特定農林水産物等の登録の申請

農林水産大臣　殿

　　　　　　　　　　　　　　　　　　　　　　　　年　　月　　日
　特定農林水産物等の名称の保護に関する法律（以下「法」という。）第7条第
１項の規定に基づき、次のとおり登録の申請をします。
　（この申請書を提出する者（注１））
　□申請者（１に記載）　　□代理人（以下に記載）
　　住所又は居所（フリガナ）：（〒　　　　）

　　氏名又は名称（フリガナ）：　　　　　　　　　　　　印
　　　法人の場合には代表者の氏名：
　　電話番号：
（注１）
　　イ　この申請書を提出する者が申請者である場合には、「□申請者」にチェ
　　　ックを付し、本欄には記載せずに、「１　申請者」に記載する。
　　ロ　この申請書を提出する者が代理人である場合には、「□代理人」にチェ
　　　ックを付し、本欄を記載する。
１　申請者
（１）単独申請又は共同申請の別
　　　　□　単独申請　□　共同申請
（２）名称及び住所並びに代表者（又は管理人）の氏名等（注２）
　　　住所（フリガナ）：（〒　　　　）

　　　名称（フリガナ）：　　　　　　　　　　　　　　印
　　　　代表者（管理人）の氏名：
　　　ウェブサイトのアドレス（注３）：
　　　（注２）共同申請の場合には、共同申請者を全員記載すること。
　　　（注３）ウェブサイトがある場合にのみ記載すれば足りる。
（３）申請者の法形式：
２　農林水産物等が属する区分
　区分名：
　区分に属する農林水産物等：
３　農林水産物等の名称（注４）
　　名称（フリガナ）：
　　（注４）名称が複数ある場合には、全部記載すること。なお、日本国外への輸

出を想定している場合には、輸出時に使用する名称についても併せて記載することができる。
4 　農林水産物等の生産地
　生産地の範囲（注５）：
　（注５）併せて、生産地の位置関係を示す図面を添付することもできる。
5 　農林水産物等の特性
　（説明）（注６）

　（注６）「説明」欄には、農林水産物等の品質、社会的評価その他の確立した特性を記載する。
6 　農林水産物等の生産の方法
　（説明）（注７）

　（注７）「説明」欄には、技術的な基準、出荷基準・規格、栽培される品種、特別な飼料、特別な原材料等を記載する。
7 　農林水産物等の特性がその生産地に主として帰せられるものであることの理由
　（説明）

8 　農林水産物等がその生産地において生産されてきた実績
　（説明）（注８）

　（注８）申請農林水産物等の発祥、生産の開始時期、現在に至るまでの経緯等を記載することができる。
9 　法第13条第１項第４号ロ該当の有無等
（１）法第13条第１項第４号ロ該当の有無
　　　申請農林水産物等の名称は、法第13条第１項第４号ロに
　　　□　該当する（注９）
　　　　　商標権者の氏名又は名称：
　　　　　登録商標：
　　　　　指定商品又は指定役務：
　　　　　商標登録の登録番号：
　　　　　商標権の設定の登録（当該商標権の存続期間の更新登録があったときは、商標権の設定の登録及び存続期間の更新登録）の年月日：
　　　□　該当しない
　　（注９）法第13条第１項第４号ロに該当する登録商標は全て記載すること。
（２）法第13条第２項該当の有無（（１）で「該当する」欄にチェックを付した場合に限る。）（注10）
　　　□　法第13条第２項第１号に該当

【専用使用権】
　　　　□　専用使用権は設定されている。
　　　　　　専用使用権者の氏名又は名称：
　　　　　　専用使用権者の承諾の年月日：
　　　　□　専用使用権は設定されていない。
　　□　法第13条第2項第2号に該当
　　　【商標権】
　　　　商標権者の承諾の年月日：
　　　【専用使用権】
　　　　□　専用使用権は設定されている。
　　　　　　専用使用権者の氏名又は名称：
　　　　　　専用使用権者の承諾の年月日：
　　　　□　専用使用権は設定されていない。
　　□　法第13条第2項第3号に該当
　　　【商標権】
　　　　商標権者の承諾の年月日：
　　　【専用使用権】
　　　　□　専用使用権は設定されている。
　　　　　　専用使用権者の氏名又は名称：
　　　　　　専用使用権者の承諾の年月日：
　　　　□　専用使用権は設定されていない。
　（注10）（1）で記載した登録商標ごとに記載すること。
10　連絡先（文書送付先）
　住所又は居所：（〒　　　　）
　宛名：
　担当者の氏名及び役職：
　電話番号：
　ファックス番号：
　電子メールアドレス：
［添付書類の目録］
　申請書に添付した書類の「□」欄に、チェックを付すこと。
□1　明細書
□2　生産行程管理業務規程
□3　代理人により申請する場合は、その権限を証明する委任状等の書類
□4　法第2条第5項に規定する生産者団体であることを証明する書類
　　□（1）申請者が法人（法令において、加入の自由の定めがあるものに限る。）の場合は、登記事項証明書
　　□（2）申請者が法人（（1）に該当する場合を除く。）の場合は、登記事項証明書及び定款その他の基本約款
　　□（3）申請者が法人でない場合は、定款その他の基本約款

☐ 5　外国の団体の場合は、誓約書
☐ 6　法第13条第１項第１号に規定する欠格条項に関する申告書
☐ 7　法第13条第１項第２号ハに規定する経理的基礎を有することを証明する書類
　　書類名（注11）：
☐ 8　法第13条第１項第２号ニに規定する必要な体制を整備していることを証明する書類
　　書類名（注11）：
☐ 9　申請農林水産物等が特定農林水産物等に該当することを証明する書類
　　書類名（注11）：
☐10　申請農林水産物等の写真
☐11　法第13条第１項第４号ロに該当する場合には、商標権者等の承諾を証明する書類
☐12　前記３から９まで及び11の書類が外国語で作成されている場合には、翻訳文

（注11）書類が複数ある場合には、その全てを記載すること。

別記
様式第二号（第八条関係）
意 見 書

農林水産大臣　殿

　　　　　　　　　　　　　　　　　　　　　　　　　　年　　月　　日
　　　　　　　提出者
　　　　　　　　住所：（〒　　　　）
　　　　　　　　氏名（法人の場合は、名称及び代表者の氏名）：　　　印
　　　　　　　　電話番号：
　特定農林水産物等の名称の保護に関する法律（以下「法」という。）第9条第1項の規定に基づき、下記のとおり意見を提出します。
記

1　意見の対象となる登録の申請
（1）登録の申請の番号及び年月日

（2）申請農林水産物等の区分

（3）申請農林水産物等の名称

2　意見の内容
　　上記1の登録の申請は、
　□　登録すべきである。
　　（理由）

　□　次の理由から登録を拒否すべきである（複数選択も可）。
　　　□　法第13条第1項第2号に該当する。
　　　　（理由）

　　　□　法第13条第1項第3号に該当する。
　　　　（理由）

　　　□　法第13条第1項第4号に該当する。
　　　　（理由）

　□　その他

3　添付書類の目録
（注）意見の内容を裏付ける書類を添付することができる。

別記
様式第三号(第十二条関係)

特定農林水産物等登録簿

登録番号		登録年月日	
申請番号		申請年月日	
特定農林水産物等の区分			
特定農林水産物等の名称			
特定農林水産物等の生産地			
特定農林水産物等の特性			
特定農林水産物等の生産の方法			
特定農林水産物等の特性がその生産地に主として帰せられるものであることの理由			
特定農林水産物等がその生産地において生産されてきた実績			
規則第6条第2項各号に掲げる事項			
登録生産者団体の名称及び住所並びに代表者の氏名			

(注) 登録事項の変更があった場合には、記録部の登録事項欄に、変更年月日及び変更に係る事項の概要を記載する。

	＜特定農林水産物等の名称の記録部＞	（登録番号）
番号	登録事項欄	

	＜特定農林水産物等の生産地の記録部＞	（登録番号）
番号	登録事項欄	

	＜特定農林水産物等の特性の記録部＞	（登録番号）
番号	登録事項欄	

	＜特定農林水産物等の生産の方法の記録部＞	（登録番号）
番号	登録事項欄	

	＜特定農林水産物等の特性がその生産地に主として帰せられるものであることの理由の記録部＞	（登録番号）
番号	登録事項欄	

	＜特定農林水産物等がその生産地において生産されてきた実績の記録部＞	（登録番号）
番号	登録事項欄	

	<規則第6条第2項各号に掲げる事項の記録部>（登録番号）	
番号	登録事項欄	

	<登録生産者団体の記録部> （登録番号）	
番号	登録事項欄	

別記
様式第四号（第十四条関係）

特 定 農 林 水 産 物 等 登 録 証

1　登録番号

2　登録の年月日

3　特定農林水産物等の区分

4　特定農林水産物等の名称

5　登録生産者団体

　　　住所

　　　名称

　　　代表者（又は管理人）の氏名

　この特定農林水産物等は、特定農林水産物等の名称の保護に関する法律第12条第1項の規定により特定農林水産物等登録簿に登録されたことを証明する。

　　　　年　　　月　　　日

　　　　　　農林水産大臣　氏名　　　　　　　　　　　印

別記
様式第五号（第十七条関係）

特定農林水産物等の変更の登録の申請

農林水産大臣　殿

　　　　　　　　　　　　　　　　　　　　　　　　　　　　年　　月　　日
　特定農林水産物等の名称の保護に関する法律（以下「法」という。）第15条第1項の規定に基づき、次のとおり変更の登録の申請をします。
（この申請書を提出する者（注1））
□変更申請者（1に記載）　　□代理人（以下に記載）
　　住所又は居所（フリガナ）：（〒　　　　）

　　氏名又は名称（フリガナ）：　　　　　　　　　　　　　　　印
　　　法人の場合には代表者の氏名：
　　電話番号：
（注1）
　　　イ　この申請書を提出する者が変更申請者である場合には、「□変更申請者」にチェックを付し、本欄には記載せずに、「1　変更申請者」に記載する。
　　　ロ　この申請書を提出する者が代理人である場合には、「□代理人」にチェックを付し、本欄を記載する。
1　変更申請者
（1）単独申請又は共同申請の別
　　　□　単独申請　　□　共同申請
（2）名称及び住所並びに代表者（又は管理人）の氏名等（注2）
　　住所（フリガナ）：（〒　　　　）

　　名称（フリガナ）：　　　　　　　　　　　　　　　　　　印
　　　代表者（管理人）の氏名：
　　ウェブサイトのアドレス（注3）：
　　（注2）共同申請の場合には、共同申請者を全員記載すること。
　　（注3）ウェブサイトがある場合にのみ記載すれば足りる。
（3）変更申請者の法形式：
2　登録番号（注4）

　（注4）生産者団体の追加を求める登録に係る登録番号を記載すること。
3　登録に係る特定農林水産物等の名称

4　連絡先（文書送付先）
　住所又は居所：（〒　　　）
　宛名：
　担当者の氏名及び役職：
　電話番号：
　ファックス番号：
　電子メールアドレス：
［添付書類の目録］
　　変更申請書に添付した書類の「□」欄に、チェックを付すこと。
□１　明細書
□２　生産行程管理業務規程
□３　代理人により申請する場合は、その権限を証明する委任状等の書類
□４　法第２条第５項において規定する生産者団体であることを証明する書類
　　□（１）変更申請者が法人（法令において、加入の自由の定めがあるものに限る。）の場合は、登記事項証明書
　　□（２）変更申請者が法人（（１）に該当する場合を除く。）の場合は、登記事項証明書及び定款その他の基本約款
　　□（３）変更申請者が法人でない場合は、定款その他の基本約款
□５　外国の団体の場合は、誓約書
□６　法第13条第１項第１号に規定する欠格条項に関する申告書
□７　法第13条第１項第２号ハに規定する経理的基礎を有することを証明する書類
　　書類名（注５）：
□８　法第13条第１項第２号ニに規定する必要な体制を整備していることを証明する書類
　　書類名（注５）：
□９　前記３から８までの書類が外国語で作成されている場合には、翻訳文

（注５）書類が複数ある場合には、その全てを記載すること。

別記
様式第六号(第十七条関係)

意 見 書

農林水産大臣　殿

　　　　　　　　　　　　　　　　　　　　　　　　　年　　月　　日
　　　　提出者
　　　　　　住所：(〒　　　)
　　　　　　氏名(法人の場合は、名称及び代表者の氏名):　　　　印
　　　　　　電話番号:

　特定農林水産物等の名称の保護に関する法律(以下「法」という。)第15条第2項において準用する法第9条第1項の規定に基づき、下記のとおり意見を提出します。

記

1　意見の対象となる変更の登録の申請
(1)　変更の登録の申請の番号及び年月日

(2)　登録番号

(3)　登録に係る特定農林水産物等の名称

2　意見の内容
　　上記1の変更の登録の申請は、
　□　登録すべきである。
　　(理由)

　□　次の理由から登録を拒否すべきである(複数選択も可)。
　　□　法第13条第1項第2号に該当する。
　　　(理由)

　　□　法第13条第1項第4号に該当する。
　　　(理由)

　□　その他

3　添付書類の目録(注)
(注)意見の内容を裏付ける書類を添付することができる。

別記
様式第七号（第十八条関係）

　　　　　　　　特定農林水産物等の変更の登録の申請

農林水産大臣　殿

　　　　　　　　　　　　　　　　　　　　　　　　　年　　月　　日
　特定農林水産物等の名称の保護に関する法律（以下「法」という。）第16条第1項の規定に基づき、次のとおり変更の登録の申請をします。
（この申請書を提出する者（注1））
□変更申請者（1に記載）　　□代理人（以下に記載）
　　住所又は居所（フリガナ）：（〒　　　）

　　氏名又は名称（フリガナ）：　　　　　　　　　　　　　印
　　　法人の場合には代表者の氏名：
　　電話番号：
（注1）
　　イ　この申請書を提出する者が変更申請者である場合には、「□変更申請者」
　　　にチェックを付し、本欄には記載せずに、「1　変更申請者」に記載する。
　　ロ　この申請書を提出する者が代理人である場合には、「□代理人」にチェ
　　　ックを付し、本欄を記載する。
1　変更申請者（注2）
　　住所（フリガナ）：（〒　　　）

　　名称（フリガナ）：　　　　　　　　　　　　　　　　　印
　　　代表者（又は管理人）の氏名：
　　ウェブサイトのアドレス（注3）：
　（注2）変更の登録の申請の対象となる登録に係る登録生産者団体が複数ある
　　　　場合には、その全部を記載すること。
　（注3）ウェブサイトがある場合にのみ記載すれば足りる。
2　登録番号（注4）

　（注4）変更の登録の申請の対象となる登録に係る登録番号を記載すること。
3　登録に係る特定農林水産物等の名称

4　変更を求める事項
　（1）農林水産物等の名称（注5）
　　　変更前の名称（フリガナ）：
　　　変更後の名称（フリガナ）：

(注5) 名称が複数ある場合には、全部記載すること。なお、日本国外への輸出を想定している場合には、輸出時に使用する名称についても併せて記載することができる。
(2) 農林水産物等の生産地（注6）
　　（変更前）
　　　生産地の範囲：
　　（変更後）
　　　生産地の範囲：

 (注6) 併せて、生産地の位置関係を示す図面を添付することもできる。
(3) 農林水産物等の特性（注7）
　　（変更前の特性の説明）

　　（変更後の特性の説明）

 (注7)「特性の説明」欄には、農林水産物等の品質、社会的評価その他の確立した特性を記載する。
(4) 農林水産物等の生産の方法（注8）
　　（変更前の生産の方法の説明）

　　（変更後の生産の方法の説明）

 (注8)「生産の方法の説明」欄には、技術的な基準、出荷基準・規格、栽培される品種、特別な飼料、特別な原材料等を記載する。
(5) 農林水産物等の特性がその生産地に主として帰せられるものであることの理由
　　（変更前の説明）

　　（変更後の説明）

(6) 農林水産物等がその生産地において生産されてきた実績（注9）
　　（変更前の説明）

　　（変更後の説明）

 (注9) 特定農林水産物等の発祥、生産の開始時期、現在に至るまでの経緯等を記載することができる。
(7) 法第13条第1項第4号ロ該当の有無等
　　（変更前）

① 法第13条第1項第4号ロ該当の有無
　登録に係る特定農林水産物等の名称は、法第13条第1項第4号ロに
　□　該当する（注10）
　　　商標権者の氏名又は名称：
　　　登録商標：
　　　指定商品又は指定役務：
　　　商標登録の登録番号：
　　　商標権の設定の登録（当該商標権の存続期間の更新登録があった
　　　ときは、商標権の設定の登録及び存続期間の更新登録）の年月日
　　　：
　□　該当しない
　　（注10）法第13条第1項第4号ロに該当する登録商標は全て記載する
　　　こと。
② 法第13条第2項該当の有無（①で「該当する」欄にチェックを付した
　場合に限る。）（注11）
　□　法第13条第2項第1号に該当
　　【専用使用権】
　　　□　専用使用権は設定されている。
　　　　　専用使用権者の氏名又は名称：
　　　　　専用使用権者の承諾の年月日：
　　　□　専用使用権は設定されていない。
　□　法第13条第2項第2号に該当
　　【商標権】
　　　商標権者の承諾の年月日：
　　【専用使用権】
　　　□　専用使用権は設定されている。
　　　　　専用使用権者の氏名又は名称：
　　　　　専用使用権者の承諾の年月日：
　　　□　専用使用権は設定されていない。
　□　法第13条第2項第3号に該当
　　【商標権】
　　　商標権者の承諾の年月日：
　　【専用使用権】
　　　□　専用使用権は設定されている。
　　　　　専用使用権者の氏名又は名称：
　　　　　専用使用権者の承諾の年月日：
　　　□　専用使用権は設定されていない。
　（注11）①で記載した登録商標ごとに記載すること。
（変更後）

① 法第13条第1項第4号ロ該当の有無
　　登録に係る特定農林水産物等の名称は、法第13条第1項第4号ロに
　□　該当する（注12）
　　　　商標権者の氏名又は名称：
　　　　登録商標：
　　　　指定商品又は指定役務：
　　　　商標登録の登録番号：
　　　　商標権の設定の登録（当該商標権の存続期間の更新登録があった
　　　　ときは、商標権の設定の登録及び存続期間の更新登録）の年月日
　　　　：
　□　該当しない
　　（注12）法第13条第1項第4号ロに該当する登録商標は全て記載する
　　　　　こと。
② 法第13条第2項該当の有無（①で「該当する」欄にチェックを付した
　場合に限る。）（注13）
　□　法第13条第2項第1号に該当
　　【専用使用権】
　　　□　専用使用権は設定されている。
　　　　　専用使用権者の氏名又は名称：
　　　　　専用使用権者の承諾の年月日：
　　　□　専用使用権は設定されていない。
　□　法第13条第2項第2号に該当
　　【商標権】
　　　　商標権者の承諾の年月日：
　　【専用使用権】
　　　□　専用使用権は設定されている。
　　　　　専用使用権者の氏名又は名称：
　　　　　専用使用権者の承諾の年月日：
　　　□　専用使用権は設定されていない。
　□　法第13条第2項第3号に該当
　　【商標権】
　　　　商標権者の承諾の年月日：
　　【専用使用権】
　　　□　専用使用権は設定されている。
　　　　　専用使用権者の氏名又は名称：
　　　　　専用使用権者の承諾の年月日：
　　　□　専用使用権は設定されていない。
　（注13）①で記載した登録商標ごとに記載すること。

5　連絡先（文書送付先）
　住所又は居所：（〒　　　）
　宛名：
　担当者の氏名及び役職：
　電話番号：
　ファックス番号：
　電子メールアドレス：

別記
様式第八号（第十八条関係）

意 見 書

農林水産大臣　殿

　　　　　　　　　　　　　　　　　　　　　　　　年　　月　　日
　　　　　提出者
　　　　　　　住所：（〒　　　）
　　　　　　　氏名（法人の場合は、名称及び代表者の氏名）：　　　印
　　　　　　　電話番号：

　特定農林水産物等の名称の保護に関する法律（以下「法」という。）第16条第3項において準用する法第9条第1項の規定に基づき、下記のとおり意見を提出します。

記

1　意見の対象となる変更の登録の申請
（1）変更の登録の申請の番号及び年月日

（2）登録番号

（3）登録に係る特定農林水産物等の名称

2　意見の内容
　　上記1の変更の登録の申請は、
　□　登録すべきである。
　　（理由）

　□　次の理由から登録を拒否すべきである（複数選択も可）。
　　□　法第13条第1項第2号に該当する。
　　　（理由）

　　□　法第13条第1項第3号に該当する。
　　　（理由）

　　□　法第13条第1項第4号に該当する。
　　　（理由）

　□　その他

3　添付書類の目録（注）
（注）意見の内容を裏付ける書類を添付することができる。

別記
様式第九号（第十九条関係）
　　　　　　　　　　　　　意　見　書

農林水産大臣　殿
　　　　　　　　　　　　　　　　　　　　　　　　年　　月　　日
　　　　　　　提出者
　　　　　　　　　住所：（〒　　　）
　　　　　　　　　氏名（法人の場合は、名称及び代表者の氏名）：　　　印
　　　　　　　　　電話番号：

　特定農林水産物等の名称の保護に関する法律（以下「法」という。）第22条第2項において準用する法第9条第1項の規定に基づき、下記のとおり意見を提出します。

　　　　　　　　　　　　　　　記

1　意見の対象となる取消しをしようとする登録
（1）登録番号

（2）登録に係る特定農林水産物等の名称

（3）登録生産者団体の名称及び住所

2　意見の内容
　上記1の登録は、
　　□　取り消すべきである。
　　　（理由）

　　□　取り消すべきではない。
　　　（理由）

　　□　その他

3　添付書類の目録（注）
（注）意見の内容を裏付ける書類を添付することができる。

別記
様式第十号（第二十一条関係）

(表)

身 分 証 明 書

第　　　号
年　月　日発行

　　　　　　　　　　　　　　　　　　　年　月　日生

官職名及び氏名

上記の者は、特定農林水産物等の名称の保護に関する法律第24条第1項の規定による立入検査に従事する職員であることを証明する。

農林水産大臣　　　　　　　　　印
（地方農政局長又は北海道農政事務所長）

写真

押印スタンプ

特定農林水産物等の名称の保護に関する法律（抄）

（報告及び立入検査）
第24条 農林水産大臣は、この法律の施行に必要な限度において、登録生産者、生産者団体その他の関係者に対し、その業務に関し必要な報告を求め、又はその職員に、これらの者の事務所、事業場、倉庫その他の場所に立ち入り、業務の状況若しくは農林水産物等、その原料、帳簿、書類その他の物件を検査させることができる。
2 前項の規定により立入検査をする職員は、その身分を示す証明書を携帯し、関係人にこれを提示しなければならない。
3 第1項の規定による立入検査の権限は、犯罪捜査のために認められたものと解してはならない。

第31条 次の各号のいずれかに該当する者は、30万円以下の罰金に処する。
一～三 （略）
四 第24条第1項の規定による報告をせず、若しくは虚偽の報告をし、又は同項の規定による検査を拒み、妨げ、若しくは忌避した者

第32条 法人（法人でない団体で代表者又は管理人の定めのあるものを含む。以下この項において同じ。）の代表者若しくは管理人又は法人若しくは人の代理人、使用人その他の従業者が、その法人又は人の業務に関して、次の各号に掲げる規定の違反行為をしたときは、その行為者を罰するほか、その法人又は人に対して当該各号に定める罰金刑を科する。
一 第28条 3億円以下の罰金刑
二 第29条 1億円以下の罰金刑
三 前三条 同条の罰金刑
2 法人でない団体について前項の規定の適用がある場合には、その代表者又は管理人が、その訴訟行為につき法人でない団体を代表する法人のほか、法人を被告人又は被疑者とする場合の刑事訴訟に関する法律の規定を準用する。

（裏）

第4部 法律、ガイドライン等

〇特定農林水産物等の名称の保護に関する法律（平成26年法律第84号）第3条第2項の規定に基づき、農林水産大臣が定める農林水産物等の区分等を定める件　〔平成27年農林水産省告示第1395号〕

　特定農林水産物等の名称の保護に関する法律第3条第2項の農林水産大臣が定める農林水産物等の区分は、次の表の上欄に掲げる区分とし、各区分に属する農林水産物等は、同表の下欄に掲げる農林水産物等とする。

農林水産物等の区分	区分に属する農林水産物等
第1類　穀物類	1　米穀 　　玄米、精米 2　麦類 　　小麦、大麦、はだか麦、ライ麦、えん麦 3　雑穀 　　とうもろこし、あわ、ひえ、そば、きび、もろこし、はとむぎ、その他雑穀 4　豆類（種子用及び未成熟のものを除く。） 　　大豆、小豆、いんげん、えんどう、ささげ、そら豆、緑豆、落花生、その他豆類 5　第1号から前号までに掲げるもの以外の穀物類
第2類　野菜類	1　根菜類 　　だいこん、かぶ、にんじん、ごぼう、れんこん、馬鈴しょ、さといも、やまのいも、その他根菜類 2　葉茎菜類 　　はくさい、こまつな、キャベツ類、ちんげんさい、ホウレンソウ、ふき、みつば、しゅんぎく、みずな、セルリー、アスパラガス、カリフラワー、ブロッコリー、レタス類、ねぎ、にら、たまねぎ、にんにく、らっきょう、その他葉茎菜類 3　果菜類 　　きゅうり、かぼちゃ、なす、トマト、ピーマン、スイートコーン、さやいんげん、さやえんどう、グリンピース、そらまめ、えだまめ、その他果菜類 4　香辛野菜及びつまもの類 　　わさび、しょうが、その他香辛野菜及びつまもの類 5　きのこ類 　　生しいたけ、まつたけ、なめこ、えのきたけ、ひらたけ、しろたもぎたけ、その他きのこ類 6　山菜類 　　わらび、ぜんまい、その他山菜類

農林水産物等の区分等を定める告示

		7　果実的野菜 　　いちご、メロン、すいか、その他果実的野菜 8　第1号から前号までに掲げるもの以外の野菜
第3類　果実類		1　かんきつ類 　　うんしゅうみかん、中晩かん、グレープフルーツ、オレンジ、ゆず、その他かんきつ類 2　仁果類 　　りんご、なし、かき、びわ、その他仁果類 3　核果類 　　もも、すもも、おうとう、うめ、その他核果類 4　しょう果類 　　ぶどう、いちじく、すぐり類、その他しょう果類 5　堅果類 　　くり、くるみ、ぎんなん、アーモンド、その他堅果類 6　熱帯性及び亜熱帯性果実 　　パインアップル、バナナ、マンゴー、アボカド、その他熱帯性及び亜熱帯性果実 7　第1号から前号までに掲げるもの以外の果実 　　キウイフルーツ、その他第1号から前号までに掲げるもの以外の果実
第4類　その他農産物類（工芸農作物を含む。）		1　糖料作物 　　砂糖きび、てんさい、砂糖もろこし、その他糖料作物 2　未加工飲料作物 　　茶葉（生のもの）、コーヒー豆（生のもの）、カカオ豆（生のもの）、その他未加工飲料作物 3　香辛料原料作物 　　とうがらし、からし、桂皮、サフラン、ナツメグ、その他香辛料原料作物 4　油脂用の種実、堅果、種核等 　　なたね、ごま、えごま、あまに、油ぎり実、つばき実、はぜ実、オリーブ種子、その他油脂用の種実、堅果、種核等 5　薬用作物 　　ウコン、しゃくやく、とうき、みぶよもぎ、薬用にんじん、その他薬用作物（医薬品を除く。） 6　香料用作物 　　はっか、ラベンダー、レモングラス、その他香料用作物

	7　染料用作物 　　あい、あかね、紅花、マングローブバーグ、その他染料用作物 8　繊維用作物 　(1)　じんぴ繊維用作物 　　　亜麻、黄麻、その他じんぴ繊維用作物 　(2)　製紙じんぴ繊維用作物 　　　がんぴ、みつまた、こうぞ、その他製紙じんぴ繊維用作物 　(3)　雑繊維用作物 　　　いぐさ、七島い、あし、へちま、その他雑繊維用作物 9　葉たばこ 　　乾燥葉たばこ、葉巻用葉たばこ、オリエント葉たばこ、くず葉たばこ、その他葉たばこ 10　第1号から前号までに掲げるもの以外のその他農産物 　　ホップ、こんにゃくいも、その他第1号から前号までに掲げるもの以外のその他農産物
第5類　食用に供される畜産動物類	1　牛 　　種牛、乳用牛、肉用牛 2　馬 3　めん羊 4　やぎ 5　豚 6　家きん 　(1)　鶏 　　　種鶏、採卵鶏、肉用鶏 　(2)　七面鳥 　(3)　あひる 　(4)　がちょう 　(5)　うずら 　(6)　ほろほろ鳥 7　第1号から前号までに掲げるもの以外の食用に供される畜産動物
第6類　生鮮肉類	1　牛肉 2　豚肉及びいのしし肉 3　馬肉 4　めん羊肉 5　やぎ肉

		6　家きん肉 　　鶏肉、七面鳥の肉、その他家きん肉 7　第1号から前号までに掲げるもの以外の生鮮肉類 　　内臓肉、その他第1号から前号までに掲げるもの以外の生鮮肉類
第7類　乳類		1　生乳 2　生やぎ乳 3　前2号に掲げるもの以外の乳
第8類　食用鳥卵類		1　鶏卵 2　あひるの卵 3　うずらの卵 4　前3号に掲げるもの以外の食用鳥卵
第9類　その他畜産物類		前3類に属するもの以外の畜産食品
第10類　魚類		1　淡水産魚類 　(1)　陸封性さけ及びます類 　　　かわます、にじます、やまめ、いわな、その他陸封性さけ及びます類 　(2)　あゆ類 　(3)　わかさぎ 　(4)　しらうお 　(5)　こい及びふな類 　　　こい、ふな、うぐい、おいかわ 　(6)　どじょう類 　(7)　うなぎ 　(8)　(1)から(7)までに掲げるもの以外の淡水産魚類 　　　かじか、なまず、はぜ類、その他(1)から(7)までに掲げるもの以外の淡水産魚類 2　朔河性さけ及びます類 　　しろざけ、べにざけ、ぎんざけ、その他朔河性さけ及びます類 3　にしん及びいわし類 　(1)　にしん類 　(2)　いわし類 　　　まいわし、かたくちいわし、しらす、きびなご、その他いわし類 4　かつお、まぐろ及びさば類 　(1)　かつお類 　(2)　まぐろ類 　　　くろまぐろ、びんなが、めばち、きわだ、その他

まぐろ類
- (3) かじき類
  - めかじき、まかじき、その他かじき類
- (4) さば類
  - まさば、ごまさば、その他さば類
- (5) (1)から(4)までに掲げるもの以外のかつお、まぐろ及びさば類
  - さわら、たちうお、その他(1)から(4)までに掲げるもの以外のかつお、まぐろ及びさば類

5 あじ、ぶり及びしいら類
- (1) あじ類
  - まあじ、むろあじ類、しまあじ類、その他あじ類
- (2) ぶり類
  - ぶり、かんぱち、ひらまさ
- (3) しいら類
- (4) いぼだい類
- (5) まながつお類
- (6) (1)から(5)までに掲げるもの以外のあじ、ぶり及びしいら類

6 たら類
  - たら、すけとうだら、メルルーサ類、その他たら類

7 かれい及びひらめ類
- (1) かれい類
  - あぶらがれい、まがれい、その他かれい類
- (2) ひらめ類

8 すずき、たい及びにべ類
- (1) たい類
  - まだい、くろだい、さくらだい、その他たい類
- (2) すずき類
  - すずき、いさき、いとよりだい、その他すずき類
- (3) にべ及びぐち類
  - くろぐち、きぐち、その他にべ及びぐち類
- (4) かさご及びめばる類
  - アラスカめぬけ、きちじ、ぬぬけ類、あいなめ類、その他かさご及びめばる類

9 第1号から前号までに掲げるもの以外の魚類
- (1) さめ類
  - よしきりざめ、しゅもくざめ、その他さめ類
- (2) えい類
  - あかえい、その他えい類

		(3) ぼら及びかます類
		(4) さんま
		(5) とびうお及びさより類
		(6) ほっけ
		(7) ほうぼう及びかながしら類
		(8) いかなご
		(9) (1)から(8)までに掲げるもの以外の魚類 あなご及びはも類、ふぐ及びかわはぎ類、はたはた類、えそ類、にぎす類、きす類、あまだい類、あんこう類、その他(1)から(8)までに掲げるもの以外の魚類（第1号から前号までに掲げるものを除く。）
第11類　貝類	1	しじみ及びたにし類
	2	かき類 まがき、いたぼがき、その他かき類
	3	いたやがい類 ほたてがい、いたやがい、たいらぎ、その他いたやがい類
	4	あかがい及びもがい類
	5	はまぐり及びあさり類
	6	ばかがい類 ばかがい、しおふき、うばがい（ほっきがい）、みるがい、その他ばかがい類
	7	あわび類 あわび、とこぶし、その他あわび類
	8	さざえ類
	9	第1号から前号までに掲げるもの以外の貝類 いがい類、まてがい類、とりがい類、はいがい、その他第1号から前号までに掲げるもの以外の貝類
第12類　その他水産動物類	1	いか類
		(1) ほたるいか類
		(2) するめいか類
		(3) やりいか類 やりいか、けんさきいか、あおりいか、その他やりいか類
		(4) こういか類 はりいか、まいか、その他こういか類
		(5) (1)から(4)までに掲げるもの以外のいか類 みみいか、ひめいか、その他(1)から(4)までに掲げるもの以外のいか類
	2	たこ類

まだこ、いいだこ、みずだこ、その他たこ類
　3　えび類（いせえび、うちわえび及びざりがに類を除く。）
　　(1)　くるまえび類
　　　　くるまえび、ふとみぞえび、その他くるまえび類
　　(2)　しばえび類
　　　　よしえび、しばえび、あかえび、その他しばえび類
　　(3)　さくらえび類
　　(4)　てながえび類
　　　　てながえび、すじえび、その他てながえび類
　　(5)　小えび類
　　　　ほっかいえび、てっぽうえび、ほっこくあかえび、その他小えび類
　　(6)　(1)から(5)までに掲げるもの以外のえび類
　4　いせえび、うちわえび及びざりがに類
　　(1)　いせえび類
　　　　いせえび、はこえび、その他いせえび類
　　(2)　うちわえび類
　　(3)　ざりがに類
　5　かに類
　　(1)　いばらがに類
　　　　たらばがに、はなさきがに、あぶらがに
　　(2)　くもがに類
　　　　ずわいがに、たかあしがに
　　(3)　わたりがに類
　　　　がざみ、いしがに、ひらつめがに、その他わたりがに類
　　(4)　くりがに類
　　　　けがに、くりがに
　　(5)　(1)から(4)までに掲げるもの以外のかに類
　6　その他甲かく類
　　　しゃこ類、あみ類、おきあみ類、その他甲かく類
　7　うに及びなまこ類
　　(1)　うに類
　　　　あかうに、むらさきうに、その他うに類
　　(2)　なまこ類
　　　　なまこ、くろほしなまこ、その他なまこ類
　　(3)　きんこ類
　8　第1号から前号までに掲げるもの以外の水産動物類

		(1) 食用がえる類 　　うしがえる、とのさまがえる、その他食用がえる類 (2) ほや類 (3) くらげ (4) (1)から(3)までに掲げるもの以外の水産動物類（第1号から前号までに掲げるものを除く。）
第13類　海藻類	1	こんぶ類 　　まこんぶ、とろろこんぶ、かじめ、その他こんぶ類
	2	わかめ類
	3	のり類 　　あまのり類、あおのり類
	4	あおさ類 　　あなあおさ、その他あおさ類
	5	寒天原草類 　　てんぐさ類、おごのり類、いぎす類、その他寒天原草類
	6	第1号から前号までに掲げるもの以外の海藻類 　　ひじき類、みる類、あいも類、ふくろのり類、もずく類、まつも類、その他第1号から前号までに掲げるもの以外の海藻類
第14類　粉類	1	粉類 　　米粉、小麦粉、雑穀粉、豆粉、いも粉（甘しょ粉）、調製穀粉、こんにゃく粉、その他粉類
	2	でん粉 　　小麦でん粉、とうもろこしでん粉、甘しょでん粉、馬鈴しょでん粉、タピオカでん粉（マニオカでん粉及びキャッサバでん粉）、サゴでん粉、その他でん粉
	3	前2号に掲げるもの以外の粉類
第15類　穀物類加工品類	1	めん類 (1) 生めん類 　　うどん類、日本そば類、中華めん類 (2) 乾めん類 　　うどん類、日本そば類、そうめん類、中華めん類 (3) 即席めん類 　　中華めん類、和風めん類、欧風めん類、スナックめん類 (4) マカロニ類 　　マカロニ、スパゲッティ、その他マカロニ類 (5) (1)から(4)までに掲げるもの以外のめん類

		2 パン類 食パン、菓子パン、イーストドーナッツ、調理パン、その他パン類 3 アルファー化穀類（オートミール及びアルファー化米を除く。） 4 米加工品（米菓及び米飯類を除く。） アルファー化米、もち、その他米加工品 5 麦加工品 精麦、麦芽、麦芽抽出物、その他麦加工品 6 オートミール 7 パン粉 8 麩 9 第1号から前号までに掲げるもの以外の穀物類加工品類
第16類	豆類調製品類	1 あん 生あん、練りあん、乾燥あん 2 煮豆 ゆであずき、おたふく豆、豆きんとん、その他煮豆 3 豆腐及び油揚げ類 木綿豆腐、絹ごし豆腐、ソフト豆腐、充てん豆腐、焼き豆腐、油揚げ、生揚げ、がんもどき 4 ゆば 5 凍豆腐 6 納豆 7 きなこ 8 ピーナッツ製品（落花生油を除く。） ピーナッツバター、バターピーナッツ、いりさや落花生、いり落花生、その他ピーナッツ製品（落下生油を除く。） 9 いり豆類（落花生を除く。） 10 第1号から前号までに掲げるもの以外の豆類調製品
第17類	野菜加工品類	1 野菜缶及び瓶詰 たけのこ缶及び瓶詰、アスパラガス缶及び瓶詰、スイートコーン缶及び瓶詰、山菜類缶及び瓶詰、トマト缶及び瓶詰、きのこ類缶及び瓶詰、その他野菜缶及び瓶詰 2 塩蔵野菜（野菜漬物を除く。） 塩蔵きゅうり、塩蔵だいこん、塩蔵しょうが、塩蔵らっきょう、その他塩蔵野菜（野菜漬物を除く。）

3 野菜漬物
 (1) ぬか漬け
   たくあん漬け、ぬかみそ漬け
 (2) 醤油漬け
   福神漬け、割干漬け、その他醤油漬け
 (3) 粕漬け
   わさび漬け、山海漬け、その他粕漬け
 (4) 酢漬け
   味付らっきょう漬け、生姜漬け、その他酢漬け
 (5) 塩漬け
   高菜漬け、花漬け、壺漬け、その他塩漬け
 (6) 味噌漬け
 (7) からし漬け
 (8) こうじ漬け
 (9) (1)から(8)までに掲げるもの以外の野菜漬物
   浅漬け、その他(1)から(8)までに掲げるもの以外の野菜漬物
4 野菜冷凍食品
  さといも、にんじん、ごぼう、ほうれんそう、カリフラワー、れんこん、ポテトフライ、ボイルポテト、混合野菜、その他野菜冷凍食品
5 乾燥野菜
 (1) フレーク及びパウダー
   たまねぎ、にんにく、ねぎ、その他フレーク及びパウダー
 (2) スイートコーン
 (3) かんぴょう
 (4) だいこん
   干しだいこん、割干だいこん、切干だいこん
 (5) 山菜類
   ぜんまい、わらび、その他山菜類
 (6) 乾燥きのこ類
   しいたけ、きくらげ、その他乾燥きのこ類
 (7) (1)から(6)までに掲げるもの以外の乾燥野菜
   かんしょ蒸し切干、かんしょ生切干、いもがら、その他(1)から(6)までに掲げるもの以外の乾燥野菜
6 カット野菜
7 野菜つくだ煮
8 その他第1号から前号までに掲げるもの以外の野菜加工品

	メンマ、オニオンエキス、その他第１号から前号までに掲げるもの以外の野菜加工品
第18類　果実加工品類	1　果実缶及び瓶詰 　　柑橘缶及び瓶詰、もも缶及び瓶詰、くり缶及び瓶詰、混合果実缶及び瓶詰、その他果実缶及び瓶詰 2　果実飲料原料 　　濃縮果汁、天然果汁、フルーツピューレ、その他果実飲料原料 3　ジャム、マーマレード及び果実バター 　　いちごジャム、りんごジャム、あんずジャム、いちじくジャム、マーマレード、その他ジャム、マーマレード及び果実バター 4　果実漬物 　　梅干し、梅漬け、その他果実漬物 5　乾燥果実 　　干柿、干しぶどう、干しバナナ、その他乾燥果実 6　果実冷凍食品 　　みかん、もも、りんご、さくらんぼ、その他果実冷凍食品 7　その他第１号から前号までに掲げるもの以外の果実加工品
第19類　その他農産加工品類	1　こんにゃく 2　糖蜜 　　精製糖蜜、甘しょ糖蜜、てんさい糖蜜、その他糖蜜 3　茶の製品 　　茶を原料又は材料とする調製品、その他茶の製品（他類に属するものを除く。） 4　ココアの製品 　　カカオマス、カカオ脂、その他ココアの製品（他類に属するものを除く。） 5　第１号から前号までに掲げるもの以外の農産加工品（第15類から前類までに掲げられているものを除く。）
第20類　食肉製品類	1　加工食肉製品 　　ハム類、ソーセージ類、ベーコン 2　鳥獣肉の缶及び瓶詰 　⑴　牛肉缶及び瓶詰 　　　コンビーフ缶及び瓶詰、その他牛肉缶及び瓶詰 　⑵　豚肉缶及び瓶詰 　　　ハム缶及び瓶詰、ソーセージ缶及び瓶詰、ベーコ

	ン缶及び瓶詰、ランチョンミート缶及び瓶詰、その他豚肉缶及び瓶詰 (3) 鶏肉缶及び瓶詰 (4) (1)から(3)までに掲げるもの以外の鳥獣肉の缶及び瓶詰 3 鳥獣肉冷凍食品 　牛肉冷凍食品、豚肉冷凍食品、羊肉冷凍食品、鳥肉冷凍食品、その他鳥獣肉冷凍食品 4 前3号に掲げるもの以外の肉製品 　合挽肉、佃煮肉、粕漬け肉、味噌漬け肉、ペースト類、その他第1号から前号までに掲げるもの以外の食肉製品
第21類　酪農製品類	1 液状のミルク及びクリーム 　牛乳、加工乳、脱脂乳、クリーム、ホエイ、バターミルク、乳飲料、その他液状のミルク及びクリーム 2 練乳及び濃縮乳 　加糖練乳、濃縮乳、無糖練乳、脱脂加糖練乳、その他練乳及び濃縮乳 3 粉乳 　全粉乳、加糖粉乳、調製粉乳、脱脂粉乳、ホエイパウダー、バターミルクパウダー、その他粉乳 4 発酵乳及び乳酸菌飲料 　発酵乳、乳酸菌飲料 5 バター 　無塩バター、加塩バター、バターオイル、その他バター 6 チーズ及びカード 　ナチュラルチーズ、プロセスチーズ、その他チーズ及びカード 7 アイスクリーム類 　アイスクリーム、アイスミルク、ラクトアイス、その他アイスクリーム類 8 乳糖、ガゼイン及び調製品 　乳糖、ココア調製品（乳成分を含む。）、調製バター、ガゼイン類、その他酪農製品 9 第1号から前号までに掲げるもの以外の酪農製品
第22類　加工卵製品類	1 鶏卵の加工製品 (1) 液鶏卵 　全液鶏卵、卵白液鶏卵、卵黄液鶏卵 (2) 粉末鶏卵

	全粉鶏卵、卵白粉鶏卵、卵黄粉鶏卵 (3) 鶏卵加工冷凍食品 (4) (1)から(3)までに掲げるもの以外の鶏卵加工製品 2 1に掲げるもの以外の加工卵製品 　あひるの卵の加工製品、うずらの卵の加工製品、その他1に掲げるもの以外の加工卵製品
第23類　その他畜産加工品類	前3類に属するもの以外の畜産加工品
第24類　加工魚介類	1　素干魚介類 　みがきにしん、干かずのこ、素干いわし、干たら、さめひれ、するめ、その他素干魚介類 2　塩干魚介類 　干にしん、干いわし、干さば、干あじ、干たら、干かれい、干さんま、干とびうお、その他塩干魚介類 3　煮干魚介類 　煮干いわし類、煮干さば、煮干あじ、煮干こうなご、干貝柱、干あわび、煮干えび、干しなまこ、その他煮干魚介類 4　塩蔵魚介類 　塩蔵にしん、塩蔵いわし、塩蔵さば、塩蔵たら、塩蔵さんま、塩蔵ほっけ、塩蔵さけ及びます、その他塩蔵魚介類 5　缶詰魚介類 　あじ缶詰、かつお缶詰、さば缶詰、さんま缶詰、ぶり缶詰、まぐろ缶詰、いか缶詰、たこ缶詰、えび缶詰、かに缶詰、貝類缶詰、その他缶詰魚介類 6　冷凍魚介類（冷凍食品を除く。） 　(1)　冷凍魚 　　冷凍まぐろ、冷凍かつお、冷凍あじ、冷凍たら、その他冷凍魚介類（冷凍食品を除く。） 　(2)　水産物冷凍食品（調理冷凍食品を除く。） 　　(ｱ)　魚類冷凍食品 　　　丸もの、開き、ドレス、フィレー、切身、刺身、その他魚類冷凍食品 　　(ｲ)　たこ類冷凍食品 　　　冷凍たこ、煮だこ、味付だこ、酢だこ、洗だこ、その他たこ類冷凍食品 　　(ｳ)　いか類冷凍食品 　　　冷凍いか類、丸いか、つぼぬきいか、ひらきいか、刺身いか、いか足、いかたんざく、その他い

		か類冷凍食品
		(エ) 貝類冷凍食品 　　冷凍貝柱、ほたて貝柱、まつぶ貝、あわび、あさり生むき、とり貝、ばい貝、ほたて貝、かき、その他貝類冷凍食品
		(オ) えび類冷凍食品 　　冷凍えび類、煮むきえび、むきえび、その他冷凍食品
		(カ) かに類冷凍食品 　　冷凍かに、その他かに類冷凍食品
		(キ) (ア)から(カ)までに掲げるもの以外の水産物冷凍食品の他塩蔵魚介類
		7　練り製品 　蒸かまぼこ類、焼板かまぼこ類、ゆでかまぼこ、揚かまぼこ、特殊かまぼこ、魚肉ハム及びソーセージ類、その他練り製品
		8　第1号から前号までに掲げるもの以外の加工魚介類 　くん製魚介類、節類、削節類、塩辛製品、水産物佃煮、水産物漬物、調味加工品、その他第1号から前号までに掲げるもの以外の加工魚介類
第25類　加工海藻類	1	昆布 　元揃い昆布、折昆布、長切昆布、棒昆布、雑昆布
	2	こんぶ加工品 　おぼろ昆布、とろろ昆布、切り昆布、刻み昆布、青板昆布、昆布巻き、甘味昆布、昆布佃煮、その他昆布加工品
	3	干のり 　黒のり、青のり、混のり、ばらのり
	4	のり加工品 　焼のり、味付のり、のり佃煮
	5	干わかめ類 　干わかめ、さらしわかめ、その他干わかめ類
	6	干ひじき 　干ひじき、煮干ひじき
	7	干あらめ
	8	寒天 　(1) 天然寒天 　　細寒天、角寒天、特殊寒天、その他天然寒天 　(2) 工業寒天
	9	第1号から前号までに掲げるもの以外の加工海藻類

	(1) 塩蔵海藻 　　塩わかめ、その他塩蔵海藻 (2) 海藻類冷凍食品 (3) 寒天干原草 　　素干寒天原草、塩抜き寒天原草、さらし寒天原草、本ざらし寒天原草、その他寒天干原草 (4) (1)から(3)までに掲げるもの以外の加工海藻類（第1号から前号までに掲げるものを除く。）
第26類　その他水産加工品類	前2類に属するもの以外の水産加工品
第27類　調味料及びスープ類	1　食塩 2　味噌 　　米味噌、豆味噌、麦味噌、調合味噌、その他味噌 3　しょうゆ 　　濃口しょうゆ、薄口しょうゆ、たまりしょうゆ、再仕込みしょうゆ、白しょうゆ、その他しょうゆ 4　ソース 　(1) ウスターソース類 　　　ウスターソース、中濃ソース、濃厚ソース、その他ウスターソース類 　(2) ドレッシング 　　　マヨネーズ、液状ドレッシング、その他ドレッシング 　(3) (1)及び(2)に掲げるもの以外のソース 5　食酢 　(1) 醸造酢 　　　米酢、かす酢、果実酢、その他醸造酢 　(2) 合成酢 6　ケチャップ 　　トマトケチャップ、その他ケチャップ 7　砂糖 　(1) 分蜜糖 　　(ア) 粗糖 　　(イ) 精製糖 　　　　上白糖、中白糖、三温糖、グラニュー糖、白ざら糖、中ざら糖、液糖、その他精製糖 　　(ウ) ビート糖 　　(エ) 加工糖 　　　　氷砂糖、角砂糖、粉砂糖、顆粒糖、その他加工糖

　　　　　　　　　(オ)　(ア)から(エ)までに掲げるもの以外の分蜜糖
　　　　　　(2)　含蜜糖
　　　　　　　　黒砂糖、かえで糖、その他含蜜糖
　　　　　　(3)　糖類
　　　　　　　　水あめ、ぶどう糖、異性化糖液、その他糖類
　　　　8　香辛料
　　　　　　ブラックペッパー、ホワイトペッパー、レッドペッパー、シナモン、クローブ、ナツメグ、サフラン、パプリカ、さんしょう、カレー粉、からし粉、わさび粉、その他香辛料
　　　　9　はちみつ
　　　　　　粗製はちみつ、精製はちみつ、ロイヤルゼリー、その他はちみつ
　　　　10　うま味調味料
　　　　　　グルタミン酸ソーダ、核酸系調味料、複合うま味調味料、その他うま味調味料
　　　　11　香り付け調味料
　　　　12　調味料関連製品
　　　　　　風味調味料、カレールウ、麺類等用つゆ、焼肉等のたれ、その他調味料関連製品
　　　　13　スープ
　　　　　(1)　乾燥スープ
　　　　　　　コンソメ、ポタージュ、その他乾燥スープ
　　　　　(2)　乾燥スープ以外のスープ
　　　　　　　野菜スープ、コンソメ、ポタージュ、その他乾燥スープ以外のスープ
　　　　14　第1号から前号までに掲げるもの以外の調味料又はスープ

| 第28類　食用油脂類 | 1　食用植物油脂
　(1)　不乾性油脂
　　　オリーブ油、落花生油、パーム油、つばき油、その他不乾性油脂
　(2)　半乾性油脂
　　　とうもろこし油、ごま油、菜種油、その他半乾性油脂
　(3)　乾性油脂
　　　えごま油、その他乾性油脂
　(4)　混合植物油脂
　　　精製油、サラダ油、その他混合植物油脂
　(5)　(1)から(4)までに掲げるもの以外の食用植物油脂 |

		2	食用動物油脂 豚脂、精製ラード、牛脂、魚油、その他食用動物油脂
		3	食用加工油脂 ショートニング、マーガリン（ファットスプレッドを含む。）
		4	前3号に掲げるもの以外の食用油脂
第29類	調理食品類	1	調理冷凍食品 (1) フライ類及び揚物類 　水産物フライ類、コロッケ類、スティック類、カツ類、その他フライ類及び揚物類 (2) ハンバーグ及びミートボール類 (3) シュウマイ及び餃子類 　シュウマイ、餃子、春巻、ワンタン、その他シュウマイ及び餃子類 (4) 肉及び卵の調製品 　茶碗蒸し、卵焼き、カレー、オムレツ、ロールキャベツ、その他肉及び卵の調製品 (5) 米飯類 　白飯、その他米飯類 (6) めん類 (7) ベーカリー製品及び菓子類 　パン生地、ピザパイ、その他パイ類、まんじゅう、プリン、ケーキ、その他ベーカリー製品及び菓子類 (8) (1)から(7)までに掲げるもの以外の調理冷凍食品 　蒲焼き類、シチュー類、グラタン、スープ類、ソース類、その他(1)から(7)までに掲げるもの以外の調理冷凍食品
		2	チルド食品 ハンバーグ、ミートボール、餃子、シュウマイ、春巻き、その他チルド食品
		3	レトルトパウチ食品 (1) カレー及びハヤシ (2) パスタソース (3) マーボー料理のもと (4) 混ぜご飯のもと類及び丼もののもと (5) シチュー (6) スープ (7) 米飯類

　　　　　　　　　⑻　食肉調理品
　　　　　　　　　　　食肉味付、食肉油漬
　　　　　　　　　⑼　水産調理食品
　　　　　　　　　　　魚肉味付、魚肉油漬
　　　　　　　　　⑽　⑴から⑼までに掲げるもの以外のレトルトパウチ食品
　　　　　　　4　前3号に掲げるもの以外の調理食品
　　　　　　　　　⑴　煮物類
　　　　　　　　　　　煮魚、煮豆、甘露煮、おでん、カレー、シチュー、ロールキャベツ、その他煮物類
　　　　　　　　　⑵　焼き物類
　　　　　　　　　　　焼肉、焼豚、焼鳥、玉子焼き、オムレツ、うなぎ蒲焼き、グラタン、ハンバーグ、その他焼き物類
　　　　　　　　　⑶　炒め物類
　　　　　　　　　　　野菜炒め、きんぴら、焼きそば、その他炒め物類
　　　　　　　　　⑷　揚げ物類
　　　　　　　　　　　コロッケ、とんかつ、天ぷら、唐揚げ、魚フライ、串揚げ、春巻き、その他揚げ物類
　　　　　　　　　⑸　蒸し物類
　　　　　　　　　　　餃子、シュウマイ、茶碗蒸し、その他蒸し物類
　　　　　　　　　⑹　和え物類
　　　　　　　　　　　野菜サラダ、ポテトサラダ、マカロニサラダ、酢の物、マリネ、その他和え物類
　　　　　　　　　⑺　米飯類
　　　　　　　　　　　弁当、おにぎり、寿司、白飯、赤飯、ピラフ、チャーハン、サンドイッチ、ハンバーガー、スパゲッティ、お好み焼き、肉まん、あんまん、その他米飯類
　　　　　　　　　⑻　⑴から⑺までに掲げるもの以外の調理食品（前3号に掲げるものを除く。）
| 第30類　菓子類 | 1　ビスケット類
　　ビスケット、クッキー、クラッカー、パイ、乾パン、その他ビスケット類
2　焼き菓子
　　せんべい（米菓を除く。）、その他焼き菓子
3　米菓
　　あられ、せんべい、その他米菓
4　油菓子
　　かりんとう、その他油菓子
5　和生菓子 |

第4部 法律、ガイドライン等

	(1) 流しもの 　　ようかん、その他流しもの (2) 蒸しもの 　　まんじゅう、その他蒸しもの (3) 餅もの 　　だいふく餅、その他餅もの (4) 生もの 　　練りきり、もなか、その他生もの (5) 焼きもの 　　どらやき、その他焼きもの (6) (1)から(5)までに掲げるもの以外の和生菓子 6　洋生菓子 　　パイ類、ケーキ類、かすてら、シュー菓子類、プリン及びゼリー類、その他洋生菓子 7　半生菓子類 8　和干菓子 　　打ちもの、おこし、その他和干菓子 9　キャンディー類 　　キャラメル、ヌガー、ドロップ、引きあめ、生地あめ、清涼菓子、その他キャンディー類 10　チョコレート類 　　板もの、センターもの、その他チョコレート類 11　チューインガム 　　板ガム、風船ガム、糖衣ガム、その他チューインガム 12　砂糖漬菓子 　　甘納豆、その他砂糖漬菓子 13　スナック菓子 　　コーン系スナック菓子、小麦粉系スナック菓子、ポテト系スナック菓子、その他スナック菓子 14　冷菓 　　シャーベット、その他冷菓 15　第1号から前号までに掲げるもの以外の菓子類
第31類　その他食品類	1　イースト及びふくらし粉 　　パン用イースト、醸造用イースト、ふくらし粉、その他イースト及びふくらし粉 2　植物性たん白及び調味植物性たん白 　　粉末状植物性たん白、ペースト状植物性たん白、粒状植物性たん白、繊維状植物性たん白 3　芳香シロップ抽出品、濃縮品、ペースト及び粉末

農林水産物等の区分等を定める告示

	4　第1号から前号までに掲げるもの以外のその他食料品 　　ベーキングパウダー、酵母、こうじ、その他第1号から前号までに掲げるもの以外のその他食料品（前2類に属するものを除く。）
第32類　酒類以外の飲料等類	1　飲料水 　　鉱水、その他飲料水 2　清涼飲料 　⑴　発泡性飲料 　　　炭酸水（砂糖、その他調味料及び香料を加えないもの）、コーラ炭酸飲料、透明炭酸飲料、果汁入り炭酸飲料、果実着色炭酸飲料、乳類入り炭酸飲料、その他発泡性飲料 　⑵　非発泡性飲料（薄めて飲用されるものを含む。） 　　㋐　果実飲料 　　　　天然果汁、果汁飲料、果肉飲料、果汁入り清涼飲料 　　㋑　果粒入り果実飲料 　　㋒　着香飲料 　　㋓　着香シロップ 　　㋔　牛乳又は乳製品から造られた酸性飲料 　　㋕　コーヒー飲料 　　　　挽きコーヒー、その他コーヒー製品 　　㋖　茶系飲料 　　　　緑茶飲料、紅茶、ウーロン茶 　　㋗　豆乳類 　　　　豆乳、調製豆乳、豆乳飲料 　　㋘　野菜飲料 　　㋙　ココア飲料 　　㋚　㋐から㋙までに掲げるもの以外の非発泡性飲料（薄めて飲用されるものを含む。） 3　粉末飲料等 　　茶葉（生のものを除く。）、コーヒー豆（生のものを除く。）、ココア粉、インスタント飲料、その他粉末飲料等 4　氷 　　人造氷、天然氷 5　第1号から前号までに掲げるもの以外の飲料等（酒類を除く。）
第33類　観賞用の	1　鉢物

植物類	(1) 一、二年草 あさがお、かすみそう、コスモス、サルビア、デージー、パンジー、ペチュニア、その他一、二年草 (2) 多年草 あざみ、かすみそう、カーネーション、ガーベラ、ききょう、きく類、芝桜、すいれん、すずらん、ポインセチア、らん類、りんどう、その他多年草 (3) 多肉、サボテン類 アロエ、ジゴカクタス、その他多肉、サボテン類 (4) 落葉樹 あじさい類、いちょう、かえで、ざくろ、ばら類、ぼたん、むくげ、その他落葉樹 (5) 常緑樹 さざんか、しゃくなげ、そてつ、つばき類、ふよう、まつ類、その他常緑樹 (6) 球根 アイリス類、クロッカス、シクラメン、すいせん、ダリア、チューリップ、ゆり、その他球根類

2 切花及び切枝
　切花（切葉を含む。）、切枝

3 花木
　(1) 針葉樹
　　あかまつ、あすなろ、くろまつ、ひむろ、その他針葉樹
　(2) 常緑広葉樹
　　うばめがし、さざんか、しらかし、つばき、その他常緑広葉樹
　(3) 落葉広葉樹
　　いちょう、うめ、けやき、しらかば、はなみずき、やなぎ類、その他落葉広葉樹
　(4) 常緑株もの
　　あすなろ、うばめがし、しゃくなげ、つげ類、その他常緑株もの
　(5) 落葉株もの
　　あじさい、やまぶき、ライラック、その他落葉株もの
　(6) 生垣用樹
　　いぬつげ、さんごじゅ、にっこうひば、その他生

		垣用樹
		(7) 玉物用樹 さつき、つつじ類、その他玉物用樹
		(8) (1)から(7)までに掲げるもの以外の花木 そてつ、ささ類、その他(1)から(7)までに掲げるもの以外の花木
		4 前3号に掲げるもの以外の観賞用の植物
第34類 立木竹並びに木材及び竹材類	1 立木 2 立竹 3 丸太、そま角、その他木材の素材 4 木材の製材 5 木材の単板 6 木材の合板 7 改良木材、集成材、積層材及びパーティクルボード 8 竹材の素材 9 竹材の基礎資材 10 第3号から前号までに掲げるもの以外の木材又は竹材	
第35類 観賞用の魚類	1 金魚 ひぶな、わきん、りゅうきん、しゅぶんきん、でめきん、きゃりこ、その他金魚 2 錦鯉 ひごい、さらさ、三色、その他錦鯉 3 熱帯魚 4 前3号に掲げるもの以外の観賞用の魚	
第36類 真珠類	真珠	
第37類 飼料類	1 植物性製造飼料 (1) 穀類 米、えん麦、とうもろこし、カッサバ、その他穀類 (2) ぬか類 裸麦ぬか、米ぬか、ホミニーフィード、その他ぬか類 (3) 植物性油かす類 大豆油かす、綿実油かす、ひまわり油かす、菜種油かす、やし油かす、パーム油かす、その他植物性油かす類 (4) 醸造及び蒸留副産物 しょうゆかす、焼酎かす、その他醸造及び蒸留副産物	

(5) でん粉製造副産物
　　グルテンフィード、グルテンミール、かんしょでん粉かす、その他でん粉製造副産物
(6) 製糖副産物
　　糖蜜、ビートパルプ、バガス、その他製糖副産物
(7) (1)から(6)までに掲げるもの以外の製造副産物
　　とうふかす、果汁かす、酵母類、その他(1)から(6)までに掲げるもの以外の製造副産物
(8) 乾草類
　　ルーサン（アルファルファ）ミール及びペレット、ヘイキューブ、稲わら、乾草
(9) (1)から(8)までに掲げるもの以外の植物性製造飼料
2　動物性製造飼料
(1) と場副産物
　　血粉、肉粉、骨粉、肉骨粉、フェザーミール、飼料用動物性油脂、その他と場副産物
(2) 製糸副産物
　　蚕蛹、蚕蛹油かす、蚕蛹粉末
(3) 魚介類製造飼料
　　魚かす、魚粉、えび粉末、おきあみ粉末、貝殻粉末、フィッシュソリュブル、その他魚介類製造飼料
(4) 乳質飼料
　　脱脂粉乳、ホエイパウダー、その他乳質飼料
(5) (1)から(4)までに掲げるもの以外の動物性製造飼料
3　配合、混合飼料
(1) 配合飼料
(2) 混合飼料
　　魚粉2種混合飼料、圧べん混合飼料、フィッシュソリュブル吸着飼料、糖蜜吸着飼料、植物性たん白質混合飼料、動植物性たん白質混合飼料、その他混合飼料
(3) 愛がん動物飼料（調整されたもの）
(4) 観賞魚用飼料
(5) (1)から(4)までに掲げるもの以外の配合、混合飼料
4　前3号に掲げるもの以外の飼料

第38類	漆類	生漆、精製漆、その他漆
第39類	精油類	ジャスミン油、はっか油、ユーカリ油、オレンジ油、ベルガモット油、レモン油、バニラ油、シナモン油、ひのき油、ベチバー油、ラベンダー油、ローズマリー油、その他植物性精油

第40類　木炭類	白炭、黒炭、粉炭、その他木炭
第41類　畳表類	いぐさ畳表、七島い畳表
第42類　生糸類	家蚕の生糸、野蚕の生糸

　　　附　則
　この告示は、平成27年6月1日から施行する。

○特定農林水産物等審査要領
〔平成27年5月29日付け27食産第679号食料産業局長通知〕

第1　目的
　この要領は、特定農林水産物等の名称の保護に関する法律（平成26年法律第84号。以下「法」という。）第7条第1項の規定による登録の申請（以下単に「申請」という。）並びに法第15条第1項及び第16条第1項の規定による変更の登録の申請（以下「変更申請」という。）の審査を行うに当たって準拠すべき方法等を定め、審査の公正かつ円滑な遂行を図ることを目的とする。

第2　法第7条第1項の規定による登録
1　申請の受付等
⑴　受付
　ア　申請の受付は、申請書に申請の番号及び受付年月日を記載して行う。
　イ　申請を受け付けたときは、別記様式1により受付した旨を申請をした者（以下「申請者」という。）に通知する。
⑵　申請の方式等についての審査
　ア　申請を受け付けた場合には、その申請が法、特定農林水産物等の名称の保護に関する法律施行令（平成27年政令第227号。以下「令」という。）及び特定農林水産物等の名称の保護に関する法律施行規則（平成27年農林水産省令第58号。以下「規則」という。）に従って行われているか否かについて、審査を行う。
　イ　申請が法、令及び規則に従って行われていない場合には、別添1の「形式補正の指針」（以下単に「形式補正の指針」という。）に従い、申請者に対し、別記様式2により自主的な補正を求めるものとする。
　　ただし、違反が軽微なものであって、申請の公示に支障がないものにあっては、申請者又はその代理人に確認の上、農林水産省食料産業局新事業創出課（以下単に「新事業創出課」という。）の審査担当者（以下単に「審査官」という。）の職権により補正の処理をすることができる。
　ウ　審査官は、職権により補正の処理をした場合には、申請書に補正の記録を残すものとする。
　エ　自主的な補正を求められた申請者が補正をしない場合又は申請者が別記様式3によってした補正によってもなお申請が法、令及び規則に従っていない場合には、その申請を不適法な申請として却下する。
　　また、申請手続に重大な瑕疵があった場合（例：申請者の構成員たる生産業者が、当該申請者の意思決定手続から不当に排除されるなどして、申請者の意思決定過程に瑕疵がある場合）についても、その申請を不適法な申請として却下する。
　オ　申請の却下は、申請者に対し、別記様式4により通知して行う。

(3) 生産者団体としての適格性の審査
　ア　生産者団体の定義
　　　申請者が法第2条第5項及び規則第1条に規定する生産者団体の定義を満たしているか否かについて、別添2の「団体審査基準」（以下単に「団体審査基準」という。）に従い、審査を行う。
　　　生産者団体の定義を満たしていない場合には、その申請を不適法な申請として却下する。
　　　申請の却下は、申請者に対し、別記様式4により通知して行う。
　イ　欠格条項
　　　申請者が法第13条第1項第1号に該当するか否かについて、審査を行う。
　　　この場合において、申請者が法第13条第1項第1号に該当するか否かについての審査は、規則第7条第4号に掲げる登録を受けようとする団体が法第13条第1項第1号に該当することの有無を明らかにする書面によって行うものとする。なお、当該書面は、別記様式5により作成するものとする。
　　　法第13条第1項第1号に該当する場合には、同条第3項の規定に基づき、申請者に対し、別記様式6により、登録を拒否する旨及びその理由を通知する。
(4) 名称の審査
　ア　申請に係る農林水産物等（以下「申請農林水産物等」という。）の名称が、法第13条第1項第4号ロに該当するか否かについて、別添3の「名称審査基準」（以下単に「名称審査基準」という。）第3に従い、審査を行う。
　イ　申請農林水産物等の名称が法第13条第1項第4号ロに該当することが明らかであるにもかかわらず、申請書の「9　法第13条第1項第4号ロ該当の有無等」欄に記載がない場合又は申請書に規則第7条第9号に掲げる商標権者等の承諾を証明する書面が添付されていない場合には、形式補正の指針に従い、申請者に対し、別記様式2により、自主的な補正を求めるものとする。
　ウ　申請者に対して自主的な補正を求めても、なお申請書の「9　法第13条第1項第4号ロ該当の有無等」欄に適切な記載がされない場合又は申請書に商標権者等の承諾を証明する書類が添付されない場合には、その申請を不適法な申請として却下する。
　エ　申請の却下は、申請者に対し、別記様式4により通知して行う。
(5) 先行する申請との関係についての審査
　ア　競合関係の有無
　　(ｱ)　申請を受け付けた場合、その申請が法第10条第1項第2号に該当するか否かについて、審査を行う。
　　　　この場合において、その申請が法第10条第1項第2号に該当する

か否かについての審査は、申請書及び明細書によって行うものとする。
- (イ) 申請が法第10条第1項第2号に該当しない場合には、当該申請について、後記2以降の手続を行う。
- (ウ) ある申請が1つの農林水産物等と観念されているものをめぐり、複数提出された申請（例：1つの農林水産物等について生産地の範囲を争っている場合）の1つである場合等申請が法第10条第1項第2号に該当する場合（以下、この場合における当該申請を「後行申請」という。）には、後行申請について、後記イの手続を行う。

イ　後行申請の処理

後行申請について、法第10条第1項第1号に該当するか否かについて、審査を行う。

この場合において、後行申請が法第10条第1項第1号に該当するか否かについての審査は、申請の番号及び受付年月日によって行うものとする。

- (ア) 後行申請が法第10条第1項第1号に該当する場合には、同項の規定に基づき、後行申請の申請者に対し、別記様式7により、当該後行申請を既に公示されている申請（以下「先行申請」という。）について法第9条第1項の規定によりされた意見書の提出とみなす旨を通知する。

  意見書の提出とみなされた後行申請については、先行申請について取下げ、登録の拒否又は登録があるまでは後記2以降の手続を行わないものとする。なお、先行申請について取下げ、登録の拒否又は登録があった後、後記2以降の手続を続行するに当たっては、先行申請について登録がされた場合には後行申請の登録が拒否されること（法第13条第1項第3号ロ）に留意しなければならない。

- (イ) 後行申請が法第10条第1項第1号に該当しない場合であって、かつ、先行申請について取下げ、登録の拒否又は登録がいずれもなされていない場合には、当該後行申請を不適法な申請として却下する。

  申請の却下は、申請者に対し、別記様式4により通知して行う。

- (ウ) 後行申請が法第10条第1項第1号に該当しない場合であっても、先行申請について取下げ、登録の拒否又は登録のいずれかがなされている場合には、後記2以降の手続を行う。

(6) その他の審査の実施

申請者の生産行程管理業務が法第13条第1項第2号に該当するか否か、申請農林水産物等が法第13条第1項第3号に該当するか否か及び申請農林水産物等の名称が法第13条第1項第4号イに該当するか否かの各審査については、後記2及び3の各手続が終了した後に行うものとする。

(7) 申請の取下げ

申請の取下げは、別記様式8により行うものとする。なお、共同申請の

場合において、各申請者は、単独で、自らに係る部分の申請について取下げをすることができる。
　申請の取下げがあった場合には、新事業創出課長は、申請者（共同申請の場合にあっては、全ての申請者。後記2・(4)において同じ。）に対し、別記様式9により取下手続を完了した旨を通知する。

2　申請の公示
(1)　法第8条第1項の規定による申請の公示は、申請の却下、登録の拒否又は申請の取下げがされなかった申請について行う。
(2)　申請の公示は、①から⑯までの事項を農林水産省のウェブサイトに掲載することによって行う。ただし、申請書の任意的記載事項（例：申請者のウェブサイトのアドレス）については、記載がない場合には、公示の必要はない（以下の公示又は公表の取扱いについても同じ。）。
　①　申請の番号及び受付年月日
　②　申請者の名称及び住所並びに申請者の代表者（法人でない生産者団体の場合は、代表者又は管理人）の氏名
　③　申請者のウェブサイトのアドレス
　④　申請農林水産物等の区分
　⑤　申請農林水産物等の名称
　⑥　申請農林水産物等の生産地
　⑦　申請農林水産物等の特性
　⑧　申請農林水産物等の生産の方法
　⑨　申請農林水産物等の特性がその生産地に主として帰せられるものであることの理由
　⑩　申請農林水産物等がその生産地において生産されてきた実績
　⑪　法第13条第1項第4号ロ該当の有無
　⑫　法第13条第1項第4号ロに該当する登録商標の概要（商標権者の氏名又は名称、登録商標、指定商品又は指定役務、商標登録の登録番号、商標権の設定の登録（当該商標権の存続期間の更新登録があったときは、商標権の設定の登録及び存続期間の更新登録）の年月日、専用使用権者の氏名又は名称、商標権者等の承諾の年月日）
　⑬　⑥から⑧までに掲げる事項と明細書に定めた法第7条第1項第4号から第6号までに掲げる事項とが異なる場合には、その旨及びその内容
　⑭　申請農林水産物等の写真
　⑮　公示の年月日
　⑯　法第8条第2項の規定による申請書等の縦覧期間及び法第9条第1項の規定による意見書提出期間
(3)　申請の公示の日の翌日から起算して2か月間、当該公示に係る申請の申請書、明細書及び生産行程管理業務規程を新事業創出課に備え置いて公衆の縦覧に供する。

(4)　なお、申請の公示があった後において、申請の却下又は登録の拒否がなされるべき事由が明らかになった場合には、当該公示を中断し、別記様式4又は6により申請の却下又は登録の拒否を行うものとする。
　　　また、申請の公示があった後において、申請の取下げがあった場合についても、当該公示を中断し、新事業創出課長は、申請者に対し、別記様式9により取下手続を完了した旨を通知するものとする。

3　意見書の提出
　(1)　意見書の確認
　　ア　前記2の公示があった申請について意見書が提出された場合、当該公示の日の翌日から起算して3か月以内に提出された（農林水産省への到着をもって提出とする。後記イにおいて同じ。）ものであるか否か、当該意見書が規則別記様式第2号により作成されているか否かについて、確認を行う。
　　イ　提出された意見書が公示の日の翌日から起算して3か月以内に提出されたものでない場合又は規則別記様式第2号により作成されていない場合には、当該意見書の提出を法第9条第1項の規定による意見書の提出としては取り扱わないものとする。
　(2)　意見書の写しの送付
　　ア　前記(1)・アの確認を行い、法第9条第1項の規定による意見書の提出として取り扱うこととなった場合、当該意見書の対象となった申請の申請者に対し、別記様式10により当該意見書及び意見書の添付書類の写しを送付する。ただし、当該意見書の提出者が当該意見書の対象となった申請の申請者である場合には、当該意見書及び意見書の添付書類の写しを送付することを要しないものとする。
　　イ　前記1・(5)・イ・(ｱ)で意見書の提出とみなされる後行申請があった場合には、先行申請の申請者に対し、別記様式11により、当該後行申請に係る申請書、明細書及び生産行程管理業務規程の写しを送付する。

4　審査
　(1)　審査の実施
　　ア　審査は、審査官が行うものとする。
　　イ　審査官が申請について利害関係を有するときは、当該審査官に当該申請に係る審査を担当させてはならない。
　(2)　審査の順序
　　　審査は、原則として申請の受付順に行うものとする。
　(3)　審査の基準
　　ア　申請農林水産物等が法第13条第1項第3号に該当するか否かの審査は、別添4の「農林水産物等審査基準」（以下単に「農林水産物等審査基準」という。）に従って行うものとする。

イ　申請農林水産物等の名称が法第13条第1項第4号に該当するか否か及び申請者が同条第2項各号に該当するか否かの審査は、名称審査基準に従って行うものとする。
　　　ウ　申請者の生産行程管理業務が法第13条第1項第2号に該当するか否かの審査は、別添5の「生産行程管理業務審査基準」（以下単に「生産行程管理業務審査基準」という。）に従って行うものとする。
　(4)　現地調査の実施
　　　ア　審査官は、審査に当たって必要があると認めるときは、申請者の承諾を得て、現地調査を行うものとする。
　　　　なお、現地調査の実施に当たっては、審査官は、審査の公平性が疑われることがないようにしなければならない。
　　　イ　新事業創出課長は、申請者に対し、現地調査の実施に先立って、別記様式12により現地調査の実施について通知するものとする。
　　　ウ　審査官は、現地調査の実施においては、申請農林水産物等の生産や生産行程管理業務の実施状況の視察、審査に必要な事項についての聞き取りその他の必要な調査を行うものとする。
　(5)　自主補正の促し
　　　ア　審査官は、法第9条第1項の規定により提出された意見書（法第10条第1項の規定により意見書の提出とみなされたものを含む。）の内容及び審査を踏まえ、申請書、明細書又は生産行程管理業務規程の記載内容を補正することが適当であると認めるときは、その記載内容について、申請者に対し、別記様式13により自主的な補正を求めることができる。ただし、当該補正が、申請書、明細書又は生産行程管理業務規程の記載内容を実質的に変更しないものである場合には、申請者又はその代理人に確認の上、審査官の職権により補正の処理をすることができる。
　　　イ　申請者は、別記様式14により補正を行うものとする。なお、審査官は、前記アの補正を求めるに当たっては、審査の迅速な実施の観点から、補正事項の指摘をまとめて行うよう努めなければならない。

5　学識経験者の意見の聴取
　　審査官は、前記4の審査を終えた後、前記1・(4)の名称の審査を再度経た上で、法第11条第1項の規定による学識経験者の意見聴取を行うものとする。
　　この場合において、当該意見聴取は、食料産業局長が別に定める審査会開催要領（以下単に「審査会開催要領」という。）に従って行うものとする。

6　公示後の取下げ等
　(1)　公示後の申請の取下げ又は申請の却下
　　　前記2の申請の公示があった後、当該申請の取下げ又は当該申請の却下

があった場合には、
- ア　申請の取下げの場合には、①から⑤までの事項を農林水産省のウェブサイトに掲載するものとする。
  - ①　申請の番号及び受付年月日
  - ②　申請者の名称及び住所並びに申請者の代表者（法人でない生産者団体の場合は、代表者又は管理人）の氏名
  - ③　申請農林水産物等の区分
  - ④　申請農林水産物等の名称
  - ⑤　申請の取下げがあった旨
- イ　申請の却下の場合には、①から⑥までの事項を農林水産省のウェブサイトに掲載するものとする。
  - ①　申請の番号及び受付年月日
  - ②　申請者の名称及び住所並びに申請者の代表者（法人でない生産者団体の場合は、代表者又は管理人）の氏名
  - ③　申請農林水産物等の区分
  - ④　申請農林水産物等の名称
  - ⑤　申請を却下する旨
  - ⑥　申請の却下理由

(2) 公示後の実質補正
- ア　前記2の申請の公示があった後、申請者が申請書、明細書又は生産行程管理業務規程の記載内容を実質的に変更した場合には、規則第11条の規定に基づき、前記2から5までの手続を行うものとする。
- イ　前記アの場合における前記2の申請の公示は、①から⑨までの事項を農林水産省のウェブサイトに掲載することによって行う。
  - ①　申請の番号及び年月日
  - ②　申請者の名称及び住所並びに申請者の代表者（法人でない生産者団体の場合は、代表者又は管理人）の氏名
  - ③　申請者のウェブサイトのアドレス
  - ④　申請農林水産物等の区分
  - ⑤　申請農林水産物等の名称
  - ⑥　申請農林水産物等の写真
  - ⑦　再公示をする旨及び実質補正がされた事項
  - ⑧　再公示の年月日
  - ⑨　法第8条第2項の規定による申請書等の縦覧期間及び法第9条第1項の規定による意見書提出期間

7　登録又は登録の拒否
(1) 審査結果の取りまとめ
　　審査官は、前記5の学識経験者の意見の聴取の後、審査の結果を取りまとめるものとする。

審査官は、申請農林水産物等の名称と同一又は類似の商標が商標登録を受けることがないよう、前記5の学識経験者の意見の聴取の後、速やかに審査の結果を取りまとめなければならない。

(2) 登録

ア 審査の結果、法第13条第1項第2号から第4号までに掲げる登録拒否事由が認められない場合には、規則別記様式第3号により、①から⑫までの事項を特定農林水産物等登録簿に記載する。

① 登録番号及び登録の年月日
② 申請の番号及び受付年月日
③ 登録に係る特定農林水産物等の区分
④ 登録に係る特定農林水産物等の名称
⑤ 登録に係る特定農林水産物等の生産地
⑥ 登録に係る特定農林水産物等の特性
⑦ 登録に係る特定農林水産物等の生産の方法
⑧ 登録に係る特定農林水産物等の特性がその生産地に主として帰せられるものであることの理由
⑨ 登録に係る特定農林水産物等がその生産地において生産されてきた実績
⑩ 法第13条第1項第4号ロ該当の有無
⑪ 法第13条第1項第4号ロに該当する登録商標の概要（商標権者の氏名又は名称、登録商標、指定商品又は指定役務、登録商標の登録番号、商標権の設定の登録（当該商標権の存続期間の更新登録があったときは、商標権の設定の登録及び存続期間の更新登録）の年月日、専用使用権者の氏名又は名称、商標権者等の承諾の年月日）
⑫ 登録生産者団体の名称及び住所並びに登録生産者団体の代表者（法人でない登録生産者団体の場合は、代表者又は管理人）の氏名

イ また、法第12条第3項の規定により、申請者に対し、別記様式15により登録の通知をするとともに、前記アの①から⑫までの事項、前記アの⑤から⑦までの事項と明細書に定めた法第7条第1項第4号から第6号までに掲げる事項とが異なる場合にはその旨及びその内容、登録生産者団体のウェブサイトのアドレス並びに登録に係る特定農林水産物等の写真を農林水産省のウェブサイトに掲載して公示を行う。

ウ 特定農林水産物等登録簿は、新事業創出課に備え置いて公衆の縦覧に供する。

(3) 登録免許税の納付

ア 登録生産者団体は、登録を受けた後、登録免許税法（昭和42年法律第35号）その他関係法令に基づき（※1）、登録免許税を納付し、別記様式16により当該納付に係る領収証書の原本を新事業創出課に提出しなければならない。

> （※１）登録免許税の税額等は以下のとおり。
> １　登録免許税の税額
> 　　登録件数１件につき９万円（登録免許税法別表第１第87号の２）
> ２　登録生産者団体が複数の場合
> 　　各登録生産者団体は、連帯して、登録免許税を納付する（なお、各登録生産者団体の負担割合は、民法の連帯債務に関する規定が準用され（国税通則法第８条）、各登録生産者団体間に特約があるときはそれにより、特約がないときで、共同事業等により受ける利益の割合が各登録生産者団体間において異なるときはその受ける利益の割合により、これによっても定まらないときは平等となる（国税通則法基本通達）。）。
> ３　納付の方法
> 　　日本銀行（本店、支店、代理店、歳入代理店（郵便局を含む。））又は税務署において納付する。
> ４　納付及び領収証書の提出の期限
> 　　登録があった日から１か月を経過する日までに、納付し、領収証書の原本を新事業創出課に提出する。

　　イ　登録証の交付
　　　　登録免許税が納付され、領収証書の原本が提出された場合には、登録生産者団体に対し、規則別記様式第４号により作成した特定農林水産物等登録証を交付する。
　(4)　登録の拒否
　　ア　審査の結果、法第13条第１項第２号から第４号までに掲げる登録拒否事由が認められる場合には、同条第３項の規定に基づき、申請者に対し、別記様式６により登録を拒否する旨及びその理由を通知する。
　　イ　登録の拒否をした場合には、①から⑥までの事項を農林水産省のウェブサイトに掲載するものとする。
　　　①　申請の番号及び受付年月日
　　　②　申請者の名称及び住所並びに申請者の代表者（法人でない生産者団体の場合は、代表者又は管理人）の氏名
　　　③　申請農林水産物等の区分
　　　④　申請農林水産物等の名称
　　　⑤　登録を拒否する旨
　　　⑥　登録の拒否理由

第３　法第15条第１項の規定による変更の登録
　１　変更申請の受付等
　　(1)　受付
　　　ア　変更申請の受付は、変更申請書に変更申請の番号及び受付年月日を記載して行う。

イ　変更申請を受け付けたときは、別記様式17により受付した旨を変更申請をした者（以下「変更申請者」という。）に通知する。
(2)　変更申請の方式等についての審査
　　ア　変更申請を受け付けた場合には、その変更申請が法、令及び規則に従って行われているか否かについて、審査を行う。
　　イ　変更申請が法、令及び規則に従って行われていない場合には、別添6の「形式補正の指針（変更の登録の申請）」（以下単に「形式補正の指針（変更の登録の申請）」という。）に従い、変更申請者に対し、別記様式18により自主的な補正を求めるものとする。
　　　ただし、違反が軽微なものであって、変更申請の公示に支障がないものにあっては、変更申請者又はその代理人に確認の上、審査官の職権により補正の処理をすることができる。
　　ウ　審査官は、職権により補正の処理をした場合には、変更申請書に補正の記録を残すものとする。
　　エ　自主的な補正を求められた変更申請者が補正をしない場合又は変更申請者が別記様式19によってした補正によってもなお変更申請が法、令及び規則に従っていない場合には、その変更申請を不適法な申請として却下する。
　　　また、変更申請手続に重大な瑕疵があった場合（例：変更申請者の構成員たる生産業者が、当該変更申請者の意思決定手続から不当に排除されるなどして、変更申請者の意思決定過程に瑕疵がある場合）についても、その変更申請を不適法な申請として却下する。
　　オ　変更申請の却下は、変更申請者に対し、別記様式20により通知して行う。
(3)　生産者団体としての適格性の審査
　　ア　生産者団体の定義
　　　変更申請者が法第2条第5項及び規則第1条に規定する生産者団体の定義を満たしているか否かについて、団体審査基準に従い、審査を行う。なお、この場合においては、団体審査基準において「申請者」とあるのは、「変更申請者」と読み替えるものとする。
　　　生産者団体の定義を満たしていない場合には、その変更申請を不適法な申請として却下する。
　　　変更申請の却下は、変更申請者に対し、別記様式20により通知して行う。
　　イ　欠格条項
　　　変更申請者が法第13条第1項第1号に該当するか否かについて、審査を行う。
　　　この場合において、変更申請者が法第13条第1項第1号に該当するか否かについての審査は、規則第7条第4号に掲げる変更の登録を受けようとする団体が法第13条第1項第1号に該当することの有無を明ら

かにする書面によって行うものとする。なお、当該書面は、別記様式21により作成するものとする。
　　法第13条第１項第１号に該当する場合には、同条第３項の規定に基づき、変更申請者に対し、別記様式22により変更の登録を拒否する旨及びその理由を通知する。
　⑷　名称の審査
　　ア　変更申請の対象となる登録に係る特定農林水産物等の名称について、当該登録に係る特定農林水産物等登録簿の記載に従い、法第13条第１項第４号ロに該当する登録商標があるか否かを確認する。
　　イ　第13条第１項第４号ロに該当する登録商標がある場合には、当該登録商標の商標権者又は専用使用権者が承諾を撤回していないか否かを確認する。
　　ウ　前記イの確認の結果、承諾が撤回されていると認められる場合は、法第22条の規定に基づき、登録の取消しを行うとともに、変更申請を不適法な申請として却下する。
　　エ　変更申請の却下は、変更申請者に対し、別記様式20により通知して行う。
　⑸　その他の審査の実施
　　変更申請者の生産行程管理業務が法第13条第１項第２号に該当するか否かの審査については、後記２及び３の各手続が終了した後に行うものとする。
　⑹　変更申請の取下げ
　　変更申請の取下げは、別記様式23により行うものとする。なお、共同申請の場合において、各変更申請者は、単独で、自らに係る部分の変更申請について取下げをすることができる。
　　変更申請の取下げがあった場合には、新事業創出課長は、変更申請者（共同申請の場合にあっては、全ての変更申請者。後記２・⑷において同じ。）に対し、別記様式24により取下手続を完了した旨を通知する。

２　変更申請の公示
　⑴　法第８条第１項の規定による変更申請の公示は、変更申請の却下、変更の登録の拒否又は変更申請の取下げがされなかった変更申請について行う。
　⑵　変更申請の公示は、①から⑩までの事項を農林水産省のウェブサイトに掲載することによって行う。
　　①　変更申請の番号及び受付年月日
　　②　変更申請者の名称及び住所並びに変更申請者の代表者（法人でない生産者団体の場合は、代表者又は管理人）の氏名
　　③　変更申請者のウェブサイトのアドレス
　　④　登録番号及び登録の年月日

⑤　登録に係る特定農林水産物等の区分
　　⑥　登録に係る特定農林水産物等の名称
　　⑦　登録に係る法第7条第1項第4号から第6号までに掲げる事項と明細書に定めた同項第4号から第6号までに掲げる事項とが異なる場合には、その旨及びその内容
　　⑧　登録に係る特定農林水産物等の写真
　　⑨　公示の年月日
　　⑩　法第8条第2項の規定による変更申請書等の縦覧期間及び法第9条第1項の規定による意見書提出期間
　(3)　変更申請の公示の日の翌日から起算して2か月間、当該公示に係る変更申請の変更申請書、明細書及び生産行程管理業務規程を新事業創出課に備え置いて公衆の縦覧に供する。
　(4)　なお、変更申請の公示があった後において、変更申請の却下又は変更の登録の拒否がなされるべき事由が明らかになった場合には、当該公示を中断し、別記様式20又は22により変更申請の却下又は変更の登録の拒否を行うものとする。
　　　また、変更申請の公示があった後において、変更申請の取下げがあった場合についても、当該公示を中断し、新事業創出課長は、変更申請者に対し、別記様式24により取下手続を完了した旨を通知するものとする。

3　意見書の提出
　(1)　意見書の確認
　　ア　前記2の公示があった変更申請について意見書が提出された場合、当該公示の日の翌日から起算して3か月以内に提出された（農林水産省への到着をもって提出とする。後記イにおいて同じ。）ものであるか否か、当該意見書が規則別記様式第6号により作成されているか否かについて、確認を行う。
　　イ　提出された意見書が公示の日の翌日から起算して3か月以内に提出されたものでない場合又は規則別記様式第6号により作成されていない場合には、当該意見書の提出を法第9条第1項の規定による意見書の提出としては取り扱わないものとする。
　(2)　意見書の写しの送付
　　　前記(1)・アの確認を行い、法第9条第1項の規定による意見書の提出として取り扱うこととなった場合、当該意見書の対象となった変更申請の変更申請者に対し、別記様式25により当該意見書及び意見書の添付書類の写しを送付する。ただし、当該意見書の提出者が当該意見書の対象となった変更申請の変更申請者である場合には、当該意見書及び意見書の添付書類の写しを送付することを要しないものとする。

4　審査

(1) 審査の実施
　ア　審査は、審査官が行うものとする。
　イ　審査官が変更申請について利害関係を有するときは、当該審査官に当該変更申請に係る審査を担当させてはならない。
(2) 審査の基準
　　変更申請者の生産行程管理業務が法第13条第１項第２号に該当するか否かの審査は、生産行程管理業務審査基準に従って行うものとする。
(3) 現地調査の実施
　ア　審査官は、審査に当たって必要があると認めるときは、変更申請者の承諾を得て、現地調査を行うものとする。
　　　なお、現地調査の実施に当たっては、審査官は、審査の公平性が疑われることがないようにしなければならない。
　イ　新事業創出課長は、変更申請者に対し、現地調査の実施に先立って、別記様式26により現地調査の実施について通知するものとする。
　ウ　審査官は、現地調査の実施においては、生産行程管理業務の実施状況の視察、審査に必要な事項についての聞き取りその他の必要な調査を行うものとする。
(4) 自主補正の促し
　ア　審査官は、法第９条第１項の規定により提出された意見書の内容及び審査を踏まえ、変更申請書、明細書又は生産行程管理業務規程の記載内容を補正することが適当であると認めるときは、その記載内容について、変更申請者に対し、別記様式27により自主的な補正を求めることができる。ただし、当該補正が、変更申請書、明細書又は生産行程管理業務規程の記載内容を実質的に変更しないものである場合には、変更申請者又はその代理人に確認の上、審査官の職権により補正の処理をすることができる。
　イ　変更申請者は、別記様式28により補正を行うものとする。なお、審査官は、前記アの補正を求めるに当たっては、審査の迅速な実施の観点から、補正事項の指摘をまとめて行うよう努めなければならない。

5　学識経験者の意見の聴取
　　審査官は、前記４の審査を終えた後、前記１・(4)の名称の審査を再度経た上で、法第11条第１項の規定による学識経験者の意見聴取を行うものとする。
　　この場合において、当該意見聴取は、審査会開催要領に従って行うものとする。

6　公示後の取下げ等
(1) 公示後の変更申請の取下げ又は変更申請の却下
　　前記２の変更申請の公示があった後、当該変更申請の取下げ又は当該変

更申請の却下があった場合には、
　ア　変更申請の取下げの場合には、①から⑥までの事項を農林水産省のウェブサイトに掲載するものとする。
　　①　変更申請の番号及び受付年月日
　　②　変更申請者の名称及び住所並びに変更申請者の代表者（法人でない生産者団体の場合は、代表者又は管理人）の氏名
　　③　登録番号及び登録の年月日
　　④　登録に係る特定農林水産物等の区分
　　⑤　登録に係る特定農林水産物等の名称
　　⑥　変更申請の取下げがあった旨
　イ　変更申請の却下の場合には、①から⑦までの事項を農林水産省のウェブサイトに掲載するものとする。
　　①　変更申請の番号及び受付年月日
　　②　変更申請者の名称及び住所並びに変更申請者の代表者（法人でない生産者団体の場合は、代表者又は管理人）の氏名
　　③　登録番号及び登録の年月日
　　④　登録に係る特定農林水産物等の区分
　　⑤　登録に係る特定農林水産物等の名称
　　⑥　変更申請を却下する旨
　　⑦　変更申請の却下理由
(2)　公示後の実質補正
　ア　前記2の変更申請の公示があった後、変更申請者が変更申請書、明細書又は生産行程管理業務規程の記載内容を実質的に変更した場合には、規則第11条の規定に基づき、前記2から5までの手続を行うものとする。
　イ　前記アの場合における前記2の変更申請の公示は、①から⑩までの事項を農林水産省のウェブサイトに掲載することによって行う。
　　①　変更申請の番号及び受付年月日
　　②　変更申請者の名称及び住所並びに変更申請者の代表者（法人でない生産者団体の場合は、代表者又は管理人）の氏名
　　③　変更申請者のウェブサイトのアドレス
　　④　登録番号及び登録の年月日
　　⑤　登録に係る特定農林水産物等の区分
　　⑥　登録に係る特定農林水産物等の名称
　　⑦　登録に係る特定農林水産物等の写真
　　⑧　再公示をする旨及び実質補正がされた事項
　　⑨　再公示の年月日
　　⑩　法第8条第2項の規定による変更申請書等の縦覧期間及び法第9条第1項の規定による意見書提出期間

7 変更の登録又は変更の登録の拒否

(1) 審査結果の取りまとめ

　審査官は、前記5の学識経験者の意見の聴取の後、審査の結果を取りまとめるものとする。

(2) 変更の登録

　ア　審査の結果、法第13条第1項第2号及び第4号ロに掲げる登録拒否事由が認められない場合には、規則別記様式第3号により、変更申請の対象となる登録に係る特定農林水産物等登録簿に変更の登録の年月日及び変更の登録に係る事項の概要を記載するとともに、当該特定農林水産物等登録簿の「登録生産者団体の記録部」に①及び②の事項を記載する。

　　① 変更の登録の年月日
　　② 登録生産者団体の名称及び住所並びに登録生産者団体の代表者（法人でない登録生産者団体の場合は、代表者又は管理人）の氏名

　イ　また、法第12条第3項の規定により、変更申請者に対し、別記様式29により変更の登録の通知をするとともに、前記ア・①及び②の事項、登録番号及び登録の年月日、登録に係る特定農林水産物等の区分、登録に係る特定農林水産物等の名称、登録に係る法第7条第1項第4号から第6号までに掲げる事項と明細書に定めた同項第4号から第6号までに掲げる事項とが異なる場合にはその旨及びその内容、登録生産者団体のウェブサイトのアドレス並びに登録に係る特定農林水産物等の写真を農林水産省のウェブサイトに掲載して公示を行う。

(3) 登録免許税の納付

　ア　登録免許税の納付

　　登録生産者団体は、変更の登録を受けた後、登録免許税法その他関係法令に基づき（※2）、登録免許税を納付し、別記様式16により当該納付に係る領収証書の原本を新事業創出課に提出しなければならない。

〔（※2）登録免許税の税額等は、前記第2・7・(3)の（※1）を参照。　　〕

　イ　登録証の交付

　　登録免許税が納付され、領収証書の原本が提出された場合には、変更の登録を受けた生産者団体に対し、規則別記様式第4号により作成した特定農林水産物等登録証を交付するものとする。

(4) 登録の拒否

　ア　審査の結果、法第13条第1項第2号及び第4号ロに掲げる登録拒否事由が認められる場合には、同条第3項の規定に基づき、変更申請者に対し、別記様式22により変更の登録を拒否する旨及びその理由を通知する。

　イ　変更の登録の拒否をした場合には、①から⑦までの事項を農林水産省

のウェブサイトに掲載するものとする。
　　① 変更申請の番号及び受付年月日
　　② 変更申請者の名称及び住所並びに変更申請者の代表者（法人でない生産者団体の場合は、代表者又は管理人）の氏名
　　③ 登録番号及び登録の年月日
　　④ 登録に係る特定農林水産物等の区分
　　⑤ 登録に係る特定農林水産物等の名称
　　⑥ 変更の登録を拒否する旨
　　⑦ 変更の登録の拒否理由

8　変更申請の促し
　　審査官は、登録生産者団体が他の団体に吸収合併された場合その他の登録生産者団体が解散した場合であって、当該登録生産者団体の清算が未了の場合において、当該他の団体が当該登録生産者団体の法における役割を代替する可能性があるときには、当該他の団体に対し、変更申請を行うことを促すものとする。

9　変更申請として扱う場合
　(1)　審査官は、次に掲げる場合又はこれに準ずる場合には、法第17条第1項の規定による変更の届出ではなく、法第15条第1項の規定による変更申請として扱うものとする。
　　ア　法人格を有する登録生産者団体の構成員が、新たに法人格を有しない団体を設立し、当該団体が当該登録生産者団体の生産行程管理業務を引き継ぐ場合
　　イ　事業譲渡、合併又は分割により、その事業を承継する団体又は合併後存続する団体若しくは合併により設立した団体若しくは分割によりその事業を承継した団体が、登録生産者団体の生産行程管理業務を引き継ぐ場合
　(2)　前記(1)の場合において、変更の登録を行ったときは、当該変更の登録の対象となる登録に係る登録生産者団体については、その生産行程管理業務が廃止されたものとして（なお、当該登録生産者団体が解散しその清算が結了したときは、その結了をもって）、法第20条第1項の規定に基づき当該登録生産者団体に係る登録は失効するものとする。

第4　法第16条第1項の規定による変更の登録
1　変更申請の受付等
　(1)　受付
　　ア　変更申請の受付は、変更申請書に変更申請の番号及び受付年月日を記載して行う。
　　イ　変更申請を受け付けたときは、別記様式17により受付した旨を変更

申請者に通知する。
(2) 変更申請の方式等についての審査
　ア　変更申請を受け付けた場合には、その変更申請が法、令及び規則に従って行われているか否かについて、審査を行う（※３）。

（※３）審査官は、法第16条第１項の規定による変更の登録については、例えば以下の場合のように、明細書の変更を伴わない場合であっても、行うことができることに留意すること。この場合においては、変更の登録の手続は、法第16条第３項の規定に準じて行うものとし、変更申請者は、法第16条第２項の規定による共同申請を行う必要はないが、変更の登録が登録事項を変更するものであることに鑑み、変更申請に当たっては、関係する登録生産者団体、生産業者等との合意形成を十分図るものとする。
例：生産の方法として「糖度15％以上であることを糖度計で確認すること」が登録されており、登録生産者団体Ａの明細書における生産の方法は「糖度15％以上であることを糖度計で確認すること」、登録生産者団体Ｂ及びＣの明細書における生産の方法は「糖度16％以上であることを糖度計で確認すること」となっていたところ、登録生産者団体Ａの登録が失効し、登録生産者団体Ｂ及びＣが、自らの明細書の基準に合わせるために、生産の方法を「糖度16％以上であることを糖度計で確認すること」と変更する場合においては、明細書の変更を伴わない変更の登録となる。

　イ　変更申請が法、令及び規則に従って行われていない場合には、形式補正の指針（変更の登録の申請）に従い、変更申請者に対し、別記様式18により自主的な補正を求めるものとする。
　　ただし、違反が軽微なものであって、変更申請の公示に支障がないものにあっては、変更申請者又はその代理人に確認の上、審査官の職権により補正の処理をすることができる。
　ウ　審査官は、職権により補正の処理をした場合には、変更申請書に補正の記録を残すものとする。
　エ　自主的な補正を求められた変更申請者が補正をしない場合又は変更申請者が別記様式19によってした補正によってもなお変更申請が法、令及び規則に従っていない場合には、その変更申請を不適法な申請として却下する。
　　また、変更申請手続に重大な瑕疵があった場合（例：変更申請者の構成員たる生産業者が、当該変更申請者の意思決定手続から不当に排除されるなどして、変更申請者の意思決定過程に瑕疵がある場合）についても、その変更申請を不適法な申請として却下する。
　オ　変更申請の却下は、変更申請者に対し、別記様式20により通知して

　　　　行う。
　(3)　軽微事項の有無の審査
　　ア　変更申請の対象となる事項が規則第18条第1項に掲げる軽微な事項であるか否かについての審査を行う。
　　イ　変更申請の対象となる事項が規則第18条第1項に掲げる軽微な事項である場合には、当該事項については、後記3及び5の手続は行わないものとする。
　　　　なお、規則第18条第1項に掲げる軽微な事項については、登録生産者団体に確認の上、審査官の職権により修正することができるものとする。
　　ウ　変更申請の対象となる事項が規則第18条第1項に掲げる軽微な事項である場合においては、後記2の公示は、後記7・(2)・イの公示と同時に行うものとし、後記7・(2)・イの公示の日の翌日から起算して2か月間、後記2の公示に係る変更申請の変更申請書、明細書及び生産行程管理業務規程を新事業創出課に備え置いて公衆の縦覧に供する。
　(4)　名称の審査
　　ア　変更申請の対象となる事項が登録に係る特定農林水産物等の名称である場合、変更申請に係る変更後の名称が、法第13条第1項第4号ロに該当するか否かについて、名称審査基準の第3に従い、審査を行う。
　　イ　変更申請に係る変更後の特定農林水産物等の名称が法第13条第1項第4号ロに該当することが明らかであるにもかかわらず、変更申請書の「4(7)法第13条第1項第4号ロ該当の有無等」欄に記載がない場合又は変更申請書に規則第7条第9号に掲げる商標権者等の承諾を証明する書面が添付されていない場合には、形式補正の指針（変更の登録の申請）に従い、変更申請者に対し、別記様式18により、自主的な補正を求めるものとする。
　　ウ　変更申請者に対して自主的な補正を求めても、なお変更申請書の「4(7)法第13条第1項第4号ロ該当の有無等」欄に適切な記載がされない場合又は変更申請書に商標権者等の承諾を証明する書面が添付されない場合には、その変更申請を不適法な申請として却下する。
　　エ　変更申請の却下は、変更申請者に対し、別記様式20により通知して行う。
　(5)　その他の審査の実施
　　　変更申請に係る変更後の生産行程管理業務が法第13条第1項第2号に該当するか否か、変更申請に係る変更後の特定農林水産物等が同項第3号に該当するか否か及び変更申請に係る変更後の特定農林水産物等の名称が同項第4号イに該当するか否かの各審査については、後記2及び3の各手続が終了した後に行うものとする。
　(6)　変更申請の取下げ
　　　変更申請の取下げは、別記様式23により行うものとする。なお、共同

申請の場合においては、各変更申請者は、単独で、変更申請の取下げをすることはできず、共同申請者全員で、共同して、変更申請の取下げをしなければならない。

　変更申請の取下げがあった場合には、新事業創出課長は、変更申請者（共同申請の場合にあっては、全ての変更申請者。後記２・⑷において同じ。）に対し、別記様式24により取下手続を完了した旨を通知する。

2　変更申請の公示
　⑴　法第８条第１項の規定による変更申請の公示は、変更申請の却下、変更の登録の拒否又は変更申請の取下げがされなかった変更申請について行う。
　⑵　変更申請の公示は、①から⑩までの事項を農林水産省のウェブサイトに掲載することによって行う。
　　①　変更申請の番号及び受付年月日
　　②　登録生産者団体の名称及び住所並びに登録生産者団体の代表者（法人でない登録生産者団体の場合は、代表者又は管理人）の氏名
　　③　登録生産者団体のウェブサイトのアドレス
　　④　登録番号及び登録の年月日
　　⑤　登録に係る特定農林水産物等の区分
　　⑥　登録に係る特定農林水産物等の名称
　　⑦　変更申請に係る事項
　　⑧　登録に係る特定農林水産物等の写真
　　⑨　公示の年月日
　　⑩　法第８条第２項の規定による変更申請書等の縦覧期間及び法第９条第１項の規定による意見書提出期間（変更申請の対象となる事項が規則第18条第１項に掲げる軽微な事項である場合を除く。）
　⑶　変更申請の公示の日の翌日から起算して２か月間、当該公示に係る変更申請の変更申請書、明細書及び生産行程管理業務規程を新事業創出課に備え置いて公衆の縦覧に供する。
　⑷　なお、変更申請の公示があった後において、変更申請の却下又は変更の登録の拒否がなされるべき事由が明らかになった場合には、当該公示を中断し、別記様式20又は22により変更申請の却下又は変更の登録の拒否を行うものとする。

　　また、変更申請の公示があった後において、変更申請の取下げがあった場合についても、当該公示を中断し、新事業創出課長は、変更申請者に対し、別記様式24により取下手続を完了した旨を通知するものとする。

3　意見書の提出
　⑴　意見書の確認
　　ア　前記２の公示があった変更申請について意見書が提出された場合、当

該公示の日の翌日から起算して3か月以内に提出された（農林水産省への到着をもって提出とする。後記イにおいて同じ。）ものであるか否か、当該意見書が規則別記様式第8号により作成されているか否かについて、確認を行う。
　　イ　提出された意見書が公示の日の翌日から起算して3か月以内に提出されたものでない場合又は規則別記様式第8号により作成されていない場合には、当該意見書の提出を法第9条第1項の規定による意見書の提出としては取り扱わないものとする。
　(2)　意見書の写しの送付
　　　前記(1)・アの確認を行い、法第9条第1項の規定による意見書の提出として取り扱うこととなった場合、当該意見書の対象となった変更申請の変更申請者に対し、別記様式25により当該意見書及び意見書の添付書類の写しを送付する。ただし、当該意見書の提出者が当該意見書の対象となった変更申請の変更申請者である場合には、当該意見書及び意見書の添付書類の写しを送付することを要しないものとする。

4　審査
　(1)　審査の実施
　　ア　審査は、審査官が行うものとする。
　　イ　審査官が変更申請について利害関係を有するときは、当該審査官に当該変更申請に係る審査を担当させてはならない。
　(2)　審査の基準
　　ア　変更申請に係る変更後の特定農林水産物等が法第13条第1項第3号に該当するか否かの審査は、農林水産物等審査基準に従って行うものとする。
　　イ　変更申請に係る変更後の特定農林水産物等の名称が法第13条第1項第4号に該当するか否か及び変更申請者が同条第2項に該当するか否かの審査は、名称審査基準に従って行うものとする。
　　ウ　変更申請に係る変更後の生産行程管理業務が法第13条第1項第2号に該当するか否かの審査は、生産行程管理業務審査基準に従って行うものとする。
　(3)　現地調査の実施
　　ア　審査官は、審査に当たって必要があると認めるときは、変更申請者の承諾を得て、現地調査を行うものとする。
　　　なお、現地調査の実施に当たっては、審査官は、審査の公平性が疑われることがないようにしなければならない。
　　イ　新事業創出課長は、変更申請者に対し、現地調査の実施に先立って、別記様式26により現地調査の実施について通知するものとする。
　　ウ　審査官は、現地調査の実施においては、変更申請に係る特定農林水産物等の生産や登録生産行程管理業務の実施状況の視察、審査に必要な事

項についての聞き取りその他の必要な調査を行うものとする。
　⑷　自主補正の促し
　　ア　審査官は、法第９条第１項の規定により提出された意見書の内容及び審査を踏まえ、変更申請書、明細書又は生産行程管理業務規程の記載内容を補正することが適当であると認めるときは、その記載内容について、変更申請者に対し、別記様式27により自主的な補正を求めることができる。ただし、当該補正が、変更申請書、明細書又は生産行程管理業務規程の記載内容を実質的に変更しないものである場合には、変更申請者又はその代理人に確認の上、審査官の職権により補正の処理をすることができる。
　　イ　変更申請者は、別記様式28により補正を行うものとする。なお、審査官は、前記アの補正を求めるに当たっては、審査の迅速な実施の観点から、補正事項の指摘をまとめて行うよう努めなければならない。

５　学識経験者の意見の聴取
　審査官は、法第11条第１項の規定による学識経験者の意見聴取を行うものとする。ただし、変更申請の対象となる事項が登録に係る特定農林水産物等の名称である場合には、前記４の審査を終えた後、前記１・⑷の名称の審査を再度経た上で、法第11条第１項の規定による学識経験者の意見聴取を行うものとする。
　これらの場合において、当該意見聴取は、審査会開催要領に従って行うものとする。

６　公示後の取下げ等
　⑴　公示後の変更申請の取下げ又は変更申請の却下
　　前記２の変更申請の公示があった後、当該変更申請の取下げ又は当該変更申請の却下があった場合には、
　　ア　変更申請の取下げの場合には、①から⑥までの事項を農林水産省のウェブサイトに掲載するものとする。
　　　①　変更申請の番号及び受付年月日
　　　②　登録生産者団体の名称及び住所並びに登録生産者団体の代表者（法人でない登録生産者団体の場合は、代表者又は管理人）の氏名
　　　③　登録番号及び登録の年月日
　　　④　登録に係る特定農林水産物等の区分
　　　⑤　登録に係る特定農林水産物等の名称
　　　⑥　変更申請の取下げがあった旨
　　イ　変更申請の却下の場合には、①から⑦までの事項を農林水産省のウェブサイトに掲載するものとする。
　　　①　変更申請の番号及び受付年月日
　　　②　登録生産者団体の名称及び住所並びに登録生産者団体の代表者（法

　　　　人でない登録生産者団体の場合は、代表者又は管理人）の氏名
　　　③　登録番号及び登録の年月日
　　　④　登録に係る特定農林水産物等の区分
　　　⑤　登録に係る特定農林水産物等の名称
　　　⑥　変更申請を却下する旨
　　　⑦　変更申請の却下理由
　(2)　公示後の実質補正
　　ア　前記2の変更申請の公示があった後、変更申請者が変更申請書、明細書又は生産行程管理業務規程の記載内容を実質的に変更した場合には、規則第11条の規定に基づき、前記2から5までの手続を行うものとする。
　　イ　前記アの場合における前記2の変更申請の公示は、①から⑩までの事項を農林水産省のウェブサイトに掲載することによって行う。
　　　①　変更申請の番号及び受付年月日
　　　②　登録生産者団体の名称及び住所並びに登録生産者団体の代表者（法人でない登録生産者団体の場合は、代表者又は管理人）の氏名
　　　③　登録生産者団体のウェブサイトのアドレス
　　　④　登録番号及び登録の年月日
　　　⑤　登録に係る特定農林水産物等の区分
　　　⑥　登録に係る特定農林水産物等の名称
　　　⑦　登録に係る特定農林水産物等の写真
　　　⑧　再公示をする旨及び実質補正がされた事項
　　　⑨　再公示の年月日
　　　⑩　法第8条第2項の規定による変更申請書等の縦覧期間及び法第9条第1項の規定による意見書提出期間

7　変更の登録又は変更の登録の拒否
　(1)　審査結果の取りまとめ
　　　審査官は、前記5の学識経験者の意見の聴取の後、審査の結果を取りまとめるものとする。
　　　審査官は、変更申請の対象となる事項が登録に係る特定農林水産物等の名称である場合には、当該変更申請に係る変更後の登録に係る特定農林水産物等の名称と同一又は類似の商標が商標登録を受けることがないよう、前記5の学識経験者の意見の聴取の後、速やかに審査の結果を取りまとめなければならない。
　(2)　変更の登録
　　ア　審査の結果、法第13条第1項第2号から第4号までに掲げる登録拒否事由が認められない場合には、規則別記様式第3号により、変更申請の対象となる登録に係る特定農林水産物等登録簿に変更の登録の年月日及び変更の登録に係る事項の概要を記載するとともに、変更の登録に係

る事項に対応する当該特定農林水産物等登録簿の記録部に①及び②の事項を記載する。
　　　① 変更の登録の年月日
　　　② 変更の登録に係る事項
　　イ　また、法第12条第3項の規定により、変更申請者に対し、別記様式29により変更の登録の通知をするとともに、前記ア・①及び②の事項、登録生産者団体の名称及び住所及び登録生産者団体の代表者（法人でない登録生産者団体の場合は、代表者又は管理人）の氏名、登録生産者団体のウェブサイトのアドレス、登録番号及び登録の年月日、登録に係る特定農林水産物等の区分、登録に係る特定農林水産物等の名称並びに登録に係る特定農林水産物等の写真を農林水産省のウェブサイトに掲載して公示を行う。
　　ウ　変更申請者(登録に係る特定農林水産物等の名称を変更した場合に限る。)に対し、規則別記様式第4号により作成した特定農林水産物等登録証を交付するものとする。
　(3) 登録の拒否
　　ア　審査の結果、法第13条第1項第2号から第4号までに掲げる登録拒否事由が認められる場合には、同条第3項の規定に基づき、変更申請者に対し、別記様式22により変更の登録の拒否及びその理由を通知する。
　　イ　変更の登録の拒否をした場合には、①から⑦までの事項を農林水産省のウェブサイトに掲載するものとする。
　　　① 変更申請の番号及び受付年月日
　　　② 登録生産者団体の名称及び住所並びに登録生産者団体の代表者（法人でない登録生産者団体の場合は、代表者又は管理人）の氏名
　　　③ 登録番号及び登録の年月日
　　　④ 登録に係る特定農林水産物等の区分
　　　⑤ 登録に係る特定農林水産物等の名称
　　　⑥ 変更の登録を拒否する旨
　　　⑦ 変更の登録の拒否理由

8　変更申請を不要とする場合
　　例えば以下の場合のように、登録生産者団体が明細書の内容を変更する場合において、当該明細書の変更が登録事項（法第7条第1項第3号から第8号までに掲げる事項に限る。）に反しない内容であるときは、変更申請を不要とする。
　　　例：生産の方法として「糖度15％以上であることを糖度計で確認すること」が登録されていたところ、明細書における生産の方法を「糖度15％以上であることを糖度計で確認すること」から「糖度16％以上であることを糖度計で確認すること」に変更する場合

第5　法第17条第2項の規定による変更の登録
 1　届出
　　法第17条第1項の規定による届出は、別記様式30により、行うものとする。

 2　変更の登録
　⑴　前記1の届出があった場合は、規則別記様式第3号により、届出の対象となる登録に係る特定農林水産物等登録簿に変更の登録の年月日及び変更の登録に係る事項の概要を記載するとともに、当該特定農林水産物等登録の「登録生産者団体の記録部」に①及び②の事項を記載する。
　　①　変更の登録の年月日
　　②　変更の登録に係る事項
　⑵　前記⑴の手続が終了した場合には、法第17条第3項の規定により、前記⑴・①及び②の事項、登録番号及び登録の年月日、登録に係る特定農林水産物等の区分並びに登録に係る特定農林水産物等の名称を農林水産省のウェブサイトに掲載して公示を行う。

第6　審査資料等
 1　審査官は、申請又は変更申請1件ごとに、申請書（変更申請書）、添付書類、提出された意見書、学識経験者の意見の聴取に関する資料その他審査資料を保管するものとする。
 2　審査官は、当該申請（変更申請）の審査経過を記録するものとする。

第7　特定農林水産物等登録簿の謄写等
 1　特定農林水産物等登録簿の謄写
　　特定農林水産物等登録簿の謄写を求められた場合には、これを認めるものとする。

 2　登録を受けた特定農林水産物等に関する証明の請求
　　登録を受けた特定農林水産物等に関する証明を求められた場合には、別記様式31により、登録の証明を行うものとする。

[別記様式1]

登録の申請の受付について

申請農林水産物等の区分

申請農林水産物等の名称

上記の農林水産物等の登録の申請を受付けましたのでお知らせします。

1 登録の申請の番号
　第　　　　　　号

2 登録の申請の年月日
　平成　　年　　月　　日

〒100-8950　東京都千代田区霞が関1丁目2番1号
農林水産省　食料産業局　新事業創出課
電話 (代) 03-3502-8111 (内) 4286

【別記様式の一覧】

別記様式1　受付の通知
別記様式2　補正通知書（形式補正）
別記様式3　補正書（形式補正）
別記様式4　登録の申請の却下の通知
別記様式5　法第13条第1項第1号に規定する欠格条項に関する申告書
別記様式6　登録の拒否の通知
別記様式7　意見書の提出とみなす旨の通知
別記様式8　取下書
別記様式9　取下手続の完了の通知
別記様式10　意見書の写しの送付についての通知
別記様式11　申請農林等の写しの送付についての通知
別記様式12　現地調査の実施についての通知
別記様式13　補正通知書（実質補正）
別記様式14　補正書（実質補正）
別記様式15　登録の通知
別記様式16　登録免許税領収証書添付様式
別記様式17　受付の通知（変更の登録の申請）
別記様式18　補正通知書（形式補正・変更の申請）
別記様式19　補正書（形式補正・変更の申請）
別記様式20　変更の登録の申請の却下の通知
別記様式21　法第13条第1項第1号に規定する欠格条項に関する申告書（変更の登録の申請）
別記様式22　変更の登録の拒否の通知
別記様式23　取下書（変更の登録の申請）
別記様式24　取下手続の完了の通知（変更の登録の申請）
別記様式25　意見書の写しの送付についての通知（変更の登録の申請）
別記様式26　現地調査の実施（実質補正・変更の申請）
別記様式27　補正通知書（実質補正・変更の申請）
別記様式28　補正書（実質補正・変更の申請）
別記様式29　変更の登録の通知
別記様式30　登録生産者団体の変更の届出書
別記様式31　登録の証明

別記様式2

番　号
年　月　日

申請者　殿

農林水産省食料産業局新事業創出課長

登録の申請の補正について

下記の登録の申請は、特定農林水産物等の名称の保護に関する法律（平成26年法律第84号）、特定農林水産物等の名称の保護に関する法律施行令（平成27年政令第227号）及び特定農林水産物等の名称の保護に関する法律施行規則（平成27年農林水産省令第58号）で定める方式に違反していますので、別紙の事項について、別紙の指示に従って、適切な補正をしてください。

記

1　登録の申請の番号及び年月日

2　申請農林水産物等の区分

3　申請農林水産物等の名称

別紙

登録の申請の補正を必要とする事項

登録の申請の番号及び年月日
申請農林水産物等の区分
申請農林水産物等の名称

上記登録の申請については、下記の補正が必要なので、下記の指示に従って、期限までに特定農林水産物等審査要領（平成27年5月29日付け27食産第679号食料産業局長通知）別記様式3の補正書により補正してください。

記

1　申請書に必要な次の事項について不記載又は記載不備であるため、当該事項を記載した補正書を提出してください。
提出部数　1通　提出期限　年　月　日（※）

補正対象事項	説明内容

2　申請に必要な次の書類が提出されていないため、当該書類を提出してください。
（1）（具体的に必要な書類の名称を記載）
提出部数　1通　提出期限　年　月　日（※）

（※）提出期限は、原則、通知施行日から30日後の日を記載すること。

第4部 法律、ガイドライン等

番　号
年　月　日

農林水産大臣　殿

申請者　　　　　　　　殿

農林水産大臣　　　　印

登録の申請の却下について

下記の登録の申請は、特定農林水産物等の名称の保護に関する法律（平成26年法律第84号）、特定農林水産物等の名称の保護に関する法律施行令（平成27年政令第227号）及び特定農林水産物等の名称の保護に関する法律施行規則（平成27年農林水産省令第58号）に従って行われなかったから不適法な申請であるため、却下します。

記

1　登録の申請の番号及び年月日

2　申請農林水産物等の区分

3　申請農林水産物等の名称

4　理由

この処分について不服があるときは、処分があったことを知った日の翌日から起算して60日以内に、行政不服審査法（昭和37年法律第160号）に基づく異議申立てをすることができます。
また、処分があったことを知った日から6か月以内に、行政事件訴訟法（昭和37年法律第139号）に基づく処分の取消しの訴えを提起できます。なお、処分があったことを知った日から6か月以内であっても、処分の日から1年を経過した場合には処分の取消しの訴えを提起することができません。

登録の申請の補正書

年　月　日

農林水産大臣　殿

申請者　住所
　　　　名称
　　　　代表者（又は管理人）の氏名　印
代理人　住所
　　　　氏名　印

下記の登録の申請を次のとおり補正します。

記

1　登録の申請の番号及び年月日

2　申請農林水産物等の区分

3　申請農林水産物等の名称

4　補正の通知の年月日

5　補正事項
　　（補正対象事項）
　　（補正の内容）

（備考）

1　申請書の記載事項に係る補正にあっては、「補正対象事項」欄には補正の通知における補正対象事項の記載事項を記載し、「補正の内容」欄には補正後の申請書の記載事項とする。補正対象事項が多岐にわたる場合にあっては、「補正の内容」欄に「別紙」と記載し、補正を行った申請書又は補正に係る記載を１通添付して補正の内容とすることができる。

2　書類の不添付に係る補正にあっては、「補正の内容」欄に、補正に係る書類名を記載し、欄に提出する書類名を記載のうえ、登録の申請の補正書に添付して補正する。

3　補正事項が２以上ある場合にあっては、補正事項ごとに「5　補正事項」の枝番号を付した上で、それぞれに「補正対象事項」欄及び「補正の内容」欄を設けて補正する。

特定農林水産物等審査要領　　239

別記様式6

　　　　　　　　　　　　　　　　　　　　　　　　番　　号
　　　　　　　　　　　　　　　　　　　　　　　　年　月　日

申請者　殿

　　　　　　　　　　　　　　　　　　　　農林水産大臣　　印

　　　　　　　　　登録の拒否について

下記の登録の申請については、特定農林水産物等の名称の保護に関する法律（平成26年法律第84号。以下「法」という。）第13条第1項第　号に該当するため、登録を拒否します。

記

1　登録の申請の番号及び年月日

2　申請農林水産物等の区分

3　申請農林水産物等の名称

4　拒否理由
　（1）該当する法の条項
　（2）拒否理由の説明

この処分について不服があるときは、処分があったことを知った日の翌日から起算して60日以内に、行政不服審査法（昭和37年法律第160号）に基づく異議申立てをすることができます。また、処分があったことを知った日から6か月以内に、国を被告として、行政事件訴訟法（昭和37年法律第139号）に基づく処分の取消しの訴えを提起できます。なお、処分があったことを知った日から6か月以内であっても、処分の日から1年を経過した場合には処分の取消しの訴えを提起することができません。

別記様式5

申告書

農林水産大臣　殿

　　　　　　　　　　　　　　　　　　　年　月　日

申請者　住所
　　　　名称
　　　　代表者（又は管理人）の氏名　　印

下記の登録の申請について、申請者は、特定農林水産物等の名称の保護に関する法律（平成26年法律第84号。以下「法」という。）第13条第1項第1号に、

□　該当します
　（理由）
　□　法第13条第1項第1号イ
　□　法第13条第1項第1号ロ（1）
　□　法第13条第1項第1号ロ（2）

□　該当しません

記

1　申請農林水産物等の区分

2　申請農林水産物等の名称

第4部 法律、ガイドライン等

取下書

　　　　　　　　　　　　　　　　　　　　　　年　月　日

農林水産大臣　殿

　　　　　　　　　　　　　申請者　住所
　　　　　　　　　　　　　　　　　名称
　　　　　　　　　　　　　　　　　代表者（管理人）の氏名　印

下記の登録の申請について、取り下げます。

記

1　登録の申請の番号及び年月日

2　申請農林水産物等の区分

3　申請農林水産物等の名称

　　　　　　　　　　　　　　　　　　　　　　　　　番　号
　　　　　　　　　　　　　　　　　　　　　　　　　年　月　日

申請者　殿

　　　　　　　　　　　　農林水産大臣　　印

登録の申請を意見書の提出とみなすことについて

　下記1の登録の申請は、特定農林水産物等の名称の保護に関する法律（平成26年法律第84号）第10条第1項各号のいずれにも該当するため、下記1の登録の申請を、下記2の登録の申請について同法第9条第1項の規定によりされた意見書の提出とみなします。

　なお、下記1の登録の申請についての審査手続は、下記2の登録の申請について、取下げ、登録の拒否又は登録があった後に、行われることになります。

記

1　意見書の提出とみなされる登録の申請

（1）登録の申請の番号及び年月日

（2）申請農林水産物等の区分

（3）申請農林水産物等の名称

2　意見書の提出の対象となる登録の申請

（1）登録の申請の番号及び年月日

（2）申請農林水産物等の区分

（3）申請農林水産物等の名称

別記様式9

番　号
年　月　日

申請者　殿

農林水産省食料産業局新事業創出課長

登録の申請の取下げについて

年　月　日付けで貴殿から申出のあった下記の登録の申請の取下げについては、その手続を完了いたしたのでお知らせいたします。

記

1　登録の申請の番号及び年月日

2　申請農林水産物等の区分

3　申請農林水産物等の名称

4　取下げの内容

別記様式10

番　号
年　月　日

申請者　殿

農林水産大臣　　　　印

意見書の写しの送付について

下記の登録の申請について、特定農林水産物等の名称の保護に関する法律（平成26年法律第84号）第9条第1項の規定による意見書の提出がありましたので、同条第2項の規定に基づき、当該意見書等の写しを送付いたします。

記

1　登録の申請の番号及び年月日

2　申請農林水産物等の区分

3　申請農林水産物等の名称

(施行注意)
1　申請者には、意見書及び意見書の添付書類を送付するものとする。
2　意見書及び意見書の添付書類の写しは、申請者の人数分を送付する。

第4部 法律、ガイドライン等

別記様式12

番 号
年 月 日

申請者 殿

農林水産省食料産業局知的財産課長

現地調査の実施について

貴殿の申請について下記により現地調査を行いますので、御了知ください。

記

1 登録の申請の番号及び年月日

2 申請農林水産物等の区分

3 申請農林水産物等の名称

4 調査年月日

5 調査担当者

6 調査場所

7 調査事項

番 号
年 月 日

申請者 殿

農林水産大臣 印

申請書等の写しの送付について

下記の登録の申請について、特定農林水産物等の名称の保護に関する法律（平成26年法律第84号）第10条第1項の規定により意見書の提出とみなされた登録の申請がありましたので、同法第9条第2項の規定に基づき、当該登録の申請書、明細書及び生産行程管理業務規程の写しを送付いたします。

記

1 登録の申請の番号及び年月日

2 申請農林水産物等の区分

3 申請農林水産物等の名称

（施行注意）
申請書、明細書及び生産行程管理業務規程の写しは、申請者の人数分送付する。

別記様式13

番　号
年　月　日

申請者　殿

農林水産省食料産業局新事業創出課長

登録の申請の補正について

下記の登録の申請は、別紙の事項について不備がありますので、別紙の指示に従って、適切な補正をしてください。

記

1　登録の申請の番号及び年月日

2　申請農林水産物の区分

3　申請農林水産物等の名称

別紙

登録の申請の補正を必要とする理由

登録の申請の番号及び年月日
申請農林水産物等の区分
申請農林水産物等の名称

上記の登録の申請については、下記の補正が必要なので、下記の指示に従って、期限までに特定農林水産物等審査要領（平成27年5月29日付け27食産第679号食料産業局長通知）別記様式14の補正書により補正してください。

記

申請書に必要な次の事項について記載不備があるため、当該事項を記載した補正書を提出してください。
提出部数　1通　　提出期限　年　月　日（※）

補正対象事項	説明内容

（※）提出期限は、原則、通知施行日から30日後の日を記載すること。

第4部　法律、ガイドライン等

様式第A13

番　号
年　月　日

申請者　殿

農林水産大臣　印

登録について

貴殿の登録の申請について、特定農林水産物等の名称の保護に関する法律（平成26年法律第84号）第12条第1項の規定に基づき、下記のとおり、登録をしましたので通知いたします。

記

1　登録番号

2　登録の年月日

3　登録に係る特定農林水産物等の区分

4　登録に係る特定農林水産物等の名称

登録の申請の補正書

年　月　日

農林水産大臣　殿

申請者　住所
　　　　名称
　　　　代表者（又は管理人）の氏名　印
代理人　住所
　　　　氏名　印

下記の登録の申請を次のとおり補正します。

記

1　登録の申請の番号及び年月日

2　申請農林水産物等の区分

3　申請農林水産物等の名称

4　補正の通知の年月日

5　補正事項
　（補正対象事項）

　（補正の内容）

（備考）
1　「補正対象事項」欄には、補正の通知における補正対象事項を記載し、「補正の内容」欄に補正後の申請書の記載事項を記載して補正する。補正対象事項が多岐にわたる場合にあっては、「補正の内容」欄に「別添」と記載し、補正を行った申請書を1通添付して補正の内容とすることができる。
2　補正事項が2以上ある場合にあっては、補正事項ごとに「5　補正事項」の「補正対象事項」欄及び「補正の内容」欄に、それぞれに「補正対象事項」欄及び「補正の内容」欄を設けて補正する。

特定農林水産物等審査要領

別記様式16

登録に係る登録免許税納付書

　　　　　　　　　　　　　　　　　年　月　日

農林水産大臣　殿

　　　　　　納付者　住所
　　　　　　　　　　名称
　　　　　　　　　　代表者（又は管理人）の氏名　印

記

　年　月　日付けで受けた登録について、登録免許税を納付しましたので、下記により、領収証書を提出します。

領収証書貼付欄

別紙

登録免許税の納付について

　貴殿の申請について登録をしましたので、登録免許税法（昭和42年法律第35号）の規定に基づき、登録免許税9万円を納付し、登録があった日から1か月を経過する日までに領収証書の原本を速やかに提出して下さい。
　なお、領収証書の原本の提出があるまでは、特定農林水産物等登録証は交付されませんので、御留意ください。

第4部 法律、ガイドライン等

別記様式18

番　号
年　月　日

変更の登録の申請者　殿

農林水産省食料産業局新事業創出課長

変更の登録の申請の補正について

下記の変更の登録の申請は、特定農林水産物等の名称の保護に関する法律（平成26年法律第84号）、特定農林水産物等の名称の保護に関する法律施行令（平成27年政令第227号）及び特定農林水産物等の名称の保護に関する法律施行規則（平成27年農林水産省令第58号）で定める方式に違反していますので、別紙の事項について、別紙の指示に従って、適切な補正をしてください。

記

1　変更の登録の申請の番号及び年月日

2　登録番号

3　登録に係る特定農林水産物等の区分

4　登録に係る特定農林水産物等の名称

変更の登録の申請の受付について

登録番号

登録に係る特定農林水産物等の区分

登録に係る特定農林水産物等の名称

上記の登録について、特定農林水産物等の名称の保護に関する法律（平成26年法律第84号）第15条第1項（第16条第1項）の規定による変更の登録の申請を受け付けましたのでお知らせします。

1　変更の登録の申請の番号

2　変更の登録の申請の年月日
　　平成　　年　　月　　日

〒100-8950　東京都千代田区霞が関1丁目2番1号
農林水産省　食料産業局　新事業創出課
電話（代）03-3502-8111（内）4286

特定農林水産物等審査要領

別記様式19

変更の登録の申請の補正書

　　　　　　　　　　　　　　　　年　月　日

農林水産大臣　殿

　　　　　変更申請者　住所
　　　　　　　　　　　名称
　　　　　　　　　　　代表者（又は管理人）の氏名　　印
　　　　　代理人　住所
　　　　　　　　　　　氏名　　印

下記の変更の登録の申請を次のとおり補正します。

記

1　変更の登録の申請の番号及び年月日
2　登録番号
3　登録に係る特定農林水産物等の区分
4　登録に係る特定農林水産物等の名称
5　補正の通知の年月日
6　補正事項
　（補正対象事項）
　（補正の内容）

（備考）
1　変更申請書の記載事項に係る補正にあっては、「補正対象事項」欄には補正の通知における補正対象事項を記載し、「補正の内容」欄には補正後の変更申請書の記載事項を記載して補正する。補正対象事項が多岐にわたる場合にあっては、「補正の内容」欄に「別添」と記載して補正を行った変更申請書を1通添付して補正とすることができる。
2　書類の不添付に係る補正にあっては、「補正対象事項」欄には補正の上、変更の登録に係る書類名を記載し、「補正の内容」欄に提出する書類名を記載して補正する。
3　補正事項が2以上ある場合においては、補正ごとに「6　補正事項」欄に「○」で枝番号を付した上で、それぞれに「補正対象事項」欄及び「補正の内容」欄を設けて補正する。

別記様式19

別紙

変更の登録の申請の補正を必要とする事項

変更の登録の申請の番号及び年月日
登録番号
登録に係る特定農林水産物等の区分
登録に係る特定農林水産物等の名称

上記変更の登録の申請については、下記の補正が必要なので、下記の指示に従って、期日までに特定農林水産物等審査要領（平成27年5月29日付け27食産第679号食料産業局長通知）別記様式19の補正書により補正してください。

記

1　変更申請書に必要な次の事項について不記載又は記載不備があるため、当該事項を記載した補正書を提出してください。
　　提出部数　1通　提出期限　年　月　日（※）

補正対象事項	説明内容

2　変更の登録の申請に必要な次の書類が提出されていないため、当該書類を提出してください。
　(1)（具体的に必要な書類の名称を記載）
　　提出部数　1通　提出期限　年　月　日（※）

（※）提出期限は、原則、通知施行日から30日後の日を記載すること。

別記様式21

申告書

年　月　日

農林水産大臣　殿

変更の登録の申請者　住所
　　　　　　　　　名称
　　　　　　　　　代表者（又は管理人）の氏名　　印

下記の変更の登録の申請について、変更の登録の申請者は、特定農林水産物等の名称の保護に関する法律（平成26年法律第84号。以下「法」という。）第15条第2項において準用する法第13条第1項第1号に、

□ 該当します
（理由）
　□ 法第13条第1項第1号イ
　□ 法第13条第1項第1号ロ（1）
　□ 法第13条第1項第1号ロ（2）

□ 該当しません

記

1　変更の登録の申請の番号及び年月日

2　登録番号

3　登録に係る特定農林水産物等の区分

4　登録に係る特定農林水産物等の名称

番　　号
年　月　日

変更の登録の申請者　殿

農林水産大臣　　印

変更の登録の申請の却下について

下記の変更の登録の申請は、特定農林水産物等の名称の保護に関する法律（平成26年法律第84号）、特定農林水産物等の名称の保護に関する法律施行令（平成27年政令第227号）及び特定農林水産物等の名称の保護に関する法律施行規則（平成27年農林水産省令第58号）に従って行われなかった不適法な申請であるため、却下します。

記

1　変更の登録の申請の番号及び年月日

2　登録番号

3　登録に係る特定農林水産物等の区分

4　登録に係る特定農林水産物等の名称

5　理由

この処分について不服があるときは、処分があったことを知った日の翌日から起算して60日以内に、行政不服審査法（昭和37年法律第160号）に基づく異議申立てをすることができます。
また、処分があったことを知った日から6か月以内に、行政事件訴訟法（昭和37年法律第139号）に基づく処分の取消しの訴えを提起できます。なお、処分があったことを知った日から6か月以内であっても、処分の日から1年を経過した場合には処分の取消しの訴えを提起することができません。

別記様式23

取下書

年 月 日

農林水産大臣　殿

変更の登録の申請者　住所
　　　　　　　　　名称
　　　　　　　　　代表者（管理人）の氏名　印

下記の変更の登録の申請について、取り下げます。

記

1　変更の登録の申請の番号及び年月日
2　登録番号
3　登録に係る特定農林水産物等の区分
4　登録に係る特定農林水産物等の名称

別記様式22

番　号
年　月　日

変更の登録の申請者　殿

農林水産大臣　印

変更の登録の拒否について

下記の変更の登録の申請については、特定農林水産物等の名称の保護に関する法律（平成26年法律第84号。以下「法」という。）第13条第1項第　号に該当するため、変更の登録を拒否します。

記

1　変更の登録の申請の番号及び年月日
2　登録番号
3　登録に係る特定農林水産物等の区分
4　登録に係る特定農林水産物等の名称
5　拒否理由
　（1）該当する法の条項
　（2）拒否理由の説明

この処分について不服があるときは、処分があったことを知った日の翌日から起算して60日以内に、行政不服審査法（昭和37年法律第160号）に基づく異議申立てをすることができます。
また、処分があったことを知った日から6か月以内に、国を被告として、行政事件訴訟法（昭和37年法律第139号）に基づく処分の取消しの訴えを提起できます。なお、処分があったことを知った日から6か月以内であっても、処分の日から1年を経過した場合には処分の取消しの訴えを提起することができません。

別記様式25

番　　号
年　月　日

変更の登録の申請者　殿

農林水産大臣

意見書の写しの送付について

下記の変更の登録の申請について、特定農林水産物等の名称の保護に関する法律（平成26年法律第84号）第9条第1項の規定による意見書の提出がありましたので、同条第2項の規定に基づき、当該意見書等の写しを送付いたします。

記

1　変更の登録の申請の番号及び年月日

2　登録番号

3　登録に係る特定農林水産物等の区分

4　登録に係る特定農林水産物等の名称

（施行注意）
1　変更の登録の申請者には、意見書及び意見書の添付書類の写しを送付するものとする。
2　意見書及び意見書の添付書類の写しは、変更の登録の申請者の人数分送付する。

別記様式24

番　　号
年　月　日

変更の登録の申請者　殿

農林水産省食料産業局新事業創出課長

変更の登録の申請の取下げについて

年　月　日付けで貴殿から申出のあった下記の変更の登録の申請の取下げについては、その手続を完了しましたのでお知らせいたします。

記

1　変更の登録の申請の番号及び年月日

2　登録番号

3　登録に係る特定農林水産物等の区分

4　登録に係る特定農林水産物等の名称

5　取下げの内容

別記様式27

番　号
年　月　日

変更の登録の申請者　殿

農林水産省食料産業局新事業創出課長

変更の登録の申請について

下記の変更の登録の申請について、別紙の事項について不備がありますので、別紙の指示に従って、適切な補正をしてください。

記

1　変更の登録の申請の番号及び年月日

2　登録番号

3　登録に係る特定農林水産物等の区分

4　登録に係る特定農林水産物等の名称

別記様式26

番　号
年　月　日

変更の登録の申請者　殿

農林水産省食料産業局新事業創出課長

現地調査の実施について

貴殿の変更の登録の申請について下記により現地調査を行いますので、御了知ください。

記

1　変更の登録の申請の番号及び年月日

2　登録番号

3　登録に係る特定農林水産物等の区分

4　登録に係る特定農林水産物等の名称

5　調査年月日

6　調査担当者

7　調査場所

8　調査事項

第4部 法律、ガイドライン等

別記様式28

変更の登録の申請の補正番

年　月　日

農林水産大臣　殿

変更の登録の申請者　住所
　　　　　　　　　　名称
　　　　　　　　　　代表者（又は管理人）の氏名　印
　　　　　　　　代理人　住所
　　　　　　　　　　　　氏名　印

下記の変更の登録の申請を次のとおり補正します。

記

1　変更の登録の申請の番号及び年月日

2　登録番号

3　登録に係る特定農林水産物等の区分

4　登録に係る特定農林水産物等の名称

5　補正の通知を受け取った年月日

6　補正事項
　（補正対象事項）

　（補正の内容）

（備考）
1　「補正対象事項」欄には、補正の通知書における補正対象事項を記載し、「補正の内容」欄に補正後の変更申請書の記載事項を記載して補正する。補正対象事項が多枚にわたる場合にあっては、「補正の内容」欄に「別添」と記載し、補正を行った変更申請書を1つ添付して補正の内容とすることができる。
2　補正事項が2以上ある場合にあっては、補正事項ごとに「6　補正事項」欄に（　）で枝番号を付した上で、それぞれに「補正対象事項」欄及び「補正の内容」欄を設けて補正する。

変更の登録の申請の番号及び年月日

登録番号

登録に係る特定農林水産物等の区分

登録に係る特定農林水産物等の名称

　上記の変更の登録の申請については、下記の補正が必要なので、下記の指示に従って、期限までに特定農林水産物等審査要領（平成27年5月29日付け27産第679号食料産業局長通知）別記様式28の補正書により補正してください。

記

変更申請書に必要な次の事項について記載不備があるため、当該事項を記載した補正書を提出してください。
提出部数：1通　　提出期限　年　月　日（※）

補正対象事項	説明内容

（※）提出期限は、原則、通知施行日から30日後の日を記載すること。

特定農林水産物等審査要領

別記様式29

変更の登録の申請者　殿

番　号
年　月　日

農林水産大臣　　　印

変更の登録について

貴殿の変更の登録の申請について、特定農林水産物等の名称の保護に関する法律（平成26年法律第84号）第12条第1項の規定に基づき、下記のとおり、変更の登録をしましたので通知いたします。

記

1　登録番号

2　登録に係る特定農林水産物等の区分

3　登録に係る特定農林水産物等の名称

4　変更の登録の年月日

5　変更の登録に係る事項

別紙

登録免許税の納付について（※）

貴殿の申請について生産者団体を追加する変更の登録をしましたので、登録免許税法（昭和42年法律第35号）の規定に基づき、登録免許税9万円を納付し、変更の登録があった日から1か月を経過する日までに領収証書の原本を速やかに提出してください。

なお、領収証書の原本の提出があるまでは、特定農林水産物等登録証は交付されませんので、御留意下さい。

（※）本別紙は、特定農林水産物等の名称の保護に関する法律第15条第1項の変更の登録の場合にのみ添付すること。

254

第4部　法律、ガイドライン等

特定農林水産物等の登録の証明

下記のとおり、特定農林水産物等の名称の保護に関する法律（平成26年法律第84号）第6条の登録がされていることを証明する。

年　月　日

農林水産省食料産業局新事業創出課長

記

1　登録番号及び登録の年月日
2　登録に係る特定農林水産物等の区分
3　登録に係る特定農林水産物等の名称
4　登録生産者団体
　（名称）
　（住所）
　（代表者（管理人）の氏名）

登録生産者団体の変更の届出書

農林水産大臣　殿

年　月　日

登録生産者団体　住所
　　　　　　　　名称
　　　　　　　　代表者（管理人）の氏名　印

特定農林水産物等の名称の保護に関する法律（平成26年法律第84号）第17条第1項の規定に基づき、下記のとおり届け出ます。

記

1　登録番号
2　登録に係る特定農林水産物等の区分
3　登録に係る特定農林水産物等の名称
4　変更前の登録生産者団体の名称等
　（登録生産者団体の名称）
　（登録生産者団体の住所）
　（代表者（管理人）の氏名）
5　変更後の登録生産者団体の名称等
　（登録生産者団体の名称）
　（登録生産者団体の住所）
　（代表者（管理人）の氏名）
6　変更の理由
7　変更の年月日

特定農林水産物等審査要領

【別添の一覧】

別添1　形式補正の指針
別添2　団体審査基準
別添3　名称審査基準
別添4　農林水産物等審査基準
別添5　生産行程管理業務審査基準
別添6　形式補正の指針（変更の登録の申請）

別添1

形式補正の指針

　登録の申請が、次のいずれかに該当せず、法、令及び規則に従って行われていない場合には、特定農林水産物等審査要領（以下単に「審査要領」という。）第2・1・(2)に従い、申請の自主補正を促し、又は軽微な違反については職権により処理するものとする。

第1　申請書
1　様式等
　規則別記様式第1号により作成されていること。

2　申請書を提出する者
（1）代理人により申請をする場合、代理人全員の氏名又は名称及び住所又は居所が記載され、押印されていること。
　　なお、「代理人」の「□」欄にチェックが適切に入れられていない場合については、軽微な違反として処理することができる。
（2）代理人が法人である場合には、代表者の氏名が記載されていること。

3　申請者
（1）申請者全員の名称及び住所並びに代表者（管理人）の氏名が記載され、押印されていること。
　　申請者の名称及び住所並びに代表者（管理人）の氏名の記載に当たっては、外国語を用いることができるものとする。
　　ウェブサイトのアドレスについての記載は任意とする。
　　なお、「単独申請又は共同申請の別」の「□」欄にチェックが適切に入れられていない場合又は住所の記載が公簿上の表記どおりに正確に記載されていない場合については、軽微な違反として処理することができる。
（2）「申請者の法形式」欄には、例えば、「○○法に基づく法人」（申請者が法人である場合）、「法人でない団体」（申請者が法人でない場合）のように申請者の法形式がわかるよう記載されていること。
　　なお、「申請者の法形式」欄の記載に不備がある場合については、軽微な違反として処理することができる。

4　農林水産物等の区分
（1）「区分名」欄には、特定農林水産物等の名称の保護に関する法律第三条第二項の規定に基づき農林水産物等の区分等を定める件（平成27年農林水産省告示第1395号）の表の上欄に掲げる区分が正しく記載されていること。
　　「区分に属する農林水産物等」欄には、同表の下欄に掲げる区分に属する農林水産物等（最も具体的なもの）が正しく記載されていること。
（2）「区分名」欄に農林水産物等の区分が複数記載されていないこと。

農林水産物等の区分が複数記載されている場合においては、審査官は、申請者に対し、一つの農林水産物等の区分につき一つの申請とするように申請の自主補正を求めるものとする。
（3）一つの農林水産物等の区分内であれば、複数の生産の方法や特性（例：みかんの糖度について、早生のものは９度以上、通常のものは10度以上とする場合）を記載できるものとする。

5 農林水産物等の名称
　申請農林水産物等の名称が明瞭に記載されていること。
　申請農林水産物等の名称の記載に当たっては、ひらがな・カタカナ・漢字・ローマ字を相互に変換することや外国語を用いたりすることで、複数の表記法により記載することができるものとする。
　また、申請農林水産物等の日本国外への輸出を想定している場合は、輸出時に使用する名称についても併せて記載することができる。

6 農林水産物等の生産地
（1）申請農林水産物等の生産地について、その範囲が明確にわかるよう記載されていること。なお、申請書には、生産地の位置関係を示す図面を添付することができるものとする。
（2）申請農林水産物等の生産地の記載に当たって行政区画（申請時の行政区画のみならず、過去の行政区画でもよい。）が用いられる場合には、いつの時点における行政区画であるかが明確となっていること。

7 農林水産物等の特性
　申請農林水産物等の特性について、その内容が明確にわかるよう記載されていること。

8 農林水産物等の生産の方法
　申請農林水産物等の生産（法第２条第４項に規定される申請農林水産物等が出荷されるまでに行われる一連の行為のうち、申請農林水産物等に特性を付与し、又は申請農林水産物等の特性を保持するために行われる行為をいう。以下同じ。）の方法について、その行程の内容及び申請農林水産物等の最終製品としての形態（例：生鮮品、加工品等）が明確にわかるよう記載されていること。
　なお、ある自然的条件を備える地域において生産されることのみにより特性が付与又は保持される場合には、当該自然的条件を備えた地域で生産が行われている旨を記載すれば足りる。

9 農林水産物等の特性がその生産地に主として帰せられるものであることの理由
　申請農林水産物等の特性がその生産地に主として帰せられるものであることの理由について、その内容が明確にわかるよう記載されていること。

10 農林水産物等がその生産地において生産されてきた実績
　　申請農林水産物等の生産の開始時期及び生産期間の合計（生産期間に中断がある場合には、生産の開始時期、生産期間の合計及び中断期間）が記載されていること。なお、生産の開始時期等が明確にできない場合には、概括的な記載（例：江戸時代中期に生産が開始された）で足りるものとする。

11 法第13条第１項第４号ロ該当の有無等
（１）「該当する」又は「該当しない」の「□」欄にチェックがあること。
（２）「申請農林水産物等の名称は法第13条第１項第４号ロに該当する」欄にチェックがある場合には、該当する登録商標全部について、商標権者の氏名又は名称、登録商標、指定商品又は指定役務、商標登録の登録番号及び商標権の設定の登録（当該商標権の存続期間の更新登録があったときは、商標権の設定の登録及び存続期間の更新登録）の年月日が記載されていること。
　　また、この場合においては、「法第13条第２項該当の有無」の各「□」欄にチェックがあり、かつ、法第13条第２項各号のいずれかに応じて、該当する登録商標全部について、専用使用権の設定の有無、専用使用権者の氏名又は名称及び商標権者又は専用使用権者の承諾の年月日が記載されていること。

12 連絡先（文書送付先）
　　住所又は居所、宛名、担当者の氏名及び役職並びに電話番号が記載されていること。なお、ファックス番号及び電子メールアドレスについての記載は任意とする。

13 添付書類の目録
　　申請書の「添付書類の目録」の「□」欄にチェックが適切に入れられていること。

14 その他
（１）申請書に、①から③までの事項が記載されていないこと。
　　① 申請農林水産物等の販売価格等についての取決めに関する事項
　　② 競合規格の排除等に関する事項
　　③ ①及び②のほか、独占禁止法に抵触するおそれのある事項
（２）なお、申請書に前記（１）①から③までの事項が記載されているかどうか疑義があるときは、審査官は、公正取引委員会に対し、照会を行うものとする。

第２ 添付書類
１ 添付書類の目録
　　申請書の「添付書類の目録」の「□」欄のチェックと、添付書類が一致していること。なお、不足する添付書類がなく、「添付書類の目録」の「□」欄にチェックが適切に入れられていないことのみにとどまる場合には、軽微な違反として処理することができる。

2　明細書
　　次のいずれにも該当する明細書が添付されていること。
（１）前記第１・４から11まで及び14に準じて作成されていること。なお、法第７条第１項第４号から第６号までに掲げる事項については、申請書における記載内容の趣旨に反しない範囲で、申請書における記載内容に付加した内容を明細書における記載内容とすることができる。この場合においては、明細書には、明細書における当該記載内容が申請書における記載内容と異なる旨を記載すること。
（２）連絡先として、生産者団体（明細書の作成者）の連絡先（住所又は居所、宛名、担当者の氏名及び役職並びに電話番号）が記載されていること。なお、ファックス番号及び電子メールアドレスについての記載は任意とする。

3　生産行程管理業務規程
（１）次に該当する生産行程管理業務規程が添付されていること。
　　　申請者の生産行程管理業務について、その内容が明確にわかるよう記載されていること。なお、生産行程管理業務の全部又は一部を第三者に行わせる場合にあっては、その旨が記載されていること。
（２）生産行程管理業務の全部又は一部を第三者に行わせる場合にあっては、生産行程管理業務規程のほかに、委託契約書、法令の写しその他の当該第三者が行う生産行程管理業務が申請者が行ったものと同視できることを裏付ける書類が添付されていること。

4　委任状
　　代理人により申請をする場合には、委任状が添付されていること。

5　法第２条第５項に規定する生産者団体であることを証明する書類
（１）申請者が法人（法令において、加入の自由の定めがあるものに限る。）の場合には、登記事項証明書が添付されていること。
（２）申請者が法人（（１）の場合を除く。）の場合には、登記事項証明書及び定款その他の基本約款が添付されていること。
（３）申請者が法人でない場合には、定款その他の基本約款が添付されていること。

6　誓約書
　　申請者が外国の団体の場合には、「団体が法第21条各号に掲げる場合に該当することとなった場合において、農林水産大臣が当該団体に対し明細書又は生産行程管理業務規程の変更その他の必要な措置をとるべき請求をしたときは、これに応じる」ことを誓約する旨の誓約書が添付されていること。

7　法第13条第１項第１号に規定する欠格条項に関する申告書
　　審査要領別記様式５により作成された申告書が添付されていること。

8 法第13条第1項第2号ハに規定する経理的基礎を有することを証明する書類
　最近の事業年度における財産目録、貸借対照表、収支計算書又はこれらに類する書類が添付されていること。

9 法第13条第1項第2号ニに規定する必要な体制が整備されていることを証明する書類
　申請者の組織に関する規程、業務執行に関する規程、業務分担表又はこれらに類する書類が添付されていること。

10 申請農林水産物等が特定農林水産物等に該当することを証明する書類
（1）申請農林水産物等の生産地、特性及び生産の方法、当該特性が当該生産地に主として帰せられるものであること並びに申請農林水産物等がその生産地において生産されてきた実績を証明する書類（例えば、生産地の範囲を裏付ける書類、特性を裏付ける科学的なデータが記載された書類、新聞、著作物、ウェブサイト、生産の方法を撮影した静止画や動画、申請農林水産物等の名称のこれまでの使用経緯・由来に関する書類等）が添付されていること。
（2）なお、申請書には、前記（1）の他に、申請農林水産物等の審査に資する一切の書類（例えば、外国の地理的表示保護制度において保護を受けていることを証明する書類）を添付することができるものとする。

11 申請農林水産物等の写真
　申請農林水産物等を撮影した写真が1葉添付されていること。

12 商標権者等の承諾を証明する書類
　法第13条第1項第4号ロに該当する場合には、同条第2項各号の規定に応じて、商標権者又は専用使用権者の承諾を証明する書類が添付されていること。

13 翻訳文
　前記4から10まで及び12による各添付書類が外国語により作成されている場合には、翻訳文が添付されていること。

別添2

団体審査基準

　申請者が、次のいずれにも該当する場合には、法第2条第5項及び規則第1条に規定する生産者団体の定義を満たすものとする。
1　団体の形式
（1）次に掲げる団体のいずれかに該当すること（括弧内の法律は団体の設立根拠法）。
　　　なお、団体の構成員となる生産業者は一でもよいが、生産業者自身が申請者となることはできない。
　　①　事業協同組合（中小企業等協同組合法）
　　②　協同組合連合会（中小企業等協同組合法）
　　③　農業協同組合（農業協同組合法）
　　④　農業協同組合連合会（農業協同組合法）
　　⑤　森林組合（森林組合法）
　　⑥　森林組合連合会（森林組合法）
　　⑦　漁業協同組合（水産業協同組合法）
　　⑧　水産加工業協同組合（水産業協同組合法）
　　⑨　漁業協同組合連合会（水産業協同組合法）
　　⑩　特定非営利活動法人（特定非営利活動促進法）であって生産業者を直接又は間接の構成員（以下単に「構成員」という。）とするもの
　　⑪　株式会社（会社法）であって生産業者を構成員とするもの
　　⑫　一般社団法人（一般社団法人及び一般財団法人に関する法律）であって生産業者を構成員とするもの
　　⑬　法人でない団体（代表者又は管理人の定めのあるものに限る。）であって生産業者を構成員とするもの
　　⑭　①から⑬までのほか、生産業者を構成員とする団体
　　⑮　①から⑭までに相当する外国の団体
（2）前記（1）の審査は、申請書に添付された登記事項証明書又は定款その他の基本約款によって行うものとする。

2　加入の自由
（1）法令又は定款その他の基本約款において、正当な理由（※1）がないのに、構成員たる資格を有する者の加入を拒み、又はその加入につき現在の構成員が加入の際に付されたよりも困難な条件を付してはならない旨の定めがあること。

　　（※1）「正当な理由」がある場合とは、例えば、次の場合をいうものとする。
　　　　①　当該団体の設立根拠法において、構成員の除名事由が定められている場合において、加入しようとする者が除名事由に該当する行為を現にしているか、若しくはすることが客観的に明らかであるとき又は除名された者が、除名事由を解消す

ることなく、除名後直ちに加入しようとするとき
　② 加入しようとする者が当該団体の業務を不当に妨害していた場合
　③ 当該団体の総会の会日の相当の期間前から総会が終了するまでの間に加入しようとする場合
　④ 特定農林水産物等の特性を付与又は保持するために必要十分と認められる範囲内で生産者団体の加入資格に制限を設ける場合
　一方、「正当な理由」がない場合とは、例えば、次の場合をいうものとする。
　ⅰ　不当に多額の加入手数料を支払わせる場合
　ⅱ　単に事業能力の有無、身分関係、性別等を考慮する場合
　ⅲ　団体が提供する役務等の専属利用契約を締結させる場合
　ⅳ　法律又は定款に定める出資義務を超える口数の出資を引き受けさせる場合
　ⅴ　特定農林水産物等の特性を付与又は保持するために必要十分な範囲を超えて生産者団体の加入資格に制限を設ける場合（例：特性を付与又は維持するのとは無関係な特定の資格・施設設備等を有している者であることを加入資格としている場合）

（2）前記（1）の審査は、法人の設立根拠法又は定款その他の基本約款によって行うものとする。

3　遵守事項
（1）申請者が外国の団体の場合には、当該団体が法第21条各号に掲げる場合に該当する場合において、農林水産大臣が当該団体に対し明細書又は生産行程管理業務規程の変更その他の必要な措置をとるべき旨の請求をしたときは、これに応じること。
（2）前記（1）の審査は、申請書に添付された誓約書によって行うものとする。

別添3

名称審査基準

第1　通則
1　申請農林水産物等の名称は、申請農林水産物等の名称として使用されてきた名称であって、法第2条第2項各号に掲げる事項を特定することができるものであれば足り、地名を含む名称、地名を含まない名称のいずれであってもよい。

　　なお、地名を含まない名称の審査に当たっては、当該名称が、需要者により、申請農林水産物等の生産地を認識出来るものでない場合には、上記の「特定することができる名称」に該当しないこととなる旨特に留意するものとする。

2　地名を含む名称の場合、当該地名は、過去の行政区画名や旧国名等でもよく、現在の行政区画名に限られない。

　　また、地名が指し示す地理的範囲と申請農林水産物等の生産地の地理的範囲とは、必ずしも一致している必要はない。

第2　法第13条第1項第4号イ該当性の基準
1　申請農林水産物等の名称が、後記（1）又は（2）の名称に該当する場合には、法第13条第1項第4号イに該当するものとする。
（1）普通名称
　　ア　普通名称とは、その名称が我が国において、特定の場所、地域又は国を生産地とする農林水産物等を指称する名称ではなく、一定の性質を有する農林水産物等一般を指す名称（例：さつまいも、高野豆腐、カマンベール、Sweet potato等）をいう。

　　　　なお、農林水産物等の生産地の範囲に争いがある名称であっても、当該生産地に地理的限定があることが明らかな場合は、普通名称に含まれないものとする。
　　イ　以下の名称は、アの普通名称に該当するものとする。
　　（ア）普通名称をローマ字又は仮名文字（平仮名・片仮名）で表示した名称（例：サツマイモ、Satsumaimo等）
　　（イ）辞典、新聞、ウェブサイト等の記載を総合的に勘案し、農林水産物等の種類一般を指称すると認められる名称
（2）申請農林水産物等について法第2条第2項各号に掲げる事項を特定することができない名称

　　以下の場合は、申請農林水産物等について法第2条第2項各号に掲げる事項を特定することができない名称に該当するものとする。
　　ア　申請農林水産物等の名称が、動物又は植物の品種名と同一の名称であって、申請農林水産物等の生産地について需要者に誤認を生じさせるおそれがあるものである場合

　　　　なお、需要者に誤認を生じさせるか否かの判断に当たっては、申請農林水産物等の生産地以外の地域における当該品種の生産実態を考慮するものとする。

イ　申請農林水産物等の名称が、他人の商品等表示（不正競争防止法第2条第1項第1号に規定する商品等表示をいう。ウにおいて同じ。）として需要者の間に広く認識されている商標と同一又は類似の名称であって、その商品若しくは役務又はこれらに類似する商品若しくは役務について使用をするものである場合

ウ　申請農林水産物等が、他人の著名な商品等表示と同一又は類似の名称である場合

エ　登録を受けるために新たな名称を定め、この新規名称を申請農林水産物等の名称とする場合

オ　アからエまでに掲げるもののほか、需要者が、申請農林水産物等の名称から、当該申請農林水産物等について法第2条第2項各号に掲げる事項を認識できない場合

2　既に登録を受けている特定農林水産物等の名称と同一の名称の取扱い

　　申請農林水産物等の名称が既に登録を受けている特定農林水産物等の名称と同一の名称の場合、当該申請農林水産物等の名称が、当該申請農林水産物等について法第2条第2項各号に掲げる事項を特定できる名称であれば、登録できるものとする。

　　ただし、この場合においては、当該申請農林水産物等の名称の使用実績を裏付ける資料等を参考にして、慎重に判断を行わなければならない。

3　複数名称の登録

（1）以下の場合には、一つの登録において、複数の名称を登録できるものとする。

ア　農林水産物等の区分及び基準（生産地・特性・生産の方法）が一つの場合において、申請農林水産物等の名称をひらがな、カタカナ、漢字又はアルファベットで表示した名称を複数登録するとき

　　例：リンゴについて、「○○りんご」と「○○リンゴ」の二つの名称で一つの登録をする場合

イ　農林水産物等を指称する名称として認知されている名称が複数あるが、農林水産物等の区分及び基準（生産地・特性・生産の方法）が一つの場合

　　例：あるミカンを指呼する名称として、「○○みかん」及び「△△みかん」の二つの名称が認知されている場合において、この二つの名称で一つの登録をする場合

（2）一方、以下の場合には、一つの登録において、複数の名称を登録することはできないものとし、複数の名称を登録するためには複数の登録を要するものとする。

ア　農林水産物等の基準（生産地・特性・生産の方法）が複数あるが、複数ある農林水産物等の名称のうち一部の名称が、これらの基準に係る農林水産物等全てを指称する名称と認知されていない場合

　　例：同じ生産地で栽培される同じ品種の「○○いちご」のうち、糖度が高いイチゴのみが「△△いちご」と呼ばれる場合において、この二つの名称で一つの登録をしようとする場合（「△△いちご」の名称は、糖度が低いイチゴを指称する名称とは認知されていない。）

イ　農林水産物等の区分が複数ある場合

第３　法第13条第１項第４号ロ該当性の基準等
　１　法第13条第１項第４号ロ該当性の基準
　　　商標、商品及び役務の類否の判断は、原則、商標審査基準に従うものとする。なお、類否の判断に疑義があるときは、審査官は、特許庁に対し、照会を行うものとする。

　２　法第13条第２項各号該当性の審査
　（１）商標権者又は専用使用権者の承諾の有無の審査は、申請書に添付された商標権者等の承諾を証明する書面によって行うものとする。
　（２）なお、審査官は、特許庁に対し、商標権及び専用使用権の設定状況について、照会を行うものとする。

別添4

農林水産物等審査基準

第1 生産地・特性・生産の方法について
 1 生産地
（1）生産地とは、農林水産物等に特性を付与又は保持するために行われる行為（生産）が行われる場所、地域又は国をいう。
　　　生産地の範囲は、申請時の行政区画のみならず、過去の行政区画を用いても定めることができる。
　　　生産地の範囲が、特性を付与又は保持するために必要十分な範囲となっておらず、過大や過小である場合には、生産地として認められない。
（2）生産地の範囲の審査に当たっては、申請農林水産物等の生産が行われている範囲、特性に結び付く自然的条件を有する地域の範囲、申請農林水産物等の生産業者の所在地の範囲等を総合的に考慮するものとする。
　　　なお、申請農林水産物等が加工品の場合については、原材料が生産された地（原料生産地）と加工品が生産された地（加工地）が異なる場合がありうるが、この場合においては、申請農林水産物等に特性を付与又は保持するために行われる行為が行われる場所を生産地（例：加工によって特性が付与等される場合には加工地を生産地とする）として審査する。この場合において、原料生産地又は加工地の範囲を限定する場合には、これを生産の方法として記載することができるものとする（例：加工地が生産地となる場合において、原料生産地を特定の都道府県に限定するときは、生産の方法を「〇〇県産の原料を使用すること」とする）。

 2 特性
（1）特性とは、品質、社会的評価その他の確立した特性をいう。
　　　特性については、申請書や明細書において、抽象的に「おいしい」、「すばらしい」、「味が良い」、「美しい」と記載するのではなく、①から⑤までの要素を踏まえて、同種の農林水産物等と比較して差別化された特徴が説明されていなければならない。
　　① 物理的な要素（大きさ、形状、外観、重量、密度等）
　　② 化学的な要素（添加物の有無、残留農薬の有無、酸味、糖度、脂肪分、ｐＨ等）
　　③ 微生物学的な要素（酵母、細菌の有無等）
　　④ 官能的な要素（食味、色、香り、食感、手触り、風味、水分等）
　　⑤ その他
（2）社会的評価の審査に当たっては、過去の評判及び現在の評判（過去、現在における受賞歴）並びにこれらの評判を有することになった要因に係る資料（技術的・科学的データ、新聞、著作物、ウェブサイト等）により判断を行うものとする。

 3 生産の方法

（1）生産とは、農林水産物等が出荷されるまでに行われる一連の行為のうち、農林水産物等に特性を付与又は保持するために行われる行為をいう。
　　生産の方法が、特性を付与し、又は保持するために必要十分なものとなっておらず、特性の付与又は保持の点からみて過剰であったり、不足したりする場合には、生産の方法として認められない（※）。
（2）ある自然的条件を備える地域において生産されることのみにより特性が付与又は保持される場合には、当該自然的条件を備えた地域で生産が行われていることを生産の方法とする。

※　例えば、生産の方法として、使用する品種、育種選抜方法、栽培条件（施肥、土壌改良、栽植密度、病害対策、規模）、収穫条件（収穫時期、収穫方法、等級仕分け等）、肥育方法（餌、離乳、授乳、と畜の時期）、加工方法（乾燥、発酵、調理等）、出荷方法（製品の重量、ランク等）等が考えられる。

4　その他
　　複数の特性（例：みかんの糖度について、早生のものは9度以上、通常のものは10度以上とする場合）がある場合であっても、対象農林水産物等が一つの区分に収まる場合には、一登録とした上で、そのような複数の基準を設けることができるものとする。

第2　法第13条第1項第3号イ該当性の基準
　　申請農林水産物等が後記1又は2に該当する場合には、法第13条第1項第3号イに該当するものとする。
1　農林水産物等でないとき
（1）申請農林水産物等が次のいずれかに該当する場合には、農林水産物等には該当しない。
　　ア　食用の農林水産物、観賞用の植物、工芸農作物、立木竹、観賞用の魚、真珠、飼料（農林水産物を原料又は材料として製造し、又は加工したものに限る。）、漆、竹材、精油、木炭、木材、畳表、生糸のいずれにも該当しない場合
　　イ　酒類（酒税法第2条第1項）の場合
　　ウ　医薬品（医薬品、医療機器等の品質、有効性及び安全性の確保等に関する法律第2条第1項）、医薬部外品（同条第2項）、化粧品（同条第3項）又は再生医療等製品（同条第9項）のいずれかである場合
（2）審査官は、前記（1）・ウの判断に当たっては、申請農林水産物等が薬効を謳った場合に医薬品等に該当しうる可能性がある点に留意しなければならない。
（3）なお、前記（1）・イ又はウの判断に疑義があるときは、審査官は、国税庁又は厚生労働省に対し、照会を行うものとする。

2　法第2条第2項各号に掲げる事項を満たさないとき
（1）「特定の場所、地域又は国を生産地とするものであること」

申請農林水産物等の生産地の範囲が一定の範囲に画定されている場合には、特定の場所、地域又は国が生産地となっているものとする。
（２）「品質、社会的評価その他の確立した特性が前記（１）の生産地に主として帰せられるものであること」
　　後記ア及びイを満たさなければ、「品質、社会的評価その他の確立した特性が前記（１）の生産地に主として帰せられるものであること」を満たさないものとする。
　ア　確立した特性
　（ア）確立した特性があるとは、申請農林水産物等が同種の農林水産物等（特定農林水産物等の名称の保護に関する法律第三条第二項の規定に基づき農林水産物等の区分等を定める件（平成27年農林水産省告示第1395号）の下欄に掲げる区分に属する農林水産物等をいう。以下同じ。）と比較して差別化された特徴を有しており、かつ、当該特徴を有した状態で、概ね25年生産がされた実績があることをいうものとする。
　　　　概ね25年とは、当該特徴を有した状態で行われた生産期間の合計が概ね25年あれば足りるということであり、25年間連続して生産がされたことまでは要せず、生産が中断された期間があってもよい。なお、例えば、ある産品について、Ａ基準による生産が25年以上継続されている場合において、申請前数年以内に、Ａ基準を改訂して、Ａ基準よりも厳しいＢ基準が設定されたときは、これまでＡ基準で生産されてきた実績を考慮すれば、当該産品は、同種の農林水産物等と差別化された状態で概ね25年以上の生産実績があることとなるので、上記要件を満たすことになる。
　（イ）申請農林水産物等が同種の農林水産物等と比較して差別化された特徴を有した状態となっているか否かを判断するに当たっては、申請農林水産物等の生産地・生産の方法・特性その他申請農林水産物等を特定するために必要な事項について、当該申請農林水産物等の生産業者の合意形成が十分に図られているかどうかを斟酌するものとする。
　イ　特性が生産地に主として帰せられるものであること
　（ア）特性が生産地に主として帰せられるものであるとは、生産地・生産の方法が特性と結び付いていることを矛盾なく合理的に説明できることをいう。
　　　　生産地と社会的評価との結び付きについては、申請農林水産物等が当該生産地で生産されてきた結果、高い評価を受けている場合に認められるものとし、申請農林水産物等の生産の方法と同様の方法で他の地域においても生産が行われており、その生産の方法で作られた物が特に高い評価を受けている場合等には、結び付きは認められないものとする。
　　　　生産地の範囲に争いがある等により申請農林水産物等の生産地の範囲が特定できない場合には、結び付きは認められないものとする。
　（イ）生産地・生産の方法と特性との結び付きがある場合とは、例えば、以下の場合をいう。
　　①　特性が、生産地の自然的条件（地形、土壌、気候、降水量、緯度等）により付与又は保持される場合

　　　　　例：生産地が比較的温暖な火山灰土壌となっており、この自然的条件により、他の地域と比較して高い糖度の果実が生産できる場合
　　　② 生産地に由来する伝統製法を生産の方法とし、当該生産の方法により特性が付与又は保持される場合
　　　　　例：ある地域に伝統的に伝わる発酵の方法により発酵食品を生産すると、他の地域の同種の発酵食品と比較して、アミノ酸や有機酸等を多く含有する発酵食品が生産できる場合
　　　　　例：ある地域の漁港に伝統的に伝わる処理の方法により魚を処理すると、他の地域の漁港において処理された同種の魚と比較して、鮮度が高いものが生産できる場合
　　　③ 生産の方法として採用されている個々の行程が、同種の農林水産物等の行程と同一又は類似のものであっても、行程を独自の選択をすることにより複数組み合わせることで同種の農林水産物等と差別化できている場合
　　　　　例：系統選抜を経た果実の種苗を用いて栽培し、〇〇県独自の防除基準を用いて管理し、糖度・酸度等について独自規格を用いて選果を行うことにより、他の地域の同種の果実と比較して高い糖度の果実を生産することができ、このような果実が安定的に生産されていることによって一定の社会的評価を受けている場合
　　　　　例：〇〇県内で歴代にわたって交配を続けてきた牛を素牛とし、出荷日齢や枝肉重量に基準を設けることで、〇〇県独自の生産行程とすることにより、他の地域の同種の牛肉と比較して皮下脂肪が少なく歩留まりが良い牛肉を生産できる場合
　（ウ）生産地が国とされている場合については、特に、国内で共通の自然的条件や生産の方法が認められるか否か、これらが申請農林水産物等の特性と結び付いているか否かについて、慎重に審査を行うものとする。

第３　法第13条第１項第３号ロ該当性の基準

１　農林水産物等の区分、生産地、生産の方法、特性を総合的に勘案し、申請農林水産物等が、既に登録を受けた特定農林水産物等と同一と判断できる場合（例：一つの農林水産物等について生産地の範囲を争っている場合）には、法第13条第１項第３号ロに該当する。

２　申請農林水産物等が、既に登録を受けた特定農林水産物等をめぐる他の申請に係る農林水産物等である場合（例：一つの農林水産物等について生産地の範囲を争っている場合）には、法第13条第１項第３号ロに該当する。

別添5

生産行程管理業務審査基準

第1 法第13条第1項第2号イ該当性の基準
 1 明細書における記載内容が、申請書における記載内容に実質的に反する場合には、法第13条第1項第2号イに該当するものとする。
   申請書における記載内容に実質的に反するとは、例えば、次のような場合をいう。
 （1）申請書に記載した生産の方法・特性の基準に満たない生産の方法・特性の基準を明細書の記載内容とする場合（例：ミカンの糖度について、申請書では糖度10度以上と記載し、明細書では糖度9度以上と記載する場合）
 （2）申請書に記載した生産の方法と比較して、特性の付与又は保持にとって必要十分な範囲を超える内容を明細書の記載内容とする場合（例：生産の方法として特定の餌を与えることを定めているが、当該特定の餌は特性の付与又は保持とは無関係な場合）
 （3）明細書に、①から③までの事項が記載されている場合
   ① 申請農林水産物等の販売価格等についての取決めに関する事項
   ② 競合規格の排除等に関する事項
   ③ ①及び②のほか、独占禁止法に抵触するおそれのある事項

 2 なお、明細書における記載内容が、申請書における記載内容に実質的に反しないのであれば、明細書における記載内容と申請書における記載内容が異なってもよい。
   申請書における記載内容に実質的に反しないとは、例えば、次のような場合をいう。
 （1）申請書に記載した特性よりも厳しい特性を明細書に記載する場合（例：ミカンの糖度について、申請書では糖度10度以上と記載し、明細書では糖度12度以上と記載する場合）
 （2）申請書における記載内容を詳細にした内容を明細書に記載する場合

第2 法第13条第1項第2号ロ該当性の基準
   生産行程管理業務規程で定める生産行程管理業務の方法が、規則第15条各号に掲げる基準に該当しない場合には、法第13条第1項第2号ロに該当するものとする。
 1 規則第15条第1号に掲げる基準
   生産行程管理業務規程で定める生産行程管理業務の方法として、法第16条第1項の変更の登録を受けたときは、当該変更の登録に係る事項に係る明細書の変更を行うことが定められていること。

 2 規則第15条第2号及び第3号に掲げる基準
 （1）生産行程管理業務規程で定める生産行程管理業務の方法として、構成員たる生産業者が行うその生産が明細書に定められた法第7条第1項第4号から第6号までに掲げる事項に適合することを確認することが定められていること。
   具体的には、①から③までの事項を満たしていることとする。

① 明細書に記載されている生産地・特性・生産の方法について、過不足なくその確認の方法が担保されていること。
　　② 各行程における確認の方法が、生産地・特性・生産の方法に適合する方法で行われることを担保する上で、必要十分な内容となっていること。
　　③ その他生産地・特性・生産の方法に適合した生産を行っていることに疑義がある場合に、必要に応じて確認を行うことができる内容となっていること。
（２）生産行程管理業務規程で定める生産行程管理業務の方法として、前記（１）の確認の結果、構成員たる生産業者が行うその生産が明細書に定められた法第７条第１項第４号から第６号までに掲げる事項に適合しないことが判明したときは、当該生産業者に対し、適切な指導を行うことが定められていること。
　　具体的には、①及び②の事項を満たしていることとする。
　　① 不適正な生産の方法を行っていた者に対する是正の仕組みが、生産地・特性・生産の方法ごとに設けられていること。
　　② ①の是正の仕組みが、生産地・特性・生産の方法どおりに生産を行うために必要十分な内容となっていること。

３　規則第15条第４号及び第５号の基準
　　生産行程管理業務規程で定める生産行程管理業務の方法として、構成員たる生産業者が法第３条第１項及び第４条第１項の規定に従って特定農林水産物等又はその包装等に当該特定農林水産物等に係る地理的表示及び登録標章を付していることを確認することが定められていること。また、当該確認の結果、構成員たる生産業者が法第３条第２項又は第４条の規定に違反していることが判明したときは、当該生産業者に対し、適切な指導を行うことが定められていること。
　　具体的には、①から④までの事項を満たしていることとする。
　　① 生産業者が明細書の生産地・特性・生産の方法どおりに生産していない農林水産物等に地理的表示を使用していないか確認し、不正使用の場合に指導すること。
　　② 生産業者が明細書の生産地・特性・生産の方法どおりに生産していない農林水産物等に登録標章を使用していないか確認し、不正使用の場合に指導すること。
　　③ 生産業者が地理的表示を使用していない農林水産物等に登録標章を使用していないか確認し、不正使用の場合に指導すること。
　　④ 生産業者が地理的表示を使用している農林水産物等に登録標章を使用しているか確認し、使用していない場合に指導すること。
　　なお、地理的表示及び登録標章の使用について生産業者が第三者に委託した場合においては、生産者団体は、当該生産業者から、委託内容及び第三者の履行状況を確認するものとし、その内容や履行状況が法第３条第２項又は第４条の規定遵守の観点から、不適切な場合には、当該生産業者に対して指導するものとしていること。

４　規則第15条第６号及び第７号の基準
　　生産行程管理業務規程で定める生産行程管理業務の方法として、別紙により実績報告書を作成すること、当該実績報告書を明細書及び生産行程管理業務規程の写しとと

もに毎年1回以上農林水産大臣に提出すること並びに実績報告書の提出時期が定められていることが定められていること。
　また、実績報告書及びこれに関する書類（生産行程管理業務の対応実績が分かる参考資料）を提出の日から5年間保存することが定められていること。

5　生産行程管理業務を第三者が行う場合
　生産者団体が生産行程管理業務を第三者に委託する場合、海外の地理的表示保護制度において第三者が生産行程管理業務を行うこととなっている場合その他の第三者が行った生産行程管理業務について生産者団体が行ったものと同視できる場合であり、かつ、当該第三者が生産行程管理業務を実施する能力を有する場合には、第三者に対して生産行程管理業務の全部又は一部を行わせることができるものとする。
　この場合においては、生産者団体は、生産行程管理業務規程において、第三者が生産行程管理業務を行う部分についてその旨を記載しなければならない。

第3　法第13条第1項第2号ハ該当性の基準
1　「経理的基礎」とは、生産者団体が生産行程管理業務を安定的かつ継続的に行うに足りる財政基盤を有していることをいい、当該生産者団体の規模、構成員からの会費収入の状況、構成員たる生産業者に対して行う指導・検査等の業務の内容等を総合的に考慮し、当該業務の安定性及び継続性を確保するに足りる程度の経理面での基礎をいう。

2　「経理的基礎」を有するか否かは、添付書類に記載された生産者団体の経理状況が生産行程管理業務規程に規定された業務を実施するのに十分か否かといった点を考慮して、判断を行うものとする。

第4　法第13条第1項第2号ニ該当性の基準
1　「公正な実施を確保するため必要な体制が整備されている」とは、生産行程管理業務を行うに当たって、特定の生産業者に対してのみ便宜を供与したり、当該業務に関係する利害関係者の不当な介入を受けたり、生産者団体自らの利益のみを追求した結果、当該業務の公正性が損なわれるといった事態に陥ることを回避するための体制が整備されていることをいう。

2　「公正な実施を確保するため必要な体制が整備されている」か否かは、
（1）生産行程管理業務に従事する役員等の選任・解任の方法等が定款等に定められているか否か
（2）生産行程管理業務の実施について監督できる体制が構築されているか否か
（3）生産行程管理業務に従事する者の人数や業務分担、設備の設置状況
　といった点を考慮し、判断を行うものとする。

別紙

生産行程管理業務実績報告書

作成者：団体名
（職名）
氏名

　下記1から5までに該当する事項にチェックを入れ、チェックが入れられない場合には、その理由をその下欄に記載すること。また、1から4までの生産行程管理業務の対応実績が分かる参考資料を併せて添付すること。

1　明細書に規定する生産地及び生産の方法を生産行程管理業務規程に基づき確認できた。	☐
（当該確認が生産行程管理業務規程どおりできなかった理由）	

2　生産地及び生産の方法を違反した者に対し、生産行程管理業務規程に基づき指導できた。	違反なし　☐ 指導できた　☐
（当該指導が生産行程管理業務規程どおりできなかった理由）	

3　地理的表示及び登録標章の貼付の管理を生産行程管理業務規程に基づき確認できた。	☐
（当該確認が生産行程管理業務規程どおりできなかった理由）	

4　地理的表示及び登録標章の貼付の管理を違反した者に対し、生産行程管理業務規程に基づき指導できた。	違反なし　☐ 指導できた　☐
（当該指導が生産行程管理業務規程どおりできなかった理由）	

5　生産行程管理業務の対応実績が分かる参考資料を生産行程管理業務規程に基づき保存している。	☐
（当該保存が生産行程管理業務規程どおりできなかった理由）	

その他特記すべき事項

別添6

形式補正の指針（変更の登録の申請）

　変更の登録の申請が、次のいずれかに該当せず、法、令及び規則に従って行われていない場合には、特定農林水産物等審査要領第3・1・（2）又は第4・1・（2）に従い、申請の自主補正を促し、又は軽微な違反については職権により処理するものとする。

第1　法第15条第1項の規定による変更の登録
 1　変更申請書
 （1）様式等
　　　規則別記様式第5号により作成されていること。
 （2）変更申請書を提出する者
　　ア　代理人により変更申請をする場合、代理人全員の氏名又は名称及び住所又は居所が記載され、押印されていること。
　　　　なお、「代理人」のチェック欄の記載に不備がある場合については、軽微な違反として処理することができる。
　　イ　代理人が法人である場合には、代表者の氏名が記載されていること。
 （3）変更申請者
　　ア　変更申請者全員の名称及び住所並びに代表者（管理人）の氏名が記載され、押印されていること。
　　　　変更申請者の名称及び住所並びに代表者（管理人）の氏名の記載に当たっては、外国語を用いることができるものとする。
　　　　ウェブサイトのアドレスについての記載は任意とする。
　　　　なお、「単独申請又は共同申請の別」のチェック欄の記載に不備がある場合又は住所の記載が公簿上の表記どおりに正確に記載されていない場合については、軽微な違反として処理することができる。
　　イ　「変更申請者の法形式」欄には、例えば、「○○法に基づく法人」（変更申請者が法人である場合）、「法人でない団体」（変更申請者が法人でない場合）のように変更申請者の法形式がわかるよう記載されていること。
　　　　なお、「変更申請者の法形式」欄の記載に不備がある場合については、軽微な違反として処理することができる。
 （4）登録番号
　　　生産者団体の追加を求める登録に係る登録番号が適切に記載されていること。
 （5）登録に係る特定農林水産物等の名称
　　　生産者団体の追加を求める登録に係る特定農林水産物等の名称が適切に記載されていること。
　　　なお、当該登録に係る特定農林水産物等の名称が複数ある場合において、その全てが記載されていないときは、軽微な違反として処理することができる。
 （6）連絡先（文書送付先）
　　　住所又は居所、宛名、担当者の氏名及び役職並びに電話番号が記載されているこ

と。なお、ファックス番号及び電子メールアドレスについての記載は任意とする。
　（7）添付書類の目録
　　　　変更申請書の「添付書類の目録」の「□」欄にチェックが適切に入れられていること。
　2　添付書類
　（1）添付書類の目録
　　　　変更申請書の「添付書類の目録」の「□」欄の記載と、添付書類が一致していること。なお、不足する添付書類がなく、「添付書類の目録」の「□」欄の記載に不備があるにとどまる場合には、軽微な違反として処理することができる。
　（2）明細書
　　　　次に該当する明細書が添付されていること。
　　　　生産者団体の追加を求める登録に係る登録事項に準じて作成されていること。なお、法第7条第1項第4号から第6号までに掲げる事項についてであれば、明細書における記載内容と登録事項が完全に一致している必要はなく、登録事項に付加した内容のように登録事項に実質的に反しない内容を明細書における記載内容とすることができるものとする。この場合においては、明細書には、明細書における当該記載内容が登録事項と異なる旨を記載すること。
　（3）生産行程管理業務規程
　　　ア　次に該当する生産行程管理業務規程が添付されていること。
　　　　　変更申請者の生産行程管理業務について、その内容が明確にわかるよう記載されていること。なお、生産行程管理業務の全部又は一部を第三者に行わせる場合にあっては、その旨が記載されていること。
　　　イ　生産行程管理業務の全部又は一部を第三者に行わせる場合にあっては、生産行程管理業務規程のほかに、委託契約書、法令の写しその他の当該第三者が行う生産行程管理業務が申請者が行ったものと同視できることを裏付ける書類が添付されていること。
　　　ウ　なお、既に生産行程管理業務を行っている場合には、最近の事業年度に関する生産行程管理業務審査基準別紙により作成した実績報告書を添付することができる。
　（4）委任状
　　　　代理人により変更申請をする場合には、委任状が添付されていること。
　（5）法第2条第5項に規定する生産者団体であることを証明する書類
　　　ア　変更申請者が法人（法令において、加入の自由の定めがあるものに限る。）の場合には、登記事項証明書が添付されていること。
　　　イ　変更申請者が法人（アの場合を除く。）の場合には、登記事項証明書及び定款その他の基本約款が添付されていること。
　　　ウ　変更申請者が法人でない場合には、定款その他の基本約款が添付されていること。
　（6）誓約書
　　　　変更申請者が外国の団体の場合には、「当該団体が法第21条各号に掲げる場合に

該当する場合において、農林水産大臣が当該団体に対し明細書又は生産行程管理業務規程の変更その他の必要な措置をとるべき旨の請求をしたときは、これに応じること」を誓約する旨の誓約書が添付されていること。
（7）法第13条第1項第1号に規定する欠格条項に関する申告書
　　　特定農林水産物等審査要領別記様式5により作成された申告書が添付されていること。
（8）法第13条第1項第2号ハに規定する経理的基礎を有することを証明する書類
　　　最近の事業年度における財産目録、貸借対照表、収支計算書又はこれらに類する書類が添付されていること。
（9）法第13条第1項第2号ニに規定する必要な体制が整備されていることを証明する書類
　　　変更申請者の組織に関する規程、業務執行に関する規程、業務分担表又はこれらに類する書類が添付されていること。
（10）翻訳文
　　　前記（4）から（9）までの添付書類が外国語により作成されている場合には、翻訳文が添付されていること。

第2　法第16条第1項の規定による変更の登録
　1　変更申請書
　（1）様式等
　　　　規則別記様式第7号により作成されていること。
　（2）変更申請書を提出する者
　　ア　代理人により変更申請をする場合、代理人全員の氏名又は名称及び住所又は居所が記載され、押印されていること。
　　　　なお、「代理人」のチェック欄の記載に不備がある場合については、軽微な違反として処理することができる。
　　イ　代理人が法人である場合には、代表者の氏名が記載されていること。
　（3）変更申請者
　　ア　変更申請に係る登録に係る登録生産者団体全員が変更申請者となっていること。
　　イ　変更申請者全員の名称及び住所並びに代表者（管理人）の氏名が記載され、押印されていること。
　　　　変更申請者の名称及び住所並びに代表者（管理人）の氏名の記載に当たっては、外国語を用いることができるものとする。
　　　　ウェブサイトのアドレスについての記載は任意とする。
　　　　なお、住所の記載が公簿上の表記どおりに正確に記載されていない場合については、軽微な違反として処理することができる。
　（4）登録番号
　　　　変更申請に係る登録に係る登録番号が適切に記載されていること。
　（5）登録に係る特定農林水産物等の名称

変更申請に係る登録に係る特定農林水産物等の名称が適切に記載されていること。
なお、当該登録に係る特定農林水産物等の名称が複数ある場合において、その全てが記載されていないときは、軽微な違反として処理することができる。
（６）変更申請の対象となる事項
変更申請の対象となる事項について、次に該当すること。
ア　登録に係る特定農林水産物等の名称
登録に係る農林水産物等の名称が明瞭に記載されていること。
登録に係る特定農林水産物等の名称の記載に当たっては、ひらがな・カタカナ・漢字・ローマ字を相互に変換することや外国語を用いたりすることにより、複数表記法により記載することができるものとする。
また、申請に係る産品の日本国外への輸出を想定している場合は、輸出時に使用する名称についても併せて記載することができる。
イ　登録に係る特定農林水産物等の生産地
（ア）登録に係る特定農林水産物等の生産地について、その範囲が明確にわかるよう記載されていること。なお、変更申請書には、生産地の位置関係を示す図面を添付することができるものとする。
（イ）登録に係る特定農林水産物等の生産地の記載に当たって行政区画（変更申請時の行政区画のみならず、過去の行政区画でもよい。）が用いられる場合には、いつ時点における行政区画であるかが明確となっていること。
ウ　登録に係る特定農林水産物等の特性
登録に係る特定農林水産物等の特性について、その内容が明確にわかるよう記載されていること。
なお、一つの農林水産物等の区分内であれば、複数の生産の方法や特性（例：みかんの糖度について、早生のものは９度以上、通常のものは10度以上とする場合）を記載できるものとする。
エ　登録に係る特定農林水産物等の生産の方法
登録に係る特定農林水産物等の生産の方法について、その行程の内容及び当該特定農林水産物等の最終製品としての形態（例：生鮮品、加工品等）が明確にわかるよう記載されていること。
なお、登録に係る特定農林水産物等の特性がその生産地の自然的条件のみにより付与又は保持される場合には、生産の各行程が当該生産地で行われている旨を記載すれば足りる。
オ　登録に係る特定農林水産物等の特性がその生産地に主として帰せられるものであることの理由
登録に係る特定農林水産物等の特性がその生産地に主として帰せられるものであることの理由について、その内容が明確にわかるよう記載されていること。
カ　登録に係る特定農林水産物等がその生産地において生産されてきた実績
登録に係る特定農林水産物等の生産の開始時期及び生産期間の合計（生産期間に中断がある場合には、生産の開始時期、生産期間の合計及び中断期間）が記載

されていること。

なお、生産の開始時期等が明確にできない場合には、概括的な記載（例：江戸時代中期に生産が開始された）で足りるものとする。

キ　法第13条第１項第４号ロ該当の有無等

（ア）「法第13条第１項第４号ロ該当の有無等」のチェック欄に記載があること。

（イ）「登録に係る特定農林水産物等の名称は法第13条第１項第４号ロに該当する」欄にチェックがある場合には、該当する登録商標全部について、商標権者の氏名又は名称、登録商標、指定商品又は指定役務、登録商標の登録番号及び商標権の設定の登録（当該商標権の存続期間の更新登録があったときは、商標権の設定の登録及び存続期間の更新登録）の年月日が記載されていること。

また、この場合においては、「法第13条第２項該当の有無」のチェック欄に記載があり、かつ、法第13条第２項各号のいずれかに応じて、該当する登録商標全部について、専用使用権の設定の有無、専用使用権者の氏名又は名称及び商標権者又は専用使用権者の承諾の年月日が記載されていること。

ク　連絡先（文書送付先）

住所又は居所、宛名、担当者の氏名及び役職並びに電話番号が記載されていること。なお、ファックス番号及び電子メールアドレスについての記載は任意とする。

ケ　その他

（ア）変更申請書に、①から③までに掲げる事項が記載されていないこと。

①　変更申請の対象となる登録に係る特定農林水産物等の販売価格等についての取決めに関する事項

②　競合規格の排除等に関する事項

③　①及び②のほか、独占禁止法に抵触するおそれのある事項

（イ）なお、変更申請書に前記（ア）①から③までの事項が記載されているかどうか疑義があるときは、審査官は、公正取引委員会に対し、照会を行うものとする。

2　添付書類

（1）明細書

次に該当する明細書が添付されていること。

変更申請の対象となる登録に係る登録事項に準じて作成されていること。なお、法第７条第１項第４号から第６号までに掲げる事項には、明細書における記載内容の趣旨に反しない範囲で、登録事項に付加した内容を明細書における記載内容とすることができるものとする。この場合においては、明細書には、明細書における当該記載内容が登録事項と異なる旨を記載すること。

（2）生産行程管理業務規程

ア　次に該当する生産行程管理業務規程が添付されていること。

変更申請者の生産行程管理業務について、その内容が明確にわかるよう記載されていること。なお、生産行程管理業務の全部又は一部を第三者に行わせる場合

　　　　にあっては、その旨が記載されていること。
　　イ　生産行程管理業務の全部又は一部を第三者に行わせる場合にあっては、生産行程管理業務規程のほかに、委託契約書、法令の写しその他の当該第三者が行う生産行程管理業務が申請者が行ったものと同視できることを裏付ける書類が添付されていること。
（３）委任状
　　代理人により変更申請をする場合には、委任状が添付されていること。
（４）変更申請の対象となる事項を裏付ける書類
　　変更申請の対象となる事項に応じて、特定農林水産物等審査要領別添１「形式補正の指針」の第２・８から１２までの書類に準じたものが添付されていること。
（５）翻訳文
　　前記（３）及び（４）の添付書類が外国語により作成されている場合には、翻訳文が添付されていること。

地理的表示保護制度
申請者ガイドライン

（平成27年7月版）

農林水産省　食料産業局

新事業創出課

地理的表示保護制度申請者ガイドライン

平成27年7月17日

目　次

第1章　申請手続について
第1　はじめに……………………………………………………………………………283
第2　申請
　1　申請に必要な書類等の準備………………………………………………………283
　2　申請の方法…………………………………………………………………………285
　3　申請の受付・形式補正……………………………………………………………285
第3　公示から登録まで
　1　公示…………………………………………………………………………………285
　2　意見書提出手続……………………………………………………………………286
　3　現地調査……………………………………………………………………………286
　4　実質的な補正………………………………………………………………………286
第4　登録
　1　登録の場合…………………………………………………………………………286
　2　登録の拒否の場合…………………………………………………………………286
第5　生産者団体の追加の申請
　1　生産者団体の追加の申請に必要な書類等の準備………………………………287
　2　生産者団体の追加の申請の方法…………………………………………………287
　3　変更申請後の手続…………………………………………………………………288
第2章　登録後の手続について
第1　はじめに……………………………………………………………………………289
第2　生産行程管理業務
　1　生産行程管理業務の実施…………………………………………………………289
　2　実績報告書の作成・提出…………………………………………………………289
　3　実績報告書等の保存………………………………………………………………292
第3　明細書の変更
　1　明細書の内容を変更する場合とその手続について……………………………292
　2　法第16条第1項の規定に基づく変更の登録の申請……………………………294
第4　登録生産者団体の名称等の変更…………………………………………………296
第5　生産行程管理業務規程の変更……………………………………………………297
第6　生産行程管理業務の休止…………………………………………………………297
第7　登録の失効…………………………………………………………………………297
第8　商標権者等の承諾の撤回…………………………………………………………298
第9　特定農林水産物等登録簿の謄写等
　1　特定農林水産物等登録簿等の謄写………………………………………………298
　2　登録に係る特定農林水産物等に関する証明の請求……………………………299
様式………………………………………………………………………………………300

(注)頁数は、本書の頁に変更してあります。

第1章　申請手続について

第1　はじめに

本章は、特定農林水産物等の名称の保護に関する法律（平成26年法律第84号。以下「法」といいます。）に基づき登録の申請（法第15条第1項の規定に基づく生産者団体の追加の申請を含む。）をしようと考えている方を主な対象とし、申請から登録までの手続において、注意すべき点をわかりやすく説明したものです。

地理的表示保護制度の申請から登録までの手続は、概ね、以下のとおりとなっています。

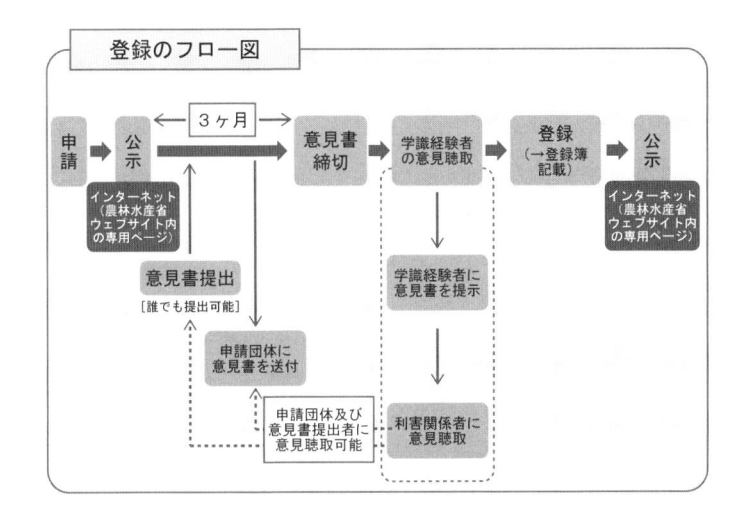

登録のフロー図

申請 → 公示（インターネット（農林水産省ウェブサイト内の専用ページ）） →〔3ヶ月〕→ 意見書締切 → 学識経験者の意見聴取 → 登録（→登録簿記載）→ 公示（インターネット（農林水産省ウェブサイト内の専用ページ））

意見書提出［誰でも提出可能］→ 申請団体に意見書を送付 → 申請団体及び意見書提出者に意見聴取可能

学識経験者に意見書を提示 → 利害関係者に意見聴取

第2では、申請から公示までの手続に関して、申請をする前に準備しておくべきこと、申請の具体的な方法、申請をした後の形式的補正等について

第3では、公示がされた後の手続について

第4では、登録（又は登録の拒否）がされた後の手続について

第5では、登録を受けた特定農林水産物等について、生産者団体を追加する手続について

それぞれ説明しています。

登録の申請を考えている方は、本章を参考にしていただければと思います。なお、登録後の手続については、第2章をご活用いただければと思います。

第2　申請

1　申請に必要な書類等の準備

（1）申請には、**申請書、明細書、生産行程管理業務規程**が必要となります。

これらの書類は、申請書については別紙1「申請書作成マニュアル」、明細書については別紙2「明細書作成マニュアル」、生産行程管理業務規程については別紙3「生産行程管理業務規程作成マニュアル」に従ってそれぞれ作成してください。なお、共同申請の場合には、申

請書は１通で足りますが、明細書と生産行程管理業務規程は、生産者団体ごとに作成する必要があります。
（２）申請には、以下の**書類**が必要となります。括弧内に「全員」と記載がある場合には、申請者は、必ずその書類を添付しなければなりません。それ以外の場合は、記載された申請者のみがその書類を添付すれば足ります。

　　ア　委任状　**（代理人により申請をする申請者のみ）**
　　イ　法第２条第５項に規定する生産者団体であることを証明する書類　**（全員）**
　　　以下の各場合に応じて、添付する書類が異なりますので、注意してください。
　　（ア）申請者が、**法令において**加入の自由の定めがある法人の場合には、登記事項証明書

> （注）「法令において加入の自由の定めがある」とは、例えば、農業協同組合法（昭和22年法律第132号）第20条の規定があるような場合をいいます。

　　（イ）申請者が、**定款等の基本約款において**加入の自由の定めがある法人の場合には、登記事項証明書と定款等の基本約款
　　（ウ）申請者が、法人でない場合には、定款等の基本約款
　　ウ　誓約書　**（外国団体である申請者のみ）**
　　エ　法第13条第１項第１号に規定する欠格条項に関する申告書　**（全員）**
　　　申告書は、**特定農林水産物等審査要領別記様式５**に従って作成してください。

> （注）特定農林水産物等審査要領は、農林水産省のウェブサイトから入手することができます。
> 　　　農林水産省　地理的表示保護制度のウェブサイト
> 　　　ＵＲＬ　http://www.maff.go.jp/j/shokusan/gi_act/index.html

　　オ　法第13条第１項第２号ハに規定する経理的基礎を有することを証明する書類　**（全員）**
　　　最近の事業年度における財産目録・貸借対照表・収支計算書を提出してください。
　　　なお、これらの書類を添付することが難しい場合には、預貯金通帳の写し等を提出することもできます。
　　カ　法第13条第１項第２号ニに規定する必要な体制が整備されていることを証明する書類　**（全員）**
　　　申請者の組織に関する規程、業務分担表等を提出してください。
　　キ　申請農林水産物等が特定農林水産物等に該当することを証明する書類　**（全員）**
　　　申請書の「４　農林水産物等の生産地」、「５　農林水産物等の特性」、「６　農林水産物等の生産の方法」、「７　農林水産物等の特性がその生産地に主として帰せられるものであることの理由」及び「８　農林水産物等がその生産地において生産されてきた実績」欄に記載した内容を裏付ける書類（録音したものや録画したものを含みます。）を提出することができます。
　　　例えば、申請書に科学的データを記載した場合には、それを裏付ける論文や検査機関の検査結果等がこれに該当します。また、生産地の範囲や伝統性の記載を裏付ける新聞や雑誌の記事、論文等もこれに該当します。
　　ク　申請農林水産物等の写真　**（全員）**

申請農林水産物等の写真を1葉添付してください。
ケ　商標権者等の承諾を証明する書類（法第13条第1項第4号ロに該当する申請者のみ）
本ガイドラインの様式本－1に従って作成してください。
コ　翻訳文（外国語により書類を作成した申請者のみ）

2　申請の方法
（1）1つの農林水産物等の区分に対して、1件の登録が行われますので、1つの農林水産物等の区分ごとに1件の申請を行う必要があります。したがいまして、2つ以上の農林水産物等の区分について、1件にまとめて申請することはできません。
（2）申請は、正本1通（副本の提出は不要です。）を、**郵送又は持参により**、提出窓口（農林水産省食料産業局新事業創出課）まで提出してください。持参により提出する場合には受付時間にご注意ください。

なお、いずれの場合も、**窓口に到着した日が申請日となりますので**、郵送により提出した場合であっても農林水産省に到着した日が申請日となるわけではありません。

【申請の受付窓口】
農林水産省食料産業局新事業創出課
〒100－8950　東京都千代田区霞が関1丁目2番1号
　電話　03－3502－8111（代表）　内線　4286
受付時間：10時から12時まで、13時から17時まで

3　申請の受付・形式補正
申請が受け付けられますと、申請者には、申請を受け付けた旨の通知（特定農林水産物等審査要領別記様式1）がなされます。

受付後、申請の方式等について形式的な審査が行われます（具体的な内容については、特定農林水産物等審査要領をご参照ください。）。

審査の結果、申請の内容に形式的な不備がある場合には、農林水産省食料産業局新事業創出課の審査担当者（以下単に「審査官」という。）が申請者に対し補正を求めることがあります（特定農林水産物等審査要領別記様式2）。補正を求められた場合には、その内容を精査の上、適切な対応をしてください（**適切な対応がとられない場合には、申請が却下される場合等がありますので注意してください。**）。

なお、補正が必要な場合には、**特定農林水産物等審査要領別記様式3に従って補正を行ってください。**

第3　公示から登録まで
1　公示
形式的な不備のない申請（不備を補正した申請を含みます。）については、その内容が、農林水産省のウェブサイト上に、公示されます。

農林水産省　地理的表示保護制度のウェブサイト
ＵＲＬ　http://www.maff.go.jp/j/shokusan/gi_act/notice/index.html

2　意見書提出手続
　　公示後3か月間は、意見提出期間となります。意見書が提出された場合には、意見書の写しを申請者に送付致しますので（特定農林水産物等審査要領別記様式10）、意見書の内容を踏まえ、あらためて地域内で話合いを行う、申請書等の内容を補正する、追加して書類を提出する等の対応をご検討ください（もちろん、意見書の内容によっては、「何もしない」という対応をとることも考えられます。）。

3　現地調査
　　審査官は、必要に応じて、申請農林水産物等について現地調査を行う場合があります。現地調査を行うに当たっては、事前に、通知（特定農林水産物等審査要領別記様式12）を申請者に送付致します。

4　実質的な補正
（1）申請者は、申請書、明細書、生産行程管理業務規程の内容を変更したいと考えた場合には、補正をすることができます。
（2）審査官は、申請者に対し、審査や意見書提出手続・学識経験者からの意見聴取手続の結果を踏まえ、申請書、明細書、生産行程管理業務規程の内容の補正を求める場合があります（特定農林水産物等審査要領別記様式13）。
　　この場合には、**特定農林水産物等審査要領別記様式14に従って補正を行ってください**。

第4　登録
1　登録の場合
　　審査の結果、登録が適当であると判断される場合には、申請者には、登録をする旨の通知（特定農林水産物等審査要領別記様式15）がなされます。
　　ただし、登録免許税を納付するまでは、登録が完了しませんので、**この通知を受け取りましたら、必ず、登録免許税を納付し、特定農林水産物等審査要領別記様式16に従って、領収証書の原本を農林水産省食料産業局新事業創出課（申請の受付窓口と同じ）まで提出してください**。
　　領収証書の原本が提出されますと、登録者には、特定農林水産物等登録証が交付されます。

2　登録の拒否の場合
　　審査の結果、登録が不適当であると判断される場合には、申請者には、登録を拒否する旨の通知（特定農林水産物等審査要領別記様式6）がなされます。
　　なお、この登録の拒否の判断は、行政処分ですので、不服がある場合には、行政不服審査法（昭和37年法律第160号）又は行政事件訴訟法（昭和37年法律第139号）に基づき不服を申し立てることができます。

第4部　法律、ガイドライン等

第5　生産者団体の追加の申請
1　生産者団体の追加の申請に必要な書類等の準備
（1）法第15条第1項の規定に基づく生産者団体の追加の申請には、**変更申請書、明細書、生産行程管理業務規程**が必要となります。
　　これらの書類は、変更の申請書については別紙4「法第15条第1項の変更申請書作成マニュアル」、明細書について別紙2「明細書作成マニュアル」、生産行程管理業務規程について別紙3「生産行程管理業務規程作成マニュアル」に従ってそれぞれ作成してください。
（2）法第15条第1項の規定に基づく生産者団体の追加の申請には、以下の**書類**が必要となります。括弧内に「全員」と記載がある場合には、申請者は、必ずその書類を添付しなければなりません。それ以外の場合は、記載された申請者のみがその書類を添付すれば足ります。
　　ア　**委任状（代理人により申請をする申請者のみ）**
　　イ　法第2条第5項に規定する生産者団体であることを証明する書類**（全員）**
　　　　以下の各場合に応じて、添付する書類が異なりますので、注意してください。
　　（ア）申請者が、**法令において**加入の自由の定めがある法人の場合には、登記事項証明書

（注）「法令において加入の自由の定めがある」とは、例えば、農業協同組合法（昭和22年法律第132号）第20条の規定があるような場合をいいます。

　　（イ）申請者が、**定款等の基本約款において**加入の自由の定めがある法人の場合には、登記事項証明書と定款等の基本約款
　　（ウ）申請者が、法人でない場合には、定款等の基本約款
　　ウ　**誓約書（外国団体である申請者のみ）**
　　エ　法第13条第1項第1号に規定する欠格条項に関する申告書**（全員）**
　　　　申告書は、**特定農林水産物等審査要領別記様式5**に従って作成してください。

（注）特定農林水産物等審査要領は、農林水産省のウェブサイトから入手することができます。
　　　　　農林水産省　地理的表示保護制度のウェブサイト
　　　　　URL　http://www.maff.go.jp/j/shokusan/gi_act/index.html

　　オ　法第13条第1項第2号ハに規定する経理的基礎を有することを証明する書類**（全員）**
　　　　最近の事業年度における財産目録・貸借対照表・収支計算書を提出してください。
　　　　なお、これらの書類を添付することが難しい場合には、預貯金通帳の写し等を提出することもできます。
　　カ　法第13条第1項第2号ニに規定する必要な体制が整備されていることを証明する書類**（全員）**
　　　　申請者の組織に関する規程、業務分担表等を提出することができます。
　　キ　**翻訳文（外国語により添付書類を作成した申請者のみ）**

2　生産者団体の追加の申請の方法
　　法第15条第1項の規定に基づく生産者団体の追加の申請は、正本1通（副本の提出は不要です。）を、**郵送又は持参により**、提出窓口（農林水産省食料産業局新事業創出課）まで提出

地理的表示保護制度申請者ガイドライン　　287

してください。持参により提出する場合には受付時間にご注意ください。
　なお、いずれの場合も、<u>窓口に到着した日が申請日となりますので</u>、郵送により提出した場合であっても農林水産省に到着した日が申請日となるわけではありません。

【申請の受付窓口】
農林水産省食料産業局新事業創出課
〒100－8950　東京都千代田区霞が関1丁目2番1号
電話　03－3502－8111（代表）　内線　4286
受付時間：10時から12時まで、13時から17時まで

　3　変更申請後の手続
　　第2・3、第3、第4に準じた手続が行われます。

第2章　登録後の手続について

第1　はじめに

本章は、法に基づき登録を受けた方（登録生産者団体）を主な対象とし、登録後の手続において、注意すべき点をわかりやすく説明したものです。

登録を受けると、登録生産者団体は、自らが策定した生産行程管理業務規程に従って、生産行程管理業務を行うことになります。また、登録後に、明細書や生産行程管理業務規程の内容を変更したり、生産行程管理業務を休止・廃止したりする場合もあるかと思います。

第2では、生産行程管理業務を行う際の注意点について

第3では、登録後に、明細書の内容を変更する場合の手続について

第4では、登録後に、登録生産者団体の名称等を変更する場合の手続について

第5では、登録後に、生産行程管理業務規程の内容を変更する場合の手続について

第6では、登録後に、生産行程管理業務を休止する場合の手続について

第7では、登録後に、生産行程管理業務を廃止するなどして登録が失効する場合の手続について

第8では、登録後に、商標権者等が承諾を撤回する場合の手続について

第9では、特定農林水産物等登録簿の謄写等について

それぞれ説明しています。

登録を受けた方は、本章を参考にして、地理的表示保護制度を活用していただければと思います。

第2　生産行程管理業務

1　生産行程管理業務の実施

登録生産者団体は、登録を受けた後、自らが策定した生産行程管理業務規程に従って、生産行程管理業務を行ってください。

<u>生産行程管理業務規程に従った生産行程管理業務が行われない場合には</u>、措置命令（行政命令）の対象となる、登録が取り消されるといった<u>不利益処分を受ける場合があります</u>ので、ご注意ください。

2　実績報告書の作成・提出

（1）登録生産者団体は、生産行程管理業務を行った後に、生産行程管理業務実績報告書を作成してください。なお、生産行程管理業務実績報告書は、少なくとも年1回作成していただくことになります（生産行程管理業務規程において、年1回よりも多い回数作成することとした場合には、作成は年1回よりも多くなります。）。

<u>生産行程管理業務実績報告書の作成に当たっては、特定農林水産物等審査要領別添5「生産行程管理業務審査基準」</u>の別紙様式に従ってください。

（注）特定農林水産物等審査要領は、農林水産省のウェブサイトから入手することができます。

農林水産省　地理的表示保護制度のウェブサイト

URL　http://www.maff.go.jp/j/shokusan/gi_act/index.html

（2）生産行程管理業務実績報告書の作成が終わりましたら、**以下の書類（各書類を2部ずつ）を、生産行程管理業務規程に定めた提出時期までに（必着）、登録生産者団体の所在地を管轄している地方農政局等に、郵送又は持参により提出してください。**
① 生産行程管理業務実績報告書
② 生産行程管理業務の対応実績が分かる資料
（例：登録生産者団体が作成した検査日誌・検査記録、各生産業者から提出された月報等）
③ その時点における最新の明細書
④ その時点における最新の生産行程管理業務規程

【生産行程管理業務実績報告書等の提出先】

登録生産者団体の所在地	地方農政局等
北海道	（担当部署） 北海道農政事務所農政推進部　経営・事業支援課 （住所） 〒060-0004 札幌市中央区北4条西17-19-6 （電話番号） 011-642-5485
青森県、岩手県、宮城県、秋田県、山形県、福島県	（担当部署） 東北農政局経営・事業支援部　事業戦略課 （住所） 〒980-0014 仙台市青葉区本町3-3-1 （電話番号） 022-263-1111（内線4374）
茨城県、栃木県、群馬県、埼玉県、千葉県、東京都、神奈川県、山梨県、長野県、静岡県	（担当部署） 関東農政局経営・事業支援部　事業戦略課 （住所） 〒330-9722 さいたま市中央区新都心2-1（さいたま新都心合同庁舎2号館） （電話番号） 048-740-0342
新潟県、富山県、石川県、福井県	（担当部署） 北陸農政局経営・事業支援部　事業戦略課 （住所） 〒920-8566 金沢市広坂2-2-60（金沢広坂合同庁舎

第4部 法律、ガイドライン等

	（電話番号） 076－232－4233
岐阜県、愛知県、三重県	（担当部署） 東海農政局経営・事業支援部　事業戦略課 （住所） 〒460－8516 名古屋市中区三の丸1－2－2 （電話番号） 052－746－1215
滋賀県、京都府、大阪府、兵庫県、奈良県、和歌山県	（担当部署） 近畿農政局経営・事業支援部　事業戦略課 （住所） 〒602－8054 京都市上京区西洞院通下長者町下ル丁子風呂町（京都農林水産総合庁舎） （電話番号） 075－414－9025
鳥取県、島根県、岡山県、広島県、山口県、徳島県、香川県、愛媛県、高知県	（担当部署） 中国四国農政局経営・事業支援部　事業戦略課 （住所） 〒700－8532 岡山市北区下石井1－4－1（岡山第2合同庁舎） （電話番号） 086－224－4511（内線 2668、2168、2157）
福岡県、佐賀県、長崎県、熊本県、大分県、宮崎県、鹿児島県	（担当部署） 九州農政局経営・事業支援部　事業戦略課 （住所） 〒860－8527 熊本市西区春日2－10－1（熊本地方合同庁舎） （電話番号） 096－211－9111（内線 4553）
沖縄県	（担当部署） 内閣府沖縄総合事務局農林水産部　食品・環境課 （住所） 〒900－0006 那覇市おもろまち2－1－1（那覇第2地方合同庁舎2号館）

地理的表示保護制度申請者ガイドライン

	（電話番号）
	098－866－1673

3　実績報告書等の保存
　　生産行程管理業務実績報告書等の提出後、<u>生産行程管理業務実績報告書と生産行程管理業務の対応実績が分かる資料については、その提出の日から５年間、保存が義務付けられています</u>ので、大切に保管しておいてください。
　　生産行程管理業務実績報告書等の保存義務を怠った場合には、措置命令（行政命令）の対象となる、登録が取り消されるといった<u>不利益処分を受ける場合があります</u>ので、ご注意ください。

第３　明細書の変更
1　明細書の内容を変更する場合とその手続について
　　明細書の内容を変更する場合については、<u>変更する内容によって手続が異なります</u>。

【明細書の記載事項】
明細書には、①作成者、②農林水産物等の区分、③農林水産物等の名称、④農林水産物等の生産地、⑤農林水産物等の特性、⑥農林水産物塔の生産の方法、⑦農林水産物等の特性がその生産地に主として帰せられるものであることの理由、⑧農林水産物等がその生産地において生産されてきた実績、⑨法第13条第１項第４号ロ該当の有無等、⑩連絡先を記載することになります（別紙２「明細書作成マニュアル」）。

（1）明細書の①「作成者」の記載を変更する場合
　　この場合には、<u>明細書の記載を変更した後に、法第17条第１項の規定に基づく届出</u>をすることになります。詳しくは、<u>後記第４</u>をご覧ください。

（注）明細書の①「作成者」の記載を変更する場合とは、登録生産者団体の住所が変更になる場合、登録生産者団体の名称が変更になる場合、登録生産者団体の代表者（管理人）が変更になる場合、登録生産者団体のウェブサイトのアドレスが変更になる場合をいいます。

（2）明細書の③「農林水産物等の名称」から⑨「法第13条第１項第４号ロ該当の有無等」までの記載を変更する場合
　　この場合には、<u>その変更が登録事項に反するか否かによって手続が異なります</u>。

（注）この場合の登録事項とは、法第７条第１項第３号から第８号までに掲げる事項をいいます。

（参考）
（登録の申請）
法第７条　前条の登録（第15条、第16条、第17条第２項及び第３項並びに第22条第１項第１号ニを除き、以下単に「登録」という。）を受けようとする生産者団体は、農林水産省令で定めるところにより、次に掲げる事項を記載した申請書を農林水産大臣に提出しな

第4部 法律、ガイドライン等

> ければならない。
> 一 生産者団体の名称及び住所並びに代表者（法人でない生産者団体にあっては、その代表者又は管理人）の氏名
> 二 当該農林水産物等の区分
> 三 当該農林水産物等の名称
> 四 当該農林水産物等の生産地
> 五 当該農林水産物等の特性
> 六 当該農林水産物等の生産の方法
> 七 第二号から前号までに掲げるもののほか、当該農林水産物等を特定するために必要な事項
> 八 第二号から前号までに掲げるもののほか、当該農林水産物等について農林水産省令で定める事項
> 九 前各号に掲げるもののほか、農林水産省令で定める事項
> 2・3 （略）

（注）明細書の記載の変更が登録事項に反するとは、例えば、生産の方法として「「○○みかん」の糖度は10度から12度」が登録事項となっている場合に、明細書の記載を「「○○みかん」の糖度は10度から12度」を「「○○みかん」の糖度は9度から10度」と変更するような場合をいいます。

　　明細書の記載の変更が登録事項に反しないとは、例えば、上記の例において、明細書の記載を「「○○みかん」の糖度は10度から12度」を「「○○みかん」の糖度は11度から12度」と変更するような場合をいいます。

　ア　明細書の記載の変更が登録事項に反する場合には、<u>明細書の記載の変更をする前に</u>、<u>法第16条第1項の規定に基づく変更の登録の申請</u>をすることになります。詳しくは、<u>後記2</u>をご覧ください。

　イ　明細書の記載の変更が登録事項に反しない場合には、<u>明細書の記載を変更した後に</u>、<u>変更後の明細書（2部）を、農林水産省食料産業局新事業創出課に、郵送又は持参により提出してください</u>。

【提出先】
農林水産省食料産業局新事業創出課
〒100-8950　東京都千代田区霞が関1丁目2番1号
　電話　03-3502-8111（代表）　　内線　4286
受付時間：10時から12時まで、13時から17時まで

（3）明細書の⑩「連絡先」の記載を変更する場合
　　　この場合には、<u>明細書の記載を変更した後に</u>、<u>変更後の明細書（2部）</u>を、<u>農林水産省食料産業局新事業創出課に、郵送又は持参により提出してください</u>。

【提出先】
農林水産省食料産業局新事業創出課
〒100－8950　東京都千代田区霞が関1丁目2番1号
　電話　03－3502－8111（代表）　　内線　4286
受付時間：10時から12時まで、13時から17時まで

2　法第16条第1項の規定に基づく変更の登録の申請
　　明細書の③「農林水産物等の名称」から⑨「法第13条第1項第4号ロ該当の有無等」までの記載を変更する場合であって、明細書の記載の変更が登録事項に反する場合には、法第16条第1項の規定に基づく変更の登録の申請が必要となります。
（1）変更の登録の申請に必要な書類等の準備
　ア　法第16条第1項の規定に基づく変更の登録の申請には、**変更申請書、明細書、生産行程管理業務規程**が必要となります。
　　　変更申請書については、別紙5「法第16条第1項の変更申請書作成マニュアル」に従って作成してください。
　　　明細書と生産行程管理業務規程については、明細書の記載の変更を反映した最新のものを提出していただくことになります。
　イ　法第16条第1項の規定に基づく変更の登録の申請には、以下の**書類**が必要となります。括弧内に「全員」と記載がある場合には、変更申請者は、必ずその書類を添付しなければなりません。それ以外の場合は、記載された変更申請者のみがその書類を添付すれば足ります。
　（ア）委任状　**（代理人により変更の登録の申請をする変更申請者のみ）**
　（イ）法第13条第1項第2号ハに規定する経理的基礎を有することを証明する書類　**（明細書の記載の変更により生産行程管理業務規程を変更する変更申請者のみ）**
　　　　　最近の事業年度における財産目録・貸借対照表・収支計算書を提出してください。
　　　　　なお、これらの書類を添付することが難しい場合には、預貯金通帳の写し等を提出することもできます。
　（ウ）法第13条第1項第2号ニに規定する必要な体制が整備されていることを証明する書類　**（明細書の記載の変更により生産行程管理業務規程を変更する変更申請者のみ）**
　　　　　変更申請者の組織に関する規程、業務分担表等を提出してください。
　（エ）特定農林水産物等に該当することを証明する書類　**（明細書の記載のうち④「農林水産物等の生産地」、⑤「農林水産物等の特性」、⑥「農林水産物等の生産の方法」、⑦「農林水産物等の特性がその生産地に主として帰せられるものであることの理由」、⑧「農林水産物等がその生産地において生産されてきた実績」を変更する変更申請者のみ）**
　　　　　変更申請書の「4　変更を求める事項」の「（2）農林水産物等の生産地」・「（3）農林水産物等の特性」・「（4）農林水産物等の生産の方法」・「（5）農林水産物等の特性がその生産地に主として帰せられるものであることの理由」・「（6）農林水産物等がその生産地において生産されてきた実績」欄に記載した内容を裏付ける書類（録音したものや録画したものを含みます。）を提出することができます。

例えば、変更申請書に科学的データを記載した場合には、それを裏付ける論文や検査機関の検査結果等がこれに該当します。また、生産地の範囲や伝統性の記載を裏付ける新聞や雑誌の記事、論文等もこれに該当します。

　（オ）翻訳文　(外国語により添付書類を作成した変更申請者のみ)
（２）変更の登録の申請の方法
　　法第16条第1項の規定に基づく変更の登録の申請は、正本1通（副本の提出は不要です。）を、**郵送又は持参により**、提出窓口（農林水産省食料産業局新事業創出課）まで提出してください。持参により提出する場合には受付時間にご注意ください。

　　なお、いずれの場合も、窓口に到着した日が変更の登録の申請日となりますので、郵送により提出した場合であっても農林水産省に到着した日が変更の登録の申請日となるわけではありません。

【変更の登録の申請の受付窓口】

農林水産省食料産業局新事業創出課

〒100－8950　東京都千代田区霞が関１丁目２番１号

　電話　03－3502－8111（代表）　内線　4286

受付時間：10時から12時まで、13時から17時まで

（３）変更の登録の申請の受付・形式補正

　　変更の登録の申請が受け付けられますと、変更申請者には、変更の登録の申請を受け付けた旨の通知（特定農林水産物等審査要領別記様式17）がなされます。

　　受付後、変更の登録の申請の方式等について形式的な審査が行われます（具体的な内容については、特定農林水産物等審査要領をご参照ください。）。

　　審査の結果、変更の登録の申請の内容に形式的な不備がある場合には、農林水産省食料産業局新事業創出課の審査官が申請者に対し補正を求めることがあります（特定農林水産物等審査要領別記様式18）。補正を求められた場合には、その内容を精査の上、適切な対応をしてください（適切な対応がとられない場合には、変更の登録の申請が却下される場合等がありますので注意してください。）。

　　なお、補正が必要な場合には、特定農林水産物等審査要領別記様式19に従って補正を行ってください。

（４）公示から登録まで

（注）（４）の手続は、変更の登録の申請の対象となる事項が軽微な事項に該当する場合には、行われません。

　ア　公示

　　形式的な不備のない変更の登録の申請（不備を補正した変更の登録の申請を含みます。）については、その内容が、農林水産省のウェブサイト上に、公示されます。

農林水産省　地理的表示保護制度のウェブサイト
ＵＲＬ　http://www.maff.go.jp/j/shokusan/gi_act/notice/index.html

イ　意見書提出手続
　　　　公示後3か月間は、意見書提出期間となります。意見書が提出された場合には、意見書の写しを変更申請者に送付致しますので（特定農林水産物等審査要領別記様式25）、意見書の内容を踏まえ、あらためて地域内で話合いを行う、変更申請書等の内容を補正する、追加して書類を提出する等の対応をご検討ください（もちろん、意見書の内容によっては、「何もしない」という対応をとることも考えられます。）。
　　ウ　現地調査
　　　　審査官は、必要に応じて、現地調査を行う場合があります。現地調査を行うに当たっては、事前に、通知（特定農林水産物等審査要領別記様式26）を申請者に送付致します。
（5）実質的な補正
　　ア　変更申請者は、変更申請書、明細書、生産行程管理業務規程の内容を変更したいと考えた場合には、補正をすることができます。
　　イ　審査官は、変更申請者に対し、審査や意見書提出手続・学識経験者からの意見聴取手続の結果を踏まえ、変更申請書、明細書、生産行程管理業務規程の内容の補正を求める場合があります（特定農林水産物等審査要領別記様式27）。
　　　　この場合には、<u>特定農林水産物等審査要領別記様式28に従って補正を行ってください</u>。
（6）変更の登録
　　ア　変更の登録の場合
　　　　審査の結果、変更の登録が適当であると判断される場合には、変更申請者には、変更の登録をする旨の通知（特定農林水産物等審査要領別記様式29）がなされます。
　　イ　変更の登録の拒否の場合
　　　　審査の結果、変更の登録が不適当であると判断される場合には、変更申請者には、変更の登録を拒否する旨の通知（特定農林水産物等審査要領別記様式22）がなされます。
　　　　なお、この登録の拒否の判断は、行政処分ですので、不服がある場合には、行政不服審査法又は行政事件訴訟法に基づき不服を申し立てることができます。

第4　登録生産者団体の名称等の変更
　　明細書の①「作成者」の記載を変更する場合には、<u>明細書の記載を変更した後に、法第17条第1項の規定に基づく届出</u>をすることになります。
　　届出は、<u>届出書及び最新の明細書（各2部）を、農林水産省食料産業局新事業創出課に、郵送又は持参により提出してください</u>。また、<u>届出書は、特定農林水産物等審査要領別記様式30に従って作成してください</u>。

【提出先】
農林水産省食料産業局新事業創出課
〒100－8950　東京都千代田区霞が関1丁目2番1号
　電話　03－3502－8111（代表）　内線　4286
受付時間：10時から12時まで、13時から17時まで

第4部　法律、ガイドライン等

第5　生産行程管理業務規程の変更

　　生産行程管理業務規程の記載を変更する場合には、その記載の変更をする前に、法第18条の規定に基づく届出をすることになります。

　　届出は、届出書（2部）を、農林水産省食料産業局新事業創出課に、郵送又は持参により提出してください。また、届出書は、本ガイドラインの様式本－2に従って作成してください。

【提出先】

農林水産省食料産業局新事業創出課

〒100－8950　東京都千代田区霞が関1丁目2番1号

　電話　03－3502－8111（代表）　内線　4286

受付時間：10時から12時まで、13時から17時まで

第6　生産行程管理業務の休止

1　生産行程管理業務を休止する場合には、休止をする前に、法第19条の規定に基づく届出をすることになります。

　　届出は、届出書（2部）を、農林水産省食料産業局新事業創出課に、郵送又は持参により提出してください。また、届出書は、本ガイドラインの様式本－3に従って作成してください。

【注意】

　生産行程管理業務を休止しますと、休止をした登録生産者団体の構成員である生産業者は、登録された地理的表示と登録標章を使用することはできなくなります。

2　生産行程管理業務を休止した登録生産者団体がその生産行程管理業務を再開する場合には、再開をする前に、その旨を届け出てください。

　　届出は、届出書（2部）を、農林水産省食料産業局新事業創出課に、郵送又は持参により提出してください。また、届出書は、本ガイドラインの様式本－4に従って作成してください。

【提出先】

農林水産省食料産業局新事業創出課

〒100－8950　東京都千代田区霞が関1丁目2番1号

　電話　03－3502－8111（代表）　内線　4286

受付時間：10時から12時まで、13時から17時まで

第7　登録の失効

　　登録が失効した場合には、登録が失効した後に、法第20条第2項の規定に基づく届出をすることになります。

（注）登録が失効する場合とは、①登録生産者団体が解散した場合においてその清算が結了したとき、②登録生産者団体が生産行程管理業務を廃止したときをいいます。

なお、生産行程管理業務の休止期間が7年を経過しますと、生産行程管理業務を廃止したと判断されますので、ご注意ください。

届出は、届出書（2部）を、農林水産省食料産業局新事業創出課に、郵送又は持参により提出してください。また、届出書は、本ガイドラインの様式本－5に従って作成してください。

【提出先】
農林水産省食料産業局新事業創出課
〒100－8950　東京都千代田区霞が関1丁目2番1号
　電話　03－3502－8111（代表）　内線　4286
受付時間：10時から12時まで、13時から17時まで

第8　商標権者等の承諾の撤回
　　商標権者等が、登録に係る特定農林水産物等について、法に基づく登録をすることについて承諾していたが、登録後に、これを撤回する場合には、本ガイドラインの様式本－6に従って作成した撤回書を農林水産省食料産業局新事業創出課に、郵送又は持参により提出してください。

【提出先】
農林水産省食料産業局新事業創出課
〒100－8950　東京都千代田区霞が関1丁目2番1号
　電話　03－3502－8111（代表）　内線　4286
受付時間：10時から12時まで、13時から17時まで

第9　特定農林水産物等登録簿の謄写等
　1　特定農林水産物等登録簿等の謄写
　　特定農林水産物等登録簿、明細書及び生産行程管理業務規程の謄写を希望する方は、以下のいずれかの方法により、特定農林水産物等登録簿の謄写をすることができます。
（1）農林水産省食料産業局新事業創出課に来課する方法
　　農林水産省食料産業局新事業創出課の窓口まで来ていただき、特定農林水産物等登録簿等を謄写していただきます。
　　謄写を希望される方は、本ガイドラインの様式本－7に従って作成した請求書を提出してください。
（2）郵送による方法
　　返信用切手を同封の上、本ガイドラインの様式本－7に従って作成した請求書を農林水産省食料産業局新事業創出課に、郵送してください。

【郵送による方法の場合】
　謄写を希望される特定農林水産物等登録簿、明細書及び生産行程管理業務規程のページ数に応じて、必要となる切手の額が異なりますので、郵送による方法を希望する方は、事前に、下記窓口へ

問合せをしてください。
農林水産省食料産業局新事業創出課
　　電話　03－3502－8111（代表）　　内線　4286

【郵送先】
農林水産省食料産業局新事業創出課
〒100－8950　東京都千代田区霞が関1丁目2番1号
　　電話　03－3502－8111（代表）　　内線　4286

2　登録に係る特定農林水産物等に関する証明の請求
　　登録に係る特定農林水産物等に関する証明を希望する方は、以下のいずれかの方法により、登録に係る特定農林水産物等に関する証明（特定農林水産物等審査要領別記様式31）を求めることができます。
（1）農林水産省食料産業局新事業創出課に来課する方法
　　　登録に係る特定農林水産物等に関する証明を希望する方は、農林水産省食料産業局新事業創出課の窓口まで来ていただき、**本ガイドラインの様式本－8に従って作成した請求書**を提出してください。
（2）郵送による方法
　　　返信用切手を同封の上、**本ガイドラインの様式本－8に従って作成した請求書**を農林水産省食料産業局新事業創出課に、郵送してください。

【郵送による方法の場合】
　請求を希望される特定農林水産物等の数に応じて、必要となる切手の額が異なりますので、郵送による方法を希望する方は、**事前に**、下記窓口へ問合せをしてください。
農林水産省食料産業局新事業創出課
　　電話　03－3502－8111（代表）　　内線　4286

【郵送先】
農林水産省食料産業局新事業創出課
〒100－8950　東京都千代田区霞が関1丁目2番1号
　　電話　03－3502－8111（代表）　　内線　4286

様式本-2

生産行程管理業務規程の変更の届出書

年　月　日

農林水産大臣　殿

登録生産者団体　住所
　　　　　　　　名称
　　　　　　　　代表者（管理人）の氏名　印

特定農林水産物等の名称の保護に関する法律（平成26年法律第84号）第18条の規定に基づき、下記のとおり届け出ます。

記

1　登録番号

2　登録に係る特定農林水産物等の区分

3　登録に係る特定農林水産物等の名称

4　変更後の生産行程管理業務規程
　　別紙のとおり（※）

（※）変更後の生産行程管理業務規程には、下線を引くなどして、変更箇所がわかるようにしてください。

様式本-1

承諾書

年　月　日

農林水産大臣　殿

承諾者
　住所
　氏名又は名称
　代表者の氏名　印

下記1の登録商標の商標権者（専用使用権者）である私は、下記2の農林水産物等について、特定農林水産物等の名称の保護に関する法律（平成26年法律第84号）に基づく登録をすることについて承諾します。

記

1　商標について
（1）商標権者の氏名又は名称
（2）登録商標
（3）指定商品又は指定役務
（4）商標登録の登録番号
（5）商標権の設定の登録（当該商標権の存続期間の更新登録があったときは、商標権の設定の登録及び存続期間の更新登録）の年月日
（6）専用使用権者の氏名又は名称

2　農林水産物等について
（1）農林水産物等の区分
（2）農林水産物等の名称

第4部 法律、ガイドライン等

生産行程管理業務の休止の届出書

農林水産大臣　殿

登録生産者団体　住所
　　　　　　　　名称
　　　　　　　　代表者（管理人）の氏名　印

　　　　　　　　　　　　　　　　年　月　日

特定農林水産物等の名称の保護に関する法律（平成 26 年法律第 84 号）第 19 条の規定に基づき、下記のとおり届け出ます。

記

1　登録番号
2　登録に係る特定農林水産物の区分
3　登録に係る特定農林水産物等の名称
4　生産行程管理業務の休止を開始する日
5　生産行程管理業務を休止する理由
6　生産行程管理業務の再開予定日

生産行程管理業務の再開の届出書

農林水産省食料産業局新事業創出課長　殿

登録生産者団体　住所
　　　　　　　　名称
　　　　　　　　代表者（管理人）の氏名　印

　　　　　　　　　　　　　　　　年　月　日

生産行程管理業務を再開しますので、下記のとおり届け出ます。

記

1　登録番号
2　登録に係る特定農林水産物等の区分
3　登録に係る特定農林水産物等の名称
4　生産行程管理業務の再開をする日

地理的表示保護制度申請者ガイドライン

様式本-5

登録失効の届出書

農林水産大臣 殿

　　　　　　　　　　　　　　　　　　　年　月　日

　　　　　登録生産者団体　住所
　　　　　　　　　　　　　名称
　　　　　　　　　　　　　代表者（管理人）の氏名　　印

特定農林水産物等の名称の保護に関する法律（平成26年法律第84号）第20条第2項の規定に基づき、下記のとおり届け出ます。

記

1　登録番号

2　登録に係る特定農林水産物等の区分

3　登録に係る特定農林水産物等の名称

4　登録失効事由及びその年月日
　　登録失効の事由　□第20条第1項第1号
　　　　　　　　　　□第20条第1項第2号
　　（説明）

　　登録失効の年月日

様式本-6

撤回書

農林水産大臣 殿

　　　　　　　　　　　　　　　　　　　年　月　日

　　　　　　　　　　　　撤回者
　　　　　　　　　　　　　住所
　　　　　　　　　　　　　氏名又は名称　　　　印
　　　　　　　　　　　　　代表者の氏名

下記1登録商標の商標権者（専用使用権者）である私は、下記2の登録に係る特定農林水産物等について、　年　月　日に、特定農林水産物等の名称の保護に関する法律（平成26年法律第84号）に基づく登録をすることについて承諾しましたが、今般、これを撤回します。

記

1　商標について
　(1) 商標権者の氏名又は名称
　(2) 登録商標
　(3) 指定商品又は指定役務
　(4) 商標登録の登録番号
　(5) 商標権の設定の登録（当該商標権の存続期間の更新登録があったときは、商標権の設定の登録及び存続期間の更新登録）の年月日
　(6) 専用使用権者の氏名又は名称

2　登録に係る特定農林水産物等について
　(1) 登録番号
　(2) 登録に係る特定農林水産物等の区分
　(3) 登録に係る特定農林水産物等の名称

第4部 法律、ガイドライン等

特定農林水産物等の登録の証明請求書

年 月 日

住所（〒　　）
氏名又は名称
電話番号

農林水産省食料産業局新事業創出課長　殿

下記の特定農林水産物等について、特定農林水産物等の名称の保護に関する法律（平成26年法律第84号）第6条の登録がされていることの証明を請求します。

記

1　登録番号

2　登録に係る特定農林水産物等の区分

3　登録に係る特定農林水産物等の名称

特定農林水産物等登録簿等の謄写請求書

年 月 日

住所（〒　　）
氏名又は名称
電話番号

農林水産省食料産業局新事業創出課長　殿

下記の登録に係る
□　特定農林水産物等登録簿
□　明細書
□　生産行程管理業務規程
の謄写を請求します（※）。

記

1　登録番号

2　登録に係る特定農林水産物等の区分

3　登録に係る特定農林水産物等の名称

（※）謄写を希望される書類に「✓」を付してください。

地理的表示保護制度申請者ガイドライン　303

（別紙１）

申請書作成マニュアル

第１　申請書の様式等

１　申請書の様式

申請書の様式は法定されていますので、この様式に従って申請書を作成してください。

<u>法定された様式に従わない申請書については、不適法なものとして、申請が却下される場合がありますので、注意してください。</u>

申請書の様式については、下記の農林水産省のウェブサイトからダウンロードすることができます。

> 農林水産省　地理的表示保護制度のウェブサイト
> ＵＲＬ　http://www.maff.go.jp/j/shokusan/gi_act/index.html

２　申請書の規格

申請書の用紙は、Ａ４サイズとし、文字が透き通らない白色のものを縦長にして用いて、片面に記載してください（両面印刷はしないでください）。

余白は、少なくとも用紙の上下左右各２センチメートルをとってください。

３　申請書の用語

申請書は、日本語で作成してください。ただし、生産者団体の名称及び住所、代表者（法人でない生産者団体にあっては、その代表者又は管理人）の氏名並びに申請農林水産物等の名称については、外国語を用いて記載することができます。なお、外国語を用いて記載した場合には、その読み方等を確認させていただく場合があります。

第２　申請書の記載事項

１　日付

日付は、申請書を提出する日（郵送にする場合には送付する日）の年月日を記載してください。

【記載例１】

別記
様式第一号（第六条関係）

　　　　　　　　　　特定農林水産物等の登録の申請

農林水産大臣　殿

<u>　　　　　　　　　　　　　　　　　　　　　　　　　　平成 27 年 6 月 1 日</u>

　特定農林水産物等の名称の保護に関する法律（以下「法」という。）第 7 条第 1 項の規定に基づき、次のとおり登録の申請をします。

---

2 申請書を提出する者
(1) 申請者本人が申請書を提出する場合の記載方法

　　申請書を提出する者が申請者本人である場合には、「□申請者」の「□」欄に「✓」を付してください。

　　申請者の住所や名称は、本項には記載せず、「1　申請者」欄に記載してください。

【記載例2－①】

```
(この申請書を提出する者)
☑申請者（1に記載）　　□代理人（以下に記載）
　住所又は居所（フリガナ）：(〒　　　)

　氏名又は名称（フリガナ）：　　　　　　　　　　　　　　　印
　　法人の場合には代表者氏名：
　電話番号：
```

　　なお、「□申請者」の「□」欄に「✓」を付すことが難しい場合には、「■」とするなど、「□申請者」の「□」欄にチェックが入れられていることが明確に分かるようにしてください（「□」欄のチェックの方法については、以下も同じです。）。

【記載例2－②】

```
(この申請書を提出する者)
■申請者（1に記載）　　□代理人（以下に記載）
　住所又は居所（フリガナ）：(〒　　　)

　氏名又は名称（フリガナ）：　　　　　　　　　　　　　　　印
　　法人の場合には代表者氏名：
　電話番号：
```

(2) 代理人が申請書を提出する場合の記載方法

　　申請書を提出する者が代理人である場合には、「□代理人」の「□」欄に「✓」を付した上で、代理人の住所又は居所、氏名又は名称及び電話番号を記載し、「氏名又は名称」欄に押印してください。なお、代理人が氏名を自署する場合には、押印する必要はありません。

　　「フリガナ」欄には、住所又は居所及び氏名又は名称の読み方をカタカナで記載してください。

【記載例2－③】

```
(この申請書を提出する者)
□申請者（1に記載）　　☑代理人（以下に記載）
　　　　　　　　　　　　　　　　　トウキョウトチヨダクカスミガセキ　　　　　　マル
　住所又は居所（フリガナ）：(〒○○○－○○○○)　東京都千代田区霞ヶ関○丁目○番○号　○
　　　　　　　　　　　　　　　　　マルホウリツジムショ
　　　　　　　　　　　　　　　　　○法律事務所
```

```
氏名又は名称(フリガナ):　　マルマル　マルマル
　　　　　　　　　　　　　　○○　○○　　　　㊞
法人の場合には代表者氏名：
電話番号：０３－○○○○－○○○○
```

3　申請者
(1)　「単独申請又は共同申請の別」欄の記載方法
　　　申請者が単独の場合には「□　単独申請」の「□」欄に、申請者が複数の場合には「□　共同申請」の「□」欄に、それぞれ「✓」を付してください。

【記載例３－①】

単独申請の場合
1　申請者
(1)　単独申請又は共同申請の別
✓　単独申請　　□　共同申請
共同申請の場合
1　申請者
(1)　単独申請又は共同申請の別
□　単独申請　　✓　共同申請

(2)　「名称及び住所並びに代表者(又は管理人)の氏名」欄の記載方法
　ア　「住所」、「名称」及び「代表者(管理人)の氏名」欄には、商業登記簿等の公簿上の表記(申請者が法人でない団体の場合には、定款等の基本約款の記載)どおり、申請者の住所及び名称並びに代表者(又は管理人)の氏名を正確に記載し、「名称」欄に押印してください。なお、代表者(又は管理人)の氏名を記載するに当たっては、その肩書も記載するようにしてください。
　　　「フリガナ」欄には、住所及び名称の読み方をカタカナで記載してください。
　　　「ウェブサイトのアドレス」欄には、申請者のウェブサイトをアドレス(URL)を正確に記載してください。なお、「ウェブサイトのアドレス」欄の記載は任意ですので、記載しないこともできます。

【記載例３－②】

(2) 名称及び住所並びに代表者(又は管理人)の氏名
トウキョウトチヨダクカスミガセキ
住所(フリガナ)：(〒○○○－○○○○)東京都千代田区霞ヶ関○丁目○番○号
マルマルノウギョウキョウドウクミアイ
名称(フリガナ)：　　○○農業協同組合　　　　㊞
代表者(管理人)の氏名：　組合長　　○○　○○
ウェブサイトのアドレス：http://www.××××××/

　イ　申請者が外国の団体の場合には、「住所」、「名称」及び「代表者(管理人)の氏名」欄の

記載に当たっては、外国語を用いることもできます（日本語での記載も可）。また、外国語を用いる場合には、その読み方を「フリガナ」欄に記載することもできます。
　ウ　共同申請の場合には、共同申請者全員について、「名称及び住所並びに代表者（又は管理人）の氏名」欄を記載してください。

【記載例３－③】

（２）名称及び住所並びに代表者（又は管理人）の氏名
　（申請者①）
　　　　　　　　　　　　　　　　　　トウキョウトチヨダクカスミガセキ
　住所（フリガナ）：（〒○○○－○○○○）東京都千代田区霞ヶ関○丁目○番○号
　　　　　　　　　　マルマルノウギョウキョウドウクミアイ
　名称（フリガナ）：　○○農業協同組合　　　印
　　代表者（管理人）の氏名：　組合長　　○○　○○
　ウェブサイトのアドレス：http://www.××××××/
　（申請者②）
　　　　　　　　　　　　　　　　　　トウキョウトチヨダクカスミガセキ
　住所（フリガナ）：（〒△△△－△△△△）東京都千代田区霞ヶ関△丁目△番△号
　　　　　　　　　　サンカクサンカクノウギョウキョウドウクミアイ
　名称（フリガナ）：　△△農業協同組合　　　印
　　代表者（管理人）の氏名：　組合長　　△△　△△
　ウェブサイトのアドレス：http://www.××××××/

（３）「申請者の法形式」欄の記載方法
　ア　「申請者の法形式」欄には、申請者の設立の根拠となっている法律名がわかるように記載してください。

【記載例３－④】

（３）申請者の法形式：農業協同組合法に基づき設立された農業協同組合

　イ　申請者が法人でない団体の場合には、法人でない団体であることがわかるように記載してください。

【記載例３－⑤】

（３）申請者の法形式：法人でない団体

　ウ　共同申請の場合には、共同申請者ごとに、「申請者の法形式」欄を記載してください。

【記載例３－⑥】

（３）申請者の法形式：
　（申請者①）農業協同組合法に基づき設立された農業協同組合
　（申請者②）法人でない団体

4　農林水産物等の区分

　　「区分名」及び「区分に属する農林水産物等」欄は、「特定農林水産物等の名称の保護に関する法律第三条第二項の規定に基づき農林水産物等の区分を定める件」（平成 27 年農林水産省告示第 1395 号。以下単に「告示」といいます。）の内容を踏まえて記載する必要があります。

　　このため、「区分名」及び「区分に属する農林水産物等」欄の記載に当たっては、**必ず**、告示の内容を確認してください。なお、当該告示の内容は、農林水産省ウェブサイトから確認できます。

（1）「区分に属する農林水産物等」欄の記載方法

　ア　「区分に属する農林水産物等」欄には、申請農林水産物等に対応した農林水産物等を、告示の「区分に属する農林水産物等」欄から選択し、記載してください。

【記載例4－①：申請農林水産物等がリンゴの場合】

```
2　農林水産物等の区分
　区分名：
　区分に属する農林水産物等：りんご
```

　イ　「区分に属する農林水産物等」欄へは、告示の「区分に属する農林水産物等」欄に定められた農林水産物等のうち、最も具体的なものを記載するようにしてください。

【記載4－②：申請農林水産物等がリンゴの場合】

```
○　良い例
2　農林水産物等の区分
　区分名：
　区分に属する農林水産物等：りんご
──────────────────────────────
×　悪い例（最も具体的な農林水産物等を記載していない）
2　農林水産物等の区分
　区分名：
　区分に属する農林水産物等：仁果類
　　（注）「仁果類」は、「第3類　果実類」に属する農林水産物等として、最も具体的なものではない。
```

　　なお、申請農林水産物等に対応した農林水産物等が、告示の「区分に属する農林水産物等」欄に記載されていない場合（各区分の最後の号に規定された包括的なものに該当する場合）には、その最後の号に規定された包括的な規定内容及び申請農林水産物等の種類を記載してください。

【記載例4－③：申請農林水産物等が告示の下欄の「その他」に該当する場合】

```
2　農林水産物等の区分
　区分名：第2類　野菜類
　区分に属する農林水産物等：第1号から前号までに掲げるもの以外の野菜（※括弧内には申請農
　　　　　　　　　　　　　　林水産物等の種類を記載してください）
```

（2）「区分名」欄の記載方法

　ア　「区分名」欄には、「区分に属する農林水産物等」欄に記載した農林水産物等に対応した区分を、告示において定められている第1類から第42類までの中から選択し、記載してください。その際、「第〇類」についても省略せず記載してください。

【記載例4－④：申請農林水産物等がリンゴの場合】

○　良い例
2　農林水産物等の区分
　区分名：第3類　果実類
　区分に属する農林水産物等：りんご

×　悪い例（適切な区分名を記載していない）
2　農林水産物等の区分
　区分名：第2類　野菜類
　区分に属する農林水産物等：りんご
　　（注）りんごは、「第2類　野菜類」ではなく、「第3類　果実類」に含まれている。

　イ　「区分名」欄には、複数の区分を記載することはできませんので、一つの区分のみを記載してください。
　　　同一の名称を複数の区分で登録したい場合には、区分ごとに申請をしてください。

【記載例4－⑤】

○　良い例
2　農林水産物等の区分
　区分名：第3類　野菜

×　悪い例（区分名が複数記載されている）
2　農林水産物等の区分
　区分名：第3類　野菜
　　　　　第17類　野菜加工品類

5　農林水産物等の名称

（1）「名称」欄の記載方法

　ア　「名称」欄には、申請農林水産物等の名称を記載し、「フリガナ」欄には、その漢字の読み方をカタカナで記載してください。

【記載例5－①】

3　農林水産物等の名称
　　　　　　マルマル
　名称（フリガナ）：〇〇りんご

　イ　「名称」欄には、申請農林水産物等の名称として使用されてきた名称であれば、地名を

含まない名称であっても、記載することができます。

【記載例5－②】
```
3  農林水産物等の名称
              マルマルマルマル
   名称（フリガナ）：〇〇〇〇
     (注) 〇〇〇〇には地名が含まれていない。
```

　　ウ　地名を含む名称の場合、その地名は、必ずしも、現在の行政区画名として用いられている地名である必要はありません。過去の行政区画名や旧国名であっても記載することができます。

【記載例5－③】
```
3  農林水産物等の名称
              サンカクサンカク
   名称（フリガナ）：△△りんご
     (注) △△市は〇〇市と合併し、現在の行政区画名は〇〇市となっている。
```

　（2）複数の表記法で名称を記載する場合

　　ア　「名称欄」には、ひらがな・カタカナ・漢字・ローマ字（アルファベット）を相互に変換することで、複数の表記法により記載することができますので、申請農林水産物等の名称に複数の表記を用いている場合には、それらを併せて記載するようにしてください。

【記載例5－④：「りんご」の表記について、ひらがなとカタカナを用いている場合】
```
3  農林水産物等の名称
              マルマル、     マルマル
   名称（フリガナ）：〇〇りんご、〇〇リンゴ
```

　　イ　「名称」欄には、外国語を用いることで、複数の表記法により記載することもできます。特に、申請農林水産物等の日本国外への輸出を想定している場合には、輸出時に使用する翻訳された名称等についても併せて記載するようにしてください。

【記載例5－⑤】
```
3  農林水産物等の名称
              マルマルウシ
   名称（フリガナ）：〇〇牛、●●BEEF
     (注)「●●」は「〇〇」をローマ字表記したもの。
```

　　ウ　申請農林水産物等を指称する名称として認知されている名称が複数ある場合には、「名称」欄には、複数の名称を記載することができます。

【記載例5-⑥:ある牛肉を指称する名称として「○○牛」と「○○ビーフ」の二つが認知されている場合】

> 3　農林水産物等の名称
>
> 　　名称（フリガナ）：<ruby>○○牛<rt>マルマルウシ</rt></ruby>、<ruby>○○ビーフ<rt>マルマル</rt></ruby>

【記載例5-⑦:あるミカンを指称する名称として「○○みかん」と「○○△△みかん」の二つが認知されている場合】

> 3　農林水産物等の名称
>
> 　　名称（フリガナ）：<ruby>○○みかん<rt>マルマル</rt></ruby>、<ruby>○○△△みかん<rt>マルマルサンカクサンカク</rt></ruby>

（4）名称の使用実績を証明する書類の提出

　　「名称」欄に記載した名称（複数の名称を記載した場合にはその全て）については、申請農林水産物等を指称する名称としての使用実績があることを証明する書類を添付する必要があります。

　　なお、申請農林水産物等の輸出を想定して輸出時に使用することが見込まれる翻訳等された名称を記載する場合には、上記書類の添付は不要です。ただし、真に使用することが見込まれる名称に絞って記載するようにしてください。

6　農林水産物等の生産地

（1）「生産地の範囲」欄の記載方法

　ア　「生産地の範囲」欄には、申請農林水産物等の生産が行われている場所、地域等の範囲を、その範囲が明確となるように、可能な限り行政区画名を用いて記載してください。

【記載例6-①】

> ○　良い例
> 4　農林水産物等の生産地
> 　　生産地の範囲：○○県△△市及び○○県□□市××町
> > （注）○○県△△市と○○県□□市××町は隣接している。
>
> ×　悪い例（生産地の範囲が不明確）
> 4　農林水産物等の生産地
> 　　生産地の範囲：○○県△△市及びその周辺地域

　　生産地が複数の都道府県又は市町村に及んでいる場合には、その範囲を正確に記載してください。

【記載例6-②】

> 4　農林水産物等の生産地
> 　　生産地の範囲：○○県△△市、□□市及び××市

行政区画名については、過去の行政区画名を用いることもできますが、この場合には、いつの時点における行政区画名であるかがわかるように記載してください。

【記載例6－③：□□市は△△市と合併し、現在の行政区画名は△△市となっている場合】

> 4 農林水産物等の生産地
> 　生産地の範囲：平成○○年○月○日現在における行政区画名としての○○県□□市

　　イ　「生産地の範囲」欄の記載に当たって行政区画名を用いない場合には、申請農林水産物等の生産が行われている地の範囲が明確となるように、施設名等を用いて記載してください。

【記載例6－④：申請農林水産物等の水揚げ地を生産地とする場合】

> 4 農林水産物等の生産地
> 　生産地の範囲：○○県△△市□□港

　　特に、「生産地の範囲」欄に、水域（海域）を記載する場合には、位置関係を示す図面を添付するようにし、図面を添付する旨を記載してください。

【記載例6－⑤：申請農林水産物等の漁獲地を生産地とする場合】

> 4 農林水産物等の生産地
> 　生産地の範囲：○○県△△市□□沖（位置関係は別紙（略）のとおり）

（2）加工品の場合
　　ア　申請農林水産物等が加工品の場合には、申請農林水産物等に特性を付与・保持する行為が行われる地を生産地として、「生産地の範囲」欄に記載してください。

【記載例6－⑥：国産原料を使用し○○県△△市で加工したものについて、加工地を生産地とする場合】

> 4 農林水産物等の生産地
> 　生産地の範囲：○○県△△市

　　イ　原料生産地（「生産地の範囲」欄に加工地を記載した場合）又は加工地（「生産地の範囲」欄に原料生産地を記載した場合）の範囲を限定する場合には、これを生産の方法として記載することができます。

【記載例6－⑦：国産原料を使用し○○県△△市で加工したものについて、加工地を生産地とする場合】

> 4 農林水産物等の生産地
> 　生産地の範囲：○○県△△市
> 5 農林水産物等の特性
> 　　　　　　　　　　　　（略）
> 6 農林水産物等の生産の方法
> 　（説明）
> （1）原料

① 原料となる△△及び□□は、国産のものを使用する。
(略)

7 農林水産物等の特性

「農林水産物等の特性」欄には、申請農林水産物等の品質、社会的評価その他の確立した特性を記載してください。

(1) 品質を記載する場合には、特に、以下の点に注意してください。

ア 単に「おいしい」、「すばらしい」、「味が良い」、「美しい」と記載しないでください。

【記載例7－①】

× 悪い例
5 農林水産物等の特性 (説明)「○○みかん」は、他の産地の一般的なミカンと比べて、とても味が良く、おいしいミカンである。

× 悪い例
5 農林水産物等の特性 (説明)「○○りんご」の外観はとても美しく、すばらしいリンゴである。

イ 物理的な要素、化学的な要素、微生物学的な要素、官能的な要素等を踏まえて記載してください。

【記載例7－②：物理的な要素を踏まえた記載】

○ 良い例
5 農林水産物等の特性 (説明)「○○りんご」は、他の産地の一般的なリンゴと比べて、小さなリンゴ(「○○りんご」の重量は××から××グラム、直径は××センチメートル以下)であり、・・・。

○ 良い例
5 農林水産物等の特性 (説明)「○○漬」は、他の産地の一般的な漬物の形状とは異なって、独特な×××××といった形をしており、・・・。

【記載例7－③：化学的な要素を踏まえた記載】

○ 良い例
5 農林水産物等の特性 (説明)「○○りんご」は、他の産地の一般的なリンゴと比べて、糖度は約××度高く(「○○りんご」の糖度は××度)、・・・。

○ 良い例
5 農林水産物等の特性 (説明)「○○牛」は、他の産地の一般的な牛肉と比べて、うまみの成分となるイノシン酸(「○○牛」のイノシン酸含有量は×××)を多く含み、・・・。

○ 良い例
5　農林水産物等の特性
　（説明）「○○味噌」は、他の産地の一般的な味噌と比べて、各種アミノ酸（必須アミノ酸である××等を含んでいる。）を多く含み（「○○味噌」のアミノ酸含有量は××）、・・・。

【記載例7－④：微生物学的な要素を踏まえた記載】
○ 良い例
5　農林水産物等の特性
　（説明）「○○味噌」には、豊富な栄養素を含む酵母が多く含まれており（「○○味噌」の酵母の含有量は××）、・・・。

【記載例7－⑤：官能的な要素を踏まえた記載】
○ 良い例
5　農林水産物等の特性
　（説明）「○○○○」（魚）は、弾力のある身で歯ごたえのある食感であり、・・・。

○ 良い例
5　農林水産物等の特性
　（説明）「○○醤油」は、一般的な醤油とは異なり、その色が××であり、・・・。

【記載例7－⑥：化学的な要素及び官能的な要素を踏まえた記載】
○ 良い例
5　農林水産物等の特性
　（説明）「○○みかん」は、他の産地の一般的なミカンと比べて、糖度は約2、3度高く（「○○みかん」の糖度は××度以上）、酸味は少ない（「○○みかん」の酸度（クエン酸）は××％以下）、甘みと香りが強く、食味の良いミカンである。

　ウ　同種の農林水産物等と比較して差別化された特徴を記載してください。
【記載例7－⑦】
× 悪い例
5　農林水産物等の特性
　（説明）「○○りんご」は、糖度が高い、甘いリンゴである。

○ 良い例
5　農林水産物等の特性
　（説明）「○○りんご」は、他の産地の一般的なリンゴと比べて（一般的なリンゴの糖度は××度）、糖度が高く（「○○りんご」の糖度は××度以上）、甘いリンゴである。

（2）社会的評価を記載する場合には、可能なかぎり具体的な事例を踏まえて、過去又は現在の評判が、申請農林水産物等をどのように評価したものであるのかということを記載してくだ

さい。

【記載例7－⑧】

×　悪い例
5　農林水産物等の特性
（説明）「〇〇」は、全国的に知名度がある。
〇　良い例
5　農林水産物等の特性
（説明）「〇〇」は、昭和××年に「〇〇ブランド協議会」を設立し、ブランド管理に取り組んだ結果、平成××年度△△賞、平成××年度△△賞・・・の賞を受賞するとともに、各種のメディア（平成××年××月××日放送の〇〇テレビ「××」、平成××年××月××日の〇〇新聞・・・）において取り上げられ、全国的な知名度を有するに至っている。
△△賞は、□□の・・・を審査し・・・という方法によって評価するものであり、「〇〇」がこの賞を受賞したことは、・・・（特性等に関する評価）について高い評価を得たことを示すものである。

8　農林水産物等の生産の方法

　「農林水産物等の生産の方法」欄には、以下の点に注意して、申請農林水産物等の生産の行程を記載してください。

（1）本地理的表示保護制度において、「生産」とは、申請農林水産物等の特性と関係する行為をいいますので、「農林水産物等の生産の方法」欄には、特性と関係のない行程を記載する必要はありません。

　　特に、「農林水産物等の生産の方法」を含め**申請書の内容（申請農林水産物等の生産の方法等の内容を説明するために引用され、資料として添付されている書類を含む。）は、一般に公開されますので、特性とは直接関係しない行程の中に営業秘密・ノウハウが含まれる場合には、その記載の要否を慎重に検討するようにしてください。**

　　なお、特性と関係するものであれば、複数の基準を記載することもできます。

（2）特性が生産地の自然的条件に関係する場合には、「農林水産物等の生産の方法」欄には、その生産地で生産を行う旨記載してください。

（3）「農林水産物等の生産の方法」欄には、必ず、「2　農林水産物等の区分」欄に記載した「区分に属する農林水産物等」に対応した申請農林水産物等の最終製品としての形態を記載してください（例：「2　農林水産物等の区分」の「区分名」欄に「第3類　果実類」と、「区分の属する農林水産物等」欄に「りんご」とそれぞれ記載した場合には、申請農林水産物等の最終製品としての形態は、青果（りんご）となる。）。

【記載例8-①：品種・生産地の自然的条件・出荷規格が特性に関係する場合】

5　農林水産物等の特性

(説明)「〇〇みかん」は、他の産地の一般的なミカンと比べて、糖度は約2、3度高く(「〇〇みかん」の糖度は××度以上)、酸味は少ない(「〇〇みかん」の酸度(クエン酸)は××%以下)、甘みと香りが強く、食味の良いミカンである。

6　農林水産物等の生産の方法

(説明)「〇〇みかん」の生産の方法は、以下のとおりである。

(1) 品種

品種「A」を用いる。

(注) 品種「A」は〇〇市が発祥のミカンであり、甘みと香りが強いという特性は、品種「A」によるところが大きい。

(2) 栽培の方法

生産地(〇〇市)内において、品種「A」を用いて、栽培する。

(3) 出荷規格

出荷に当たっては、申請者が定めた「〇〇みかん出荷基準」(別紙(略))のとおり)により選別を行う。

(注)「〇〇ミカン出荷基準」には、糖度や酸度の定め等がある。なお、糖度については、早生のものは××度以上、通常のものは××度以上というように複数の基準が定められている。

(4) 最終製品としての形態

「〇〇みかん」の最終製品としての形態は、青果(ミカン)である。

【記載例8-②：生産地の自然的条件・栽培の方法・出荷規格が特性に関係する場合】

5　農林水産物等の特性

(説明)「〇〇みかん」は、他の産地の一般的なミカンと比べて、糖度は約2、3度高く(「〇〇みかん」の糖度は××度以上)、酸味は少ない(「〇〇みかん」の酸度(クエン酸)は××%以下)、甘みと香りが強く、食味の良いミカンである。

6　農林水産物等の生産の方法

(説明)「〇〇みかん」の生産の方法は、以下のとおりである。

(1) 品種

品種「A」又は「B」を用いる。

(2) 栽培の方法

生産地(〇〇市)内において、「A」又は「B」を用いて、栽培する。栽培に当たっては、△△県が定めた「防除基準」(別紙(略))のとおり)に従って防除を実施する。

(注)「防除基準」に従って防除を実施することにより、食味の良いミカンとなる。

(3) 出荷規格

出荷に当たっては、△△県が定めた「〇〇ミカン出荷基準」(別紙(略))のとおり)により選別を行う。

(注)「〇〇ミカン出荷基準」には、糖度や酸度の定め等がある。

（4）最終製品としての形態
　　「○○みかん」の最終製品としての形態は、青果（ミカン）である。

【記載例8-③：素牛と枝肉基準が特性と関係する場合】

5　農林水産物等の特性
　（説明）「○○牛」は、他の産地の一般的な牛肉と比べて、うまみの成分となるイノシン酸（「○○牛」のイノシン酸含有量は×××）を多く含み、・・・。
6　農林水産物等の生産の方法
　（説明）「○○牛」の生産の方法は、以下のとおりである。
（1）素牛
　　「○○牛」は、××牛を素牛とする。
　　（注）素牛である××牛は、うまみの成分となるイノシン酸（「○○牛」のイノシン酸含有量は×××）を多く含んでいる。
（2）肥育
　　生産地（○○市）内において、肉牛として出荷するまで飼養管理を行う。
（3）枝肉の基準
　　以下の基準を遵守すること。
　　① 牛の種類
　　　 生後××月以上××月以下の未経産雌牛
　　② 歩留・肉質等級
　　　 「A」「B」×等級以上
　　③ 脂肪交雑No
　　　 BMS値No××以上
　　④ 枝肉重量
　　　 ×××キログラム以上×××キログラム以下
　　（注）枝肉の基準は、牛肉のうまみに関係する。
（4）最終製品としての形態
　　「○○牛」の最終製品としての形態は、牛肉である。

【記載例8-④：飼養方法と枝肉基準が特性と関係する場合】

5　農林水産物等の特性
　（説明）「○○牛」は、他の産地の一般的な牛肉と比べて、うまみの成分となるイノシン酸（「○○牛」のイノシン酸含有量は×××）を多く含み、・・・。
6　農林水産物等の生産の方法
　（説明）「○○牛」の生産の方法は、以下のとおりである。
（1）素牛
　　「○○牛」の素牛は、黒毛和種とする。
（2）肥育
　　生産地（○○市）内において、肉牛として出荷するまで飼養管理を行う。飼養に当たっては、

××、××、××の餌を与える。
　　（注）××等の餌は、「○○牛」のうまみに関係する。
（3）枝肉の基準
　　以下の基準を遵守すること。
　　① 牛の種類
　　　　生後××月以上××月以下の未経産雌牛
　　② 歩留・肉質等級
　　　　「A」「B」×等級以上
　　③ 脂肪交雑Ｎｏ
　　　　ＢＭＳ値Ｎｏ××以上
　　④ 枝肉重量
　　　　××キログラム以上××キログラム以下
　　（注）枝肉の基準は、牛肉のうまみに関係する。
（4）最終製品としての形態
　　「○○牛」の最終製品としての形態は、牛肉である。

【記載例8-⑤：鮮度維持のための処理方法・出荷規格が特性と関係する場合】

4　農林水産物等の生産地
　生産地の範囲：○○県△△市□□港
5　農林水産物等の特性
　（説明）「○○○○」（魚）は、弾力のある身で歯ごたえのある食感であり、・・・。
6　農林水産物等の生産の方法
　（説明）「○○○○」の生産の方法は、以下のとおりである。
（1）水揚地
　　「○○○○」は、生産地（○○県△△市□□港）に水揚げされた☆☆（魚）とする。
　　（注）後記（2）の鮮度維持のための処理方法は、水揚地である□□港において伝統的
　　　　に行われてきた方法である。
（2）鮮度維持のための処理方法
　　□□港において水揚げされた☆☆について、××から××日間、生け簀に入れて管理する。
　　その後、□□港において、活け締めを行い、出荷する。
　　（注）生け簀における管理及び活け締めにより、「○○○○」の特性である弾力のある身
　　　　が維持される。
（3）出荷規格
　　「○○○○」は、××グラム以上の☆☆とする。
（4）最終製品としての形態
　　「○○○○」の最終製品としての形態は、鮮魚（☆☆）である。

【記載例8-⑥：漁獲地が特性と関係する場合】

4　農林水産物等の生産地

生産地の範囲：○○県△△市□□沖（位置関係は別紙（略）のとおり）
5　農林水産物等の特性
　（説明）「○○○○」（魚）は、弾力のある身で歯ごたえのある食感であり、・・・。
6　農林水産物等の生産の方法
　（説明）「○○○○」の生産の方法は、以下のとおりである。
（1）漁獲地
　　　「○○○○」は、生産地（○○県△△市□□沖）において漁獲された☆☆（魚）とする。
　　（注）□□沖で漁獲される☆☆は、「○○○○」の特性である弾力のある身で歯ごたえの
　　　　ある食感となる。
（2）水揚げ
　　　□□沖で漁獲された☆☆は、□□港に水揚げする。
（3）最終製品としての形態
　　　「○○○○」の最終製品としての形態は、鮮魚（☆☆）である。

【記載例8－⑦：伝統的な製法が特性と関係している場合】
4　農林水産物等の生産地
　生産地の範囲：○○市
5　農林水産物等の特性
　（説明）「○○味噌」には、豊富な栄養素を含む酵母が多く含まれており（「○○味噌」の酵母の
　　　　含有量は××）、・・・。
6　農林水産物等の生産の方法
　（説明）「○○味噌」の生産の方法は、以下のとおりである。
（1）原料
　　　「○○味噌」は、米味噌であり、その原料は、大豆、米及び食塩である。
（2）原料の配合割合
　　　「○○味噌」の麹歩合は、××割から××割とする。
　　　原料の配合割合は、「○○味噌」発祥当時のものと同じ、麹歩合が××割の場合には、大豆×
　　×キログラム当たり、米××キログラム、食塩××キログラム、種水××リットル、麹歩合が
　　××割の場合には、大豆××キログラム当たり、米××キログラム、食塩××キログラム、種
　　水××リットルとする。
　　（注）「○○味噌」の原料配合割合は、「○○味噌」の伝統的な製法に由来する基準であ
　　　　る。
（3）原料の処理
　　ア　大豆
　　　　大豆処理として、選別、洗浄、浸漬け及び煮熟を行う。
　　イ　米
　　　　米処理として、洗浄、浸漬け及び蒸煮を行い、米麹を作る。
（4）仕込み
　　　煮た大豆、米麹、食塩及び種水を混ぜ、仕込みを行う。

（5）発酵・熟成
　　　発酵・熟成期間は、××か月から××か月とする。
　　　　（注）「〇〇味噌」の発酵・熟成期間は、「〇〇味噌」の伝統的な製法に由来する基準である。
（6）最終製品としての形態
　　　「〇〇味噌」の最終製品としての形態は、味噌（加工品）である。

9　農林水産物等の特性がその生産地に主として帰せられるものであることの理由
　　「農林水産物等の特性がその生産地に主として帰せられるものであることの理由」欄には、生産地・生産の方法が、特性と関係していること（結び付き）を記載してください。また、記載に当たっては、「6　農林水産物等の生産の方法」欄に記載した内容と「5　農林水産物等の特性」欄に記載した内容を全て網羅し、それぞれがどのように関係しているのか（結び付いているのか）を詳しく記載してください。

（注）以下の記載例は、ある産品の結び付きを全て説明するものではありません。生産地と生産の方法の両方が特性と関係している場合には、後記（1）と（2）の両方の記載を踏まえて、結び付きを記載してください。

（1）生産地の自然的条件と特性が関係している場合
　　　生産地の自然的条件（地形、土壌、気候、降水量等）を、科学的データを用いるなどして詳しく記載し、その上で特性との結び付きを記載してください。
【記載例9－①】

7　農林水産物等の特性がその生産地に主として帰せられるものであることの理由
（説明）「〇〇〇〇」の生産地である☆☆市は、△△山と□□山に囲まれた山間地にあり、日中と夜間には大きな気温差がある（別紙（略）のとおり）。また、その土壌は、火山灰土壌となっており、水はけがよい。・・・・ 　　　　（注）別紙として、年間の平均気温を示したグラフを添付する。 　　これらの自然的条件を備えた生産地（☆☆市）において「〇〇〇〇」を栽培することにより、「〇〇〇〇」の他の産地の一般的な××と比べて、糖度が高い、酸味が少ないといった特性が生まれる。

（2）生産の方法と特性が関係している場合
　　　生産の方法のうち、特性と関係する部分について、その結び付きを記載してください。
　　ア　生産地発祥の品種を用いて栽培することが特性と関係している場合
　　　　「6　農林水産物等の生産の方法」欄に記載した品種が、「4　農林水産物等の生産地」欄に記載した生産地で発祥したことを具体的に記載してください。
【記載例9－②】

7　農林水産物等の特性がその生産地に主として帰せられるものであることの理由
（説明）「〇〇みかん」で用いられる品種「A」は、生産地である〇〇市の在来品種であり、約××年前から栽培が開始され、約××年前に「A」と名づけられた。

> 「○○みかん」の甘みと香りが強いという特性は、品種「A」によるところが大きい。

【記載例9－③】

> 7　農林水産物等の特性がその生産地に主として帰せられるものであることの理由
> 　（説明）「○○牛」の素牛である××牛は、他県の牛との交配を避け、生産地である○○県の牛のみを歴代にわたり交配した牛である。
> 　「○○牛」のうまみの成分となるイノシン酸（「○○牛」のイノシン酸含有量は×××）を多く含んでいる等といった特性は、素牛である××牛によるところが大きい。

　　イ　生産地に由来する伝統製法が特性と関係している場合
　　　「6　農林水産物等の生産の方法」欄に記載した生産の方法のうち、伝統製法に該当する部分を明らかにした上で、その伝統製法が「4　農林水産物等の生産地」欄に記載した生産地で発祥したことを具体的に記載してください。

【記載例9－④】

> 7　農林水産物等の特性がその生産地に主として帰せられるものであることの理由
> 　（説明）「○○味噌」は、1×××年（□□時代）、当時の△△藩（現在の○○県）で、その生産が開始された。当時の「○○味噌」の製法は、他の藩の味噌とは異なり、原料配合割合が××××、発酵・熟成期間が××か月であった。
> 　「○○味噌」の生産の方法のうち、原料配合割合及び発酵・熟成期間は、「○○味噌」発祥当時のものと同じであり、これらの生産の方法を用いることで「○○味噌」の豊富な栄養素を含む酵母が多く含まれる等の特性が生まれる。

　　ウ　独自の選択をすることにより複数組み合わせた生産の方法が特性と関係している場合
　　　「6　農林水産物等の生産の方法」欄に記載した生産の方法（特性と関係のあるもの）の各行程が、申請者が独自の選択をしたことにより複数組み合わせたものであることを明らかにしてください。

【記載例9－⑤】

> 7　農林水産物等の特性がその生産地に主として帰せられるものであることの理由
> 　（説明）「○○牛」の生産の方法である肥育方法と枝肉基準は、申請者が立ち上げた「××牛協議会」（構成員は「○○牛」の生産業者や流通業者等）において、昭和××年に決定され、以後、その基準を満たしたものだけを「○○牛」として流通販売させていた。
> 　この肥育方法と枝肉基準により、「○○牛」ののうまみの成分となるイノシン酸（「○○牛」のイノシン酸含有量は×××）を多く含んでいる等といった特性が生まれる。

10　農林水産物等がその生産地において生産されてきた実績
　（1）「農林水産物等がその生産地において生産されてきた実績」欄には、申請農林水産物等の生産が開始された時期及び生産期間の合計を記載してください。
　　なお、「農林水産物等がその生産地において生産されてきた実績」欄の記載に当たっては、申請農林水産物等に実績（伝統性）があると判断されるためには、申請農林水産物等が同種の農林水産物等と比較して差別化された特徴を有した状態で、概ね25年生産がされた実績が

あることが必要となることに留意してください。

【記載例10-①】

8	農林水産物等がその生産地において生産されてきた実績
	（説明）「○○」は、昭和××年に、その生産を開始し、現在に至るまで、合計××年間、その生産を継続している。

（2）申請農林水産物等の生産を中断していた期間がある場合には、生産の開始時期、生産期間の合計に加えて、生産の中断時期及び中断期間の合計を記載してください。

【記載例10-②】

8	農林水産物等がその生産地において生産されてきた実績
	（説明）「○○」は、大正××年に、その生産を開始し、昭和××年まで、生産を継続したが、同年に生産を中断した。その後、××年間の中断期間を経て、平成××年に生産を再開し、現在まで、その生産を継続している。「○○」の生産期間は、中断期間を除いて、合計××年間である。

（3）「農林水産物等がその生産地において生産されてきた実績」欄には、生産の開始時期及び生産期間の合計に加えて、申請農林水産物等の伝統性を説明するため、申請農林水産物等の発祥や来歴等を記載することもできます。

【記載例10-③】

8	農林水産物等がその生産地において生産されてきた実績
	（説明）郷土史「△△」によると、平安時代×××年に、○○地域で、△△の栽培・加工が行われるようになった。 　　その後、明治××年に、ＸＸやＹＹらにより、△△の栽培・加工について研究が開始され、その結果、高品質な△△が生まれ、「○○△△」と名付けられた。 　　昭和××年に、「○○△△協議会」が設立され、ブランド管理に取り組み、現在に至るまで、その生産を継続している。

（4）なお、生産の開始時期や生産期間を具体的に特定できない場合には、概括的な記載をすることも可能です。

【記載例10-④】

8	農林水産物等がその生産地において生産されてきた実績
	（説明）「○○」は、江戸時代中期（××××年代）に、その生産が開始され、現在に至るまでその生産を継続している。

11　法第13条第1項第4号ロ該当の有無等
（1）「（1）法第13条第1項第4号ロ該当の有無」欄の記載方法
　　ア　申請農林水産物等の名称について、「同一又は類似の登録商標がある場合」には、「□　該当する」の「□」欄に、同一又は類似の登録商標がない場合には、「□　該当しない」の「□」欄に、それぞれ「✓」を付してください。

「同一又は類似の登録商標がある場合」とは、申請農林水産物等の名称と登録商標が同一又は類似の場合であって、かつ、申請書の「2　農林水産物等の区分」の「区分に属する農林水産物等」欄に記載したものが、以下のいずれかに該当する場合をいいます。なお、類似の判断は、商標審査基準に従います。

① 申請書の「2　農林水産物等の区分」の「区分に属する農林水産物等」欄に記載したものと、登録商標の指定商品とが同一の場合
② 申請書の「2　農林水産物等の区分」の「区分に属する農林水産物等」欄に記載したものと、登録商標の指定商品とが類似する場合
③ 申請書の「2　農林水産物等の区分」の「区分に属する農林水産物等」欄に記載したものに関する役務（関連役務）と、登録商標の指定役務とが同一の場合
④ 申請書の「2　農林水産物等の区分」の「区分に属する農林水産物等」欄に記載したものに類似する商品に関する役務（関連役務）と、登録商標の指定役務とが同一の場合

【記載例11－①】

該当する場合

9　法第13条第1項第4号ロ該当の有無等
（1）法第13条第1項第4号ロ該当の有無
　　　申請農林水産物等の名称は、法第13条第1項第4号ロに
　　　☑　該当する

（略）

　　　□　該当しない

該当しない場合

9　法第13条第1項第4号ロ該当の有無等
（1）法第13条第1項第4号ロ該当の有無
　　　申請農林水産物等の名称は、法第13条第1項第4号ロに
　　　□　該当する

（略）

　　　☑　該当しない

イ　「□　該当する」の「□」欄に「✓」を付した場合には、該当する登録商標について、商標権者の氏名又は名称、登録商標、指定商品又は指定役務、商標登録の登録番号及び商標権の設定の登録の年月日を記載してください。

【記載例11－②】

9　法第13条第1項第4号ロ該当の有無等
（1）法第13条第1項第4号ロ該当の有無
　　　申請農林水産物等の名称は、法第13条第1項第4号ロに
　　　☑　該当する
　　　　商標権者の氏名又は名称：○○株式会社
　　　　登録商標：△△

> 指定商品又は指定役務：29　冷凍果実　冷凍りんご
> 　　　　　　　　　　　31　果実　りんご
> 商標登録の番号：第××××号
> 商標権の設定の登録（当該商標権の存続期間の更新登録があったときは、商標権の設定の登録及び存続期間の更新登録）の年月日：平成××年×月×日

　なお、申請者が、該当する登録商標の商標権者である場合には、その旨がわかるように記載してください。

【記載例11－③】

> 9　法第13条第1項第4号ロ該当の有無等
> （1）法第13条第1項第4号ロ該当の有無
> 　　申請農林水産物等の名称は、法第13条第1項第4号ロに
> 　☑　該当する
> 　　商標権者の氏名又は名称：○○農業協同組合（申請者）
> 　　登録商標：△△
> 　　指定商品又は指定役務：29　冷凍果実　冷凍りんご
> 　　　　　　　　　　　　31　果実　りんご
> 　　商標登録の番号：第××××号
> 　　商標権の設定の登録（当該商標権の存続期間の更新登録があったときは、商標権の設定の登録及び存続期間の更新登録）の年月日：平成××年×月×日

　ウ　商標権の設定の登録の年月日については、商標権の存続期間の更新登録があった場合には、商標権の設定の登録の年月日及び商標権の存続期間の更新登録の年月日の両方を記載してください。

【記載例11－④】

> 　　商標権の設定の登録（当該商標権の存続期間の更新登録があったときは、商標権の設定の登録及び存続期間の更新登録）の年月日：
> 　①　商標権の設定の登録の年月日
> 　　平成××年×月×日
> 　②　商標権の存続期間の更新登録の年月日
> 　　平成××年×月×日

　エ　該当する登録商標が複数ある場合には、該当する登録商標を全て記載してください。

【記載例11－⑤】

> 9　法第13条第1項第4号ロ該当の有無等
> （1）法第13条第1項第4号ロ該当の有無
> 　　申請農林水産物等の名称は、法第13条第1項第4号ロに
> 　☑　該当する
> 　①　登録商標「△△」

第4部 法律、ガイドライン等

> 商標権者の氏名又は名称：○○株式会社
> 登録商標：△△
> 指定商品又は指定役務：29　冷凍果実　冷凍りんご
> 　　　　　　　　　　　31　果実　りんご
> 商標登録の番号：第××××号
> 商標権の設定の登録（当該商標権の存続期間の更新登録があったときは、商標権の設定の登録及び存続期間の更新登録）の年月日：平成××年×月×日
>
> ② 登録商標「□□」
> 商標権者の氏名又は名称：☆☆株式会社
> 登録商標：□□
> 指定商品又は指定役務：29　冷凍果実　冷凍りんご
> 　　　　　　　　　　　31　果実　りんご
> 商標登録の番号：第××××号
> 商標権の設定の登録（当該商標権の存続期間の更新登録があったときは、商標権の設定の登録及び存続期間の更新登録）の年月日：平成××年×月×日

　オ 「□　該当しない」の「□」欄に「✓」を付した場合には、「（2）第13条第2項該当の有無」欄を記載する必要はありません。
（2）「（2）法第13条第2項該当の有無」欄の記載方法
　　「（2）法第13条第2項該当の有無」欄については、以下の場合に応じて、記載をしてください。
　ア 申請者が法第13条第2項第1号に該当する場合
　　「□　法第13条第2項第1号に該当」の「□」欄に、「✓」を付してください。

> （注）法第13条第2項第1号に該当する場合とは、申請者が、該当する登録商標の商標権者である場合をいいます。この場合において、該当する登録商標について専用使用権者がいるときは、専用使用権者の承諾も必要となります。

　　該当する登録商標について、専用使用権者がいない場合には「□　専用使用権は設定されていない。」の「□」欄に、専用使用権者がいる場合には「□　専用使用権は設定されている。」の「□」欄に、それぞれ「✓」を付してください。
　　また、「□　専用使用権は設定されている。」の「□」欄に「✓」を付した場合には、専用使用権者の氏名又は名称及び専用使用権者の承諾の年月日を記載してください。

【記載例11－⑥】

専用使用権者がいない場合

（2）法第13条第2項該当の有無（（1）で「該当する」欄にチェックを付した場合に限る。）

　☑　法第13条第2項第1号に該当

　【専用使用権】

　　□　専用使用権は設定されている。
　　　　専用使用権者の氏名又は名称：
　　　　専用使用権者の承諾の年月日：
　　☑　専用使用権は設定されていない。

専用使用権者がいる場合

（2）法第13条第2項該当の有無（（1）で「該当する」欄にチェックを付した場合に限る。）

　☑　法第13条第2項第1号に該当

　【専用使用権】

　　☑　専用使用権は設定されている。
　　　　専用使用権者の氏名又は名称：☆☆株式会社
　　　　専用使用権者の承諾の年月日：平成××年××月××日
　　□　専用使用権は設定されていない。

　該当する登録商標が複数ある場合には、該当する登録商標を全て記載してください（申請者が法第13条第2項第2号に該当する場合及び法第13条第2項第3号に該当する場合も同じです。）。

【記載例11－⑦】

（2）法第13条第2項該当の有無（（1）で「該当する」欄にチェックを付した場合に限る。）

　①　登録商標「△△」

　　☑　法第13条第2項第1号に該当

　　【専用使用権】

　　　□　専用使用権は設定されている。
　　　　　専用使用権者の氏名又は名称：
　　　　　専用使用権者の承諾の年月日：
　　　☑　専用使用権は設定されていない。

　②　登録商標「□□」

　　☑　法第13条第2項第1号に該当

　　【専用使用権】

　　　□　専用使用権は設定されている。
　　　　　専用使用権者の氏名又は名称：
　　　　　専用使用権者の承諾の年月日：
　　　☑　専用使用権は設定されていない。

　イ　申請者が法第13条第2項第2号に該当する場合

「☐ 法第13条第2項第2号に該当」の「☐」欄に「✓」を付し、該当する登録商標の商標権者の承諾の年月日を記載してください。

> (注) 法第13条第2項第2号に該当する場合とは、申請者が、該当する登録商標の専用使用権者であり、該当する登録商標の商標権者の承諾を得ている場合をいいます。この場合において、該当する登録商標について、申請者以外に専用使用権者がいるときは、その専用使用権者の承諾も必要となります。

該当する登録商標について、申請者以外に専用使用権者がいない場合には「☐ 専用使用権は設定されていない。」の「☐」欄に、申請者以外に専用使用権者がいる場合には「☐ 専用使用権は設定されている。」の「☐」欄に、それぞれ「✓」を付してください。

また、「☐ 専用使用権は設定されている。」の「☐」欄に「✓」を付した場合には、専用使用権者の氏名又は名称及び専用使用権者の承諾の年月日を記載してください。

【記載例11-⑧】

申請者以外に専用使用権者がいない場合
☑ 法第13条第2項第2号に該当
　【商標権】
　　商標権者の承諾の年月日：平成××年××月××日
　【専用使用権】
　☐ 専用使用権は設定されている。
　　専用使用権者の氏名又は名称：
　　専用使用権者の承諾の年月日：
　☑ 専用使用権は設定されていない。

申請者以外に専用使用権者がいる場合
☑ 法第13条第2項第2号に該当
　【商標権】
　　商標権者の承諾の年月日：平成××年××月××日
　【専用使用権】
　☑ 専用使用権は設定されている。
　　専用使用権者の氏名又は名称：☆☆株式会社
　　専用使用権者の承諾の年月日：平成××年××月××日
　☐ 専用使用権は設定されていない。

該当する登録商標について、申請者以外に専用使用権者が複数いる場合には、その全てを記載してください。

【記載例11-⑨】

☑ 法第13条第2項第2号に該当
　【商標権】
　　商標権者の承諾の年月日：平成××年××月××日
　【専用使用権】

```
┌─────────────────────────────────────────────────────────────┐
│    ☑  専用使用権は設定されている。                          │
│    ①  専用使用権者☆☆株式会社                               │
│       専用使用権者の氏名又は名称：☆☆株式会社               │
│       専用使用権者の承諾の年月日：平成××年××月××日     │
│    ②  専用使用権者◇◇                                      │
│       専用使用権者の氏名又は名称：◇◇                      │
│       専用使用権者の承諾の年月日：平成××年××月××日     │
│    □  専用使用権は設定されていない。                        │
└─────────────────────────────────────────────────────────────┘

　　ウ　申請者が法第 13 条第 2 項第 3 号に該当する場合
　　　　「□　法第 13 条第 2 項第 3 号に該当」の「□」欄に「✓」を付し、該当する登録商標の商標権者の承諾の年月日を記載してください。

(注)法第 13 条第 2 項第 3 号に該当する場合とは、申請者が、該当する登録商標の商標権者の承諾を得ている場合をいいます。この場合において、該当する登録商標について専用使用権者がいるときは、専用使用権者の承諾も必要となります。

　　　　該当する登録商標について、専用使用権者がいない場合には「□　専用使用権は設定されていない。」の「□」欄に、専用使用権者がいる場合には「□　専用使用権は設定されている。」の「□」欄に、それぞれ「✓」を付してください。
　　　　また、「□　専用使用権は設定されている。」の「□」欄に「✓」を付した場合には、専用使用権者の氏名又は名称及び専用使用権者の承諾の年月日を記載してください。

【記載例 11－⑩】

┌─────────────────────────────────────────────────────────────┐
│ 専用使用権者がいない場合                                    │
│    ☑  法第 13 条第 2 項第 3 号に該当                        │
│    【商標権】                                               │
│       商標権者の承諾の年月日：平成××年××月××日         │
│    【専用使用権】                                           │
│    □  専用使用権は設定されている。                          │
│       専用使用権者の氏名又は名称：                          │
│       専用使用権者の承諾の年月日：                          │
│    ☑  専用使用権は設定されていない。                        │
├─────────────────────────────────────────────────────────────┤
│ 専用使用権者がいる場合                                      │
│    ☑  法第 13 条第 2 項第 3 号に該当                        │
│    【商標権】                                               │
│       商標権者の承諾の年月日：平成××年××月××日         │
│    【専用使用権】                                           │
│    ☑  専用使用権は設定されている。                          │
│       専用使用権者の氏名又は名称：☆☆株式会社               │
│       専用使用権者の承諾の年月日：平成××年××月××日     │
│    □  専用使用権は設定されていない。                        │
└─────────────────────────────────────────────────────────────┘
```

12 連絡先（文書送付先）

　申請後に、審査を担当する審査官から申請の内容について照会をさせていただく場合があります。「連絡先（文書送付先）」欄の記載は、この照会をする際に利用させていただきますので、照会に対して適切に回答することができる担当者の所属や氏名等を記載してください。

（1）「住所又は居所」欄及び「宛名」欄の記載方法

　「住所又は居所」欄及び「宛名」欄には、担当者が所属する団体の名称及び住所を記載してください。

　なお、担当者が所属する団体が申請者と同一の場合には、申請者と同じである旨を記載してください。

【記載例 12－①】

```
10　連絡先（文書送付先）
　住所又は居所：申請者と同じ
　宛名：申請者と同じ
```

（2）「担当者の氏名及び役職」欄、「電話番号」欄、「ファックス番号」欄及び「電子メールアドレス」欄の記載方法

　「担当者の氏名及び役職」欄、「電話番号」欄、「ファックス番号」欄及び「電子メールアドレス」欄には、平日昼間に連絡がとれる連絡先を正確に記載してください。なお、「ファックス番号」欄及び「電子メールアドレス」欄の記載は任意ですので、記載しないこともできます。

【記載例 12－②】

```
10　連絡先（文書送付先）
　住所又は居所：申請者と同じ
　宛名：申請者と同じ
　担当者の氏名及び役職：○○課　△△　△△
　電話番号：０３－○○○○－○○○○
　ファックス番号：０３－○○○○－○○○○
　電子メールアドレス：××××＠××××．××
```

（3）共同申請の場合

　共同申請の場合には、申請者ごとに、担当者の所属や氏名等を記載してください。

【記載例 12－③】

```
10　連絡先（文書送付先）
　（1）申請者○○の連絡先
　　住所又は居所：申請者○○と同じ
　　宛名：申請者○○と同じ
　　担当者の氏名及び役職：○○課　△△　△△
　　電話番号：０３－○○○○－○○○○
　　ファックス番号：０３－○○○○－○○○○
　　電子メールアドレス：××××＠××××．××
```

（2）申請者△△の連絡先
住所又は居所：申請者△△と同じ
宛名：申請者△△と同じ
担当者の氏名及び役職：○○課　△△　△△
電話番号：０３－○○○○－○○○○
ファックス番号：０３－○○○○－○○○○
電子メールアドレス：××××＠××××．××

13　添付書類の目録
（1）「添付書類の目録」欄の記載方法
　ア　「添付書類の目録」欄には、申請書に添付した書類全てについて、その「□」欄に「✓」を付してください。

【記載例13－①】

［添付書類の目録］
申請書に添付した書類の「□」欄に、チェックを付すこと。
☑1　明細書
☑2　生産行程管理業務規程
　　　　　　　　　　　　　　　（略）

　イ　添付書類の「書類名」欄には、申請書に添付する書類全てについて、その名称を具体的に記載してください。

【記載例13－②】

☑7　法第13条第1項第2号ハに規定する経理的基礎を有することを証明する書類
　　書類名：　（1）平成○○年度から平成○○年度までの各年度の財産目録
　　　　　　　（2）平成○○年度から平成○○年度までの各年度の貸借対照表
　　　　　　　（3）平成○○年度から平成○○年度までの各年度の収支計算書
　　　　　　　（4）生産行程管理業務の年間計画書

（2）共同申請の場合
　　共同申請の場合には、申請者ごとに、「添付書類の目録」欄を設けて、記載してください。

【記載例13－③】

［添付書類の目録］
申請書に添付した書類の「□」欄に、チェックを付すこと。
（1）申請者○○の添付書類
☑1　明細書
☑2　生産行程管理業務規程
　　　　　　　　　　　　　　　（略）
（2）申請者△△の添付書類
☑1　明細書

☑2　生産行程管理業務規程

(略)

(別紙2)

明細書作成マニュアル

第1　明細書の様式等

　1　明細書の様式

　　　明細書の様式は法定されていません。明細書の作成に当たっては、様式1を参考にしてください。

　　　明細書の様式（様式1）については、下記の農林水産省のウェブサイトからダウンロードすることができます。

> 農林水産省　地理的表示保護制度のウェブサイト
> ＵＲＬ　http://www.maff.go.jp/j/shokusan/gi_act/index.html

　2　明細書の規格

　　　明細書の用紙は、Ａ4サイズとし、文字が透き通らない白色のものを縦長にして用いて、片面に記載してください（両面印刷はしないでください）。

　　　余白は、少なくとも用紙の上下左右各2センチメートルをとってください。

　3　明細書の用語

　　　明細書は、日本語で作成してください。ただし、生産者団体の名称及び住所、代表者（法人でない生産者団体にあっては、その代表者又は管理人）の氏名並びに農林水産物等の名称については、外国語を用いて記載することができます。なお、外国語を用いて記載した場合には、その読み方等を確認させていただく場合があります。

第2　明細書の記載事項

　1　明細書に記載すべき事項

　　　明細書の内容については、原則として、<u>申請書の記載内容（「1　申請者」欄から「10　連絡先（文書送付先）」欄までの内容）を記載する</u>ことになります。

> （注）「農林水産物等の生産地」、「農林水産物等の特性」、「農林水産物等の生産の方法」に限っては、申請書の記載内容の趣旨に反しない範囲で、申請書の記載内容とは異なる記載をすることができます。
> 　この場合には、生産者団体の構成員である生産業者は、明細書の記載内容に従って、生産をすることになりますし、生産者団体も、明細書の記載内容に従って、生産行程管理業務を行うことになりますので、ご注意ください。

　2　日付

　　　日付は、明細書を作成した日の年月日を記載してください。

　　　なお、登録を受けた後に、明細書の内容を変更した場合には、変更した日の年月日を記載してください。

第4部　法律、ガイドライン等

【記載例1-①】

様式1
明　細　書
平成 27 年 6 月 1 日

【記載例1-②】

様式1
明　細　書
作成日：平成 27 年 6 月 1 日
改定日：平成××年×月×日

3　作成者

　　明細書は、生産者団体ごとに作成する必要があります。例えば、申請農林水産物等について、A団体とB団体が共同申請をする場合には、申請書は1通で足りますが、A団体作成の明細書とB団体作成の明細書の2通が必要となります。この場合、A団体作成の明細書の内容とB団体作成の明細書の内容が一緒でも構いません（もちろん、異なるものであってもよいです。）。

　　「作成者」欄には、申請書の「1　申請者」の「(2) 名称及び住所並びに代表者（又は管理人）の氏名」欄に記載した内容を記載してください。なお、「ウェブサイトのアドレス」欄の記載は任意ですので、記載しないこともできます。

4　農林水産物等の区分

　　「農林水産物等の区分」欄には、申請書の「2　農林水産物等の区分」欄に記載した内容を記載してください。

5　農林水産物等の名称

　　「農林水産物等の名称」欄には、申請書の「3　農林水産物等の名称」欄に記載した内容を記載してください。

6　農林水産物等の生産地

　　「農林水産物等の生産地」欄には、申請書の「4　農林水産物等の生産地」欄に記載した内容を記載してください。

7　農林水産物等の特性

　　「農林水産物等の特性」欄には、申請書の「5　農林水産物等の特性」欄に記載した内容を記載してください。

（注）例えば、生産者団体の独自の取組として、申請書の「農林水産物等の特性」欄に記載した産品の規格よりも厳しい規格を明細書の「農林水産物等の特性」欄に記載することや申請書の「農林水産物等の特性」欄に記載した産品の規格に新たな要件を付加したものを明細書の「農林水

産物等の特性」欄に記載することができます。
　申請書の記載内容と異なる内容を明細書に記載する場合には、異なる部分に下線を引いてください。

【記載例２－①：申請書の産品規格よりも厳しい産品規格を明細書に記載する場合】

5　農林水産物等の特性
　（説明）「〇〇りんご」は、他の産地の一般的なリンゴと比べて、糖度は約××度高く（「〇〇りんご」の糖度は<u>12度から14度</u>）、・・・。

　（注）申請書の「農林水産物等の特性」欄には、「「〇〇りんご」は、他の産地の一般的なリンゴと比べて、糖度は約××度高く（「〇〇りんご」の糖度は10度から14度）」と記載されている。

【記載例２－②：申請書の産品規格に新たな要件を付加したものを明細書に記載する場合】

5　農林水産物等の特性
　（説明）「〇〇りんご」は、他の産地の一般的なリンゴと比べて、<u>小さなリンゴ（「〇〇りんご」の重量は××から××グラム、直径は××センチメートル以下）</u>であり、糖度は約××度（「〇〇りんご」の糖度は××度）高く、・・・。

　（注）申請書の「農林水産物等の特性」欄には、リンゴの大きさについての記載がない。

8　農林水産物等の生産の方法

　「農林水産物等の生産の方法」欄には、申請書の「6　農林水産物等の生産の方法」欄に記載した内容を記載してください。

　（注）例えば、生産者団体の独自の取組として、申請書の「農林水産物等の生産の方法」欄に記載した生産の方法の一部を限定した生産の方法を明細書の「農林水産物等の生産の方法」欄に記載することや申請書の「農林水産物等の生産の方法」欄に記載した生産の方法に新たな行程を付加したものを明細書の「農林水産物等の生産の方法」欄に記載することができます。
　申請書の記載内容と異なる内容を明細書に記載する場合には、異なる部分に下線を引いてください。

【記載例３－①：申請書の生産の方法の一部を限定する場合】

6　農林水産物等の生産の方法
　（説明）「〇〇みかん」の生産の方法は、以下のとおりである。
　（1）品種
　　　<u>品種「A」</u>を用いる。

　（注）申請書の「農林水産物等の生産の方法」欄には、「(1)品種　品種「A」又は「B」を用いる。」と記載されている。

第4部　法律、ガイドライン等

【記載例3－②：申請書の生産の方法に新たな行程を付加する場合】

>6　農林水産物等の生産の方法
>　（説明）「〇〇みかん」の生産の方法は、以下のとおりである。
>（1）品種
>　　　品種「A」又は「B」を用いる。
>（2）栽培の方法
>　　　生産地（〇〇市）内において、「A」又は「B」を用いて栽培する。<u>栽培に当たっては、△△県が定めた「防除基準」（別紙（略）のとおり）に従って防除を実施する。</u>
>（注）申請書の「農林水産物等の生産の方法」欄には、「防除基準」についての記載がない。

9　農林水産物等の特性がその生産地に主として帰せられるものであることの理由

　「農林水産物等の特性がその生産地に主として帰せられるものであることの理由」欄には、申請書の「7　農林水産物等の特性がその生産地に主として帰せられるものであることの理由」欄に記載した内容を記載してください。

10　農林水産物等がその生産地において生産されてきた実績

　「農林水産物等がその生産地において生産されてきた実績」欄には、申請書の「8　農林水産物等がその生産地において生産されてきた実績」欄に記載した内容を記載してください。

11　法第13条第1項第4号ロ該当の有無等

　「法第13条第1項第4号ロ該当の有無等」欄には、申請書の「9　法第13条第1項第4号ロ該当の有無等」欄に記載した内容を記載してください。

12　連絡先

　「連絡先」欄には、生産者団体（明細書の作成者）の連絡先（住所又は居所、宛名、担当者の氏名及び役職並びに電話番号）を記載してください。なお、「ファックス番号」及び「電子メールアドレス」欄の記載は任意ですので、記載しないこともできます。

地理的表示保護制度申請者ガイドライン

様式別2-1

明　細　書

年　月　日

1　作成者
　住所（フリガナ）：（〒）
　名称（フリガナ）：
　　代表者（管理人）の氏名：
　ウェブサイトのアドレス：

2　農林水産物等の区分
　区分名：
　区分に属する農林水産物等：

3　農林水産物等の名称
　名称（フリガナ）：

4　農林水産物等の生産地
　生産地の範囲：

5　農林水産物等の特性
　　（説明）（※）
　（※）申請書の記載（登録事項）と異なる場合には、その部分に下線を引いてください。

6　農林水産物等の生産の方法
　　（説明）（※）
　（※）申請書の記載（登録事項）と異なる場合には、その部分に下線を引いてください。

7　農林水産物等の特性がその生産地に主として帰せられるものであることの理由
　　（説明）

8　農林水産物等がその生産地において生産されてきた実績
　　（説明）

9　法第13条第1項第4号ロ該当の有無等
（1）法第13条第1項第4号ロ該当の有無
　　　申請農林水産物等の名称は、法第13条第1項第4号ロに

□ 該当する

商標権者の氏名又は名称：

登録商標：

指定商品又は指定役務：

商標登録の登録番号：

商標権の設定の登録（当該商標権の存続期間の更新登録があったときは、商標権の設定の登録及び存続期間の更新登録）の年月日：

□ 該当しない

（2）法第13条第2項該当の有無（（1）で「該当する」欄にチェックを付した場合に限る。）

□ 法第13条第2項第1号に該当

【専用使用権】

□ 専用使用権は設定されている。

専用使用権者の氏名又は名称：

専用使用権者の承諾の年月日：

□ 専用使用権は設定されていない。

□ 法第13条第2項第2号に該当

【商標権】

商標権者の承諾の年月日：

【専用使用権】

□ 専用使用権は設定されている。

専用使用権者の氏名又は名称：

専用使用権者の承諾の年月日：

□ 専用使用権は設定されていない。

□ 法第13条第2項第3号に該当

【商標権】

商標権者の承諾の年月日：

【専用使用権】

□ 専用使用権は設定されている。

専用使用権者の氏名又は名称：

専用使用権者の承諾の年月日：

□ 専用使用権は設定されていない。

10　連絡先

住所又は居所：

宛名：

担当者の氏名及び役職：

電話番号：

ファックス番号：

電子メールアドレス：

(別紙3)

生産行程管理業務規程作成マニュアル

第1 生産行程管理業務規程の様式等
1 生産行程管理業務規程の様式
　生産行程管理業務規程の様式は法定されていません。生産行程管理業務規程の作成に当たっては、様式1を参考にしてください。
　生産行程管理業務規程の様式（様式1）については、下記の農林水産省のウェブサイトからダウンロードすることができます。

> 農林水産省　地理的表示保護制度のウェブサイト
> URL　http://www.maff.go.jp/j/shokusan/gi_act/index.html

2 生産行程管理業務規程の規格
　生産行程管理業務規程の用紙は、A4サイズとし、文字が透き通らない白色のものを縦長にして用いて、片面に記載してください（両面印刷はしないでください）。
　余白は、少なくとも用紙の上下左右各2センチメートルをとってください。

3 生産行程管理業務規程の用語
　生産行程管理業務規程は、日本語で作成してください。ただし、生産者団体の名称及び住所、代表者（法人でない生産者団体にあっては、その代表者又は管理人）の氏名並びに農林水産物等の名称については、外国語を用いて記載することができます。なお、外国語を用いて記載した場合には、その読み方等を確認させていただく場合があります。

第2 生産行程管理業務規程の記載事項
1 生産行程管理業務規程に記載すべき事項
　生産行程管理業務規程の内容については、特定農林水産物等の名称の保護に関する法律施行規則（平成27年農林水産省令第58号。以下「施行規則」といいます。）第15条各号に掲げる基準を満たす必要があります。

2 日付
　日付は、生産行程管理業務規程を作成した日の年月日を記載してください。
　なお、登録を受けた後に、生産行程管理業務規程の内容を変更した場合には、変更した日の年月日を記載してください。

【記載例1－①】

様式1

生産行程管理業務規程

平成27年6月1日

第4部 法律、ガイドライン等

【記載例1-②】

様式1

生産行程管理業務規程

作成日：平成27年6月1日
改定日：平成××年×月×日

---

3 作成者

　<u>生産行程管理業務規程は、生産者団体ごとに作成する必要があります</u>。例えば、申請農林水産物等について、A団体とB団体が共同申請をする場合には、申請書は1通で足りますが、A団体作成の生産行程管理業務規程とB団体作成の生産行程管理業務規程の2通が必要となります。この場合、A団体作成の生産行程管理業務規程の内容とB団体作成の生産行程管理業務規程の内容が一緒でも構いません（もちろん、異なるものであってもよいです。）。

　「作成者」欄には、申請書の「1　申請者」の「（2）名称及び住所並びに代表者（又は管理人）の氏名」欄に記載した内容を記載してください。なお、「ウェブサイトのアドレス」欄の記載は任意ですので、記載しないこともできます。

4 農林水産物等の区分

　「農林水産物等の区分」欄には、申請書の「2　農林水産物等の区分」欄に記載した内容を記載してください。

5 農林水産物等の名称

　「農林水産物等の名称」欄には、申請書の「3　農林水産物等の名称」欄に記載した内容を記載してください。

6 明細書の変更

　「明細書の変更」欄には、施行規則第15条第1号に掲げる基準を満たす内容として、「法第16条第1項の変更の登録を受けたときは、当該変更の登録に係る明細書の変更を行う」旨を記載してください。

【参考】施行規則
第15条　法第13条第1項第2号ロの農林水産省令で定める基準は、次に掲げる基準とする。
　一　法第16条第1項の変更の登録を受けたときは、当該変更の登録に係る明細書の変更を行うこと。

【記載例2】

4 明細書の変更

　<u>生産者団体○○は、法第16条第1項の変更の登録を受けたときは、当該変更の登録に係る明細書の変更を行うものとする。</u>

7　明細書適合性の確認

　「明細書適合性の確認」欄には、施行規則第15条第2号に掲げる基準を満たす内容として、生産者団体の構成員である生産業者が、明細書の「4　農林水産物等の生産地」欄、「5　農林水産物等の特性」欄及び「6　農林水産物等の生産の方法」欄の記載内容に従って生産していることを確認する方法を具体的に記載してください。

　確認する方法の記載に当たっては、以下の点に注意してください。

① 　確認する方法は、明細書の「4　農林水産物等の生産地」欄、「5　農林水産物等の特性」欄及び「6　農林水産物等の生産の方法」欄に記載されている生産地・特性・生産の方法の全てを漏れなく確認できるものであること。

② 　確認する方法は、明細書の「4　農林水産物等の生産地」欄、「5　農林水産物等の特性」欄及び「6　農林水産物等の生産の方法」欄に記載されている生産地・特性・生産の方法の全てを漏れなく確認するにあたって、過多なものであったり、過少なものであったりしないこと。

【参考】施行規則

第15条　法第13条第1項第2号ロの農林水産省令で定める基準は、次に掲げる基準とする。

二　構成員たる生産業者が行うその生産が明細書に定められた法第7条第1項第4号から第6号までに掲げる事項に適合して行われていることを確認すること。

　　（登録の申請）

　第7条　前条の登録（第15条、第16条、第17条第2項及び第3項並びに第22条第1項第1号ニを除き、以下単に「登録」という。）を受けようとする生産者団体は、農林水産省令で定めるところにより、次に掲げる事項を記載した申請書を農林水産大臣に提出しなければならない。

　　一～三　（略）

　　四　当該農林水産物等の生産地

　　五　当該農林水産物等の特性

　　六　当該農林水産物等の生産の方法

　　七～九　（略）

　2・3　（略）

【記載例3】

5　明細書適合性の確認
（1）品種の確認
品種「A」については、生産者団体〇〇が一元的に管理しており、生産業者からの申込みを受けて品種「A」を配布することとし、申込み・配布の状況については記録をしている。
生産者団体〇〇は、この申込み・配布の記録と照らし合わせて、生産業者が品種「A」を使

用しているか否かを確認する。
（２）栽培の方法の確認
　　生産者団体〇〇は、生産業者に生産資材の使用履歴等を記載した月報（様式は別紙（略）のとおり）を作成・提出させ、その記載内容を確認することで、栽培の方法を遵守しているか否かを確認する。
　　また、生産者団体〇〇は、年〇〇回、生産業者に対する現地調査を実施し、栽培の方法を遵守しているか否かを確認する。なお、栽培の方法が遵守されていないことが疑われる場合には、生産者団体〇〇は、臨時に、現地調査を実施する。
（３）出荷規格・最終製品の確認
　　「〇〇みかん」の選果は、生産者団体〇〇の共同選果場☆☆（所在地は×××）において行うこととし、その際、生産者団体〇〇の職員が選果状況を確認することで、出荷規格を遵守しているか否かを確認するとともに、最終製品を確認する。

【明細書の記載事項】
4　農林水産物等の生産地
　生産地の範囲：〇〇市
5　農林水産物等の特性
　（説明）「〇〇みかん」は、他の産地の一般的なミカンと比べて、糖度は約２、３度高く（「〇〇みかん」の糖度は××度以上）、酸味は少ない（「〇〇みかん」の酸度（クエン酸）は××％以下）、甘みと香りが強く、食味の良いミカンである。
6　農林水産物等の生産の方法
　（説明）「〇〇みかん」の生産の方法は、以下のとおりである。
（１）品種
　　品種「Ａ」を用いる。
（２）栽培の方法
　　生産地（〇〇市）内において、品種「Ａ」を用いて、栽培する。
（３）出荷規格
　　出荷に当たっては、生産者団体☆☆が定めた「〇〇みかん出荷基準」（別紙（略）のとおり）により選果を行う。
（４）最終製品としての形態
　　「〇〇みかん」の最終製品としての形態は、青果（ミカン）である。

8　明細書適合性の指導
　「明細書適合性の指導」欄には、施行規則第15条第3号に掲げる基準を満たす内容として、「明細書適合性の確認」欄に記載した方法により確認した結果、明細書の「4　農林水産物等の生産地」欄、「5　農林水産物等の特性」欄及び「6　農林水産物等の生産の方法」欄に記載内容に従って生産されていないことが判明した場合における指導の方法を具体的に記載してください。
　指導の方法の記載に当たっては、以下の点に注意してください。

① 指導の方法は、明細書の「4　農林水産物等の生産地」欄、「5　農林水産物等の特性」欄及び「6　農林水産物等の生産の方法」欄に記載されている生産地・特性・生産の方法の全てについて漏れなく指導是正することができるものであること。

② 指導の方法は、明細書の「4　農林水産物等の生産地」欄、「5　農林水産物等の特性」欄及び「6　農林水産物等の生産の方法」欄に記載されている生産地・特性・生産の方法の全てについて漏れなく指導是正するにあたって、過多なものであったり、過少なものであったりしないこと。

【参考】施行規則
第15条　法第13条第1項第2号ロの農林水産省令で定める基準は、次に掲げる基準とする。
　三　前号の規定による確認の結果、構成員たる生産業者が行うその生産が明細書に定められた法第7条第1項第4号から第6号までに掲げる事項に適合して行われていないことが判明したときは、当該生産業者に対し、適切な指導を行うこと。

【記載例4】
5　明細書適合性の確認
（1）品種の確認
　　品種「A」については、生産者団体○○が一元的に管理しており、生産業者からの申込みを受けて品種「A」を配布することとし、申込み・配布の状況については記録をしている。
　　生産者団体○○は、この申込み・配布の記録と照らし合わせて、生産業者が品種「A」を使用しているか否かを確認する。
（2）栽培の方法の確認
　　生産者団体○○は、生産業者に生産資材の使用履歴等を記載した月報（様式は別紙（略）のとおり）を作成・提出させ、その記載内容を確認することで、栽培の方法を遵守しているか否かを確認する。
　　また、生産者団体○○は、年○○回、生産業者に対する現地調査を実施し、栽培の方法を遵守しているか否かを確認する。なお、栽培の方法が遵守されていないことが疑われる場合には、生産者団体○○は、臨時に、現地調査を実施する。
（3）出荷規格・最終製品の確認
　　「○○みかん」の選果は、生産者団体○○の共同選果場☆☆（所在地は×××）において行うこととし、この際に、（1）及び（2）の確認の記録を確認するとともに、生産者団体○○の職員が選果状況を確認することで、出荷規格を遵守しているか否かを確認し、最終製品を確認する。
6　明細書適合性の指導
（1）品種及び栽培の方法について
　　生産者団体○○は、品種及び栽培の方法に従った生産が行われていない場合には、生産業者に対し、警告を発し、是正を求める。
　　なお、警告を受けたにもかかわらずこれに従わない場合には、生産者団体○○は、当該生産業者の生産したミカンの出荷を停止するとともに、当該生産業者への品種「A」の配布を一定

> 期間、禁止することもできるものとする。
> (2) 出荷規格について
> 　　生産者団体〇〇は、出荷規格を満たさないミカンについては、「〇〇みかん」及び登録標章を付した状態で出荷しない。

9　地理的表示等の使用の確認

　「地理的表示等の使用の確認」欄には、施行規則第15条第4号に掲げる基準を満たす内容として、以下の事項を全て含む内容を記載してください。

①　生産者団体の構成員である生産業者が明細書の「4　農林水産物等の生産地」欄、「5　農林水産物等の特性」欄及び「6　農林水産物等の生産の方法」欄の記載内容に従って生産していない農林水産物等に、地理的表示及び登録標章を使用していないか否かを確認する旨

②　生産者団体の構成員である生産業者が地理的表示を使用していない農林水産物等に、登録標章を使用していないか否かを確認する旨

③　生産者団体の構成員である生産業者が地理的表示を使用している農林水産物等に、登録標章を使用しているか否かを確認する旨

> 【参考】施行規則
> 第15条　法第13条第1項第2号ロの農林水産省令で定める基準は、次に掲げる基準とする。
> 　四　構成員たる生産業者が法第3条第1項及び第4条第1項の規定に従って特定農林水産物等又はその包装等に当該特定農林水産物等に係る地理的表示及び登録標章を付していることを確認すること。
>
> 　　　　（地理的表示）
> 　法第3条　第6条の登録（次項（第2号を除く。）及び次条第1項において単に「登録」という。）を受けた生産者団体（第15条第1項の変更の登録を受けた生産者団体を含む。以下「登録生産者団体」という。）の構成員たる生産業者は、生産を行った農林水産物等が第6条の登録に係る特定農林水産物等であるときは、当該特定農林水産物等又はその包装、容器若しくは送り状（以下「包装等」という。）に地理的表示を付することができる。当該生産業者から当該農林水産物等を直接又は間接に譲り受けた者についても、同様とする。
> 　2　前項の規定による場合を除き、何人も、登録に係る特定農林水産物等が属する区分（農産物資の規格化等に関する法律（昭和25年法律第175号）第7条第1項の規定により農林水産大臣が指定する種類その他の事情を勘案して農林水産大臣が定める農林水産物等の区分をいう。以下同じ。）に属する農林水産物等若しくはこれを主な原料若しくは材料として製造され、若しくは加工された農林水産物等又はこれらの包装等に当該特定農林水産物等に係る地理的表示又はこれに類似する表示を付してはならない。ただし、次に掲げる場合には、この限りでない。
> 　　一　登録に係る特定農林水産物等を主な原料若しくは材料として製造され、若しくは加工された農林水産物等又はその包装等に当該特定農林水産物等に係る地理的表示又はこれに類似する表示を付する場合
> 　　二　第6条の登録の日（当該登録に係る第7条第1項第3号に掲げる事項について第

16条第1項の変更の登録があった場合にあっては、当該変更の登録の日。次号及び第4号において同じ。）前の商標登録出願に係る登録商標（商標法（昭和34年法律第127号）第2条第5項に規定する登録商標をいう。以下同じ。）に係る商標権その他同法の規定により当該登録商標の使用（同法第2条第3項に規定する使用をいう。以下この号及び次号において同じ。）をする権利を有する者が、その商標登録に係る指定商品又は指定役務（同法第6条第1項の規定により指定した商品又は役務をいう。）について当該登録商標の使用をする場合

三　登録の日前から商標法その他の法律の規定により商標の使用をする権利を有している者が、当該権利に係る商品又は役務について当該権利に係る商標の使用をする場合（前号に掲げる場合を除く。）

四　登録の日前から不正の利益を得る目的、他人に損害を加える目的その他の不正の目的でなく登録に係る特定農林水産物等が属する区分に属する農林水産物等若しくはその包装等に当該特定農林水産物等に係る地理的表示と同一の名称の表示若しくはこれに類似する表示を付していた者及びその業務を承継した者が継続して当該農林水産物等もしくはその包装等にこれらの表示を付する場合又はこれらの者から当該農林水産物等（これらの表示が付されたもの又はその包装等にこれらの表示が付されたものに限る。）を直接若しくは間接に譲り受けた者が問うが農林水産物等若しくはその包装等にこれらの表示を付する場合

五　前各号に掲げるもののほか、農林水産省令で定める場合

（登録標章）

法第4条　登録生産者団体の構成員たる生産業者は、前条第1項前段の規定により登録に係る特定農林水産物等又はその包装等に地理的表示を付する場合には、当該特定農林水産物等又はその包装等に登録標章（地理的表示が登録に係る特定農林水産物等の名称の表示である旨の標章であって、農林水産省令で定めるものをいう。以下同じ。）を付さなければならない。同項後段に規定する者についても、同様とする。

2　前項の規定による場合を除き、何人も、農林水産物等又はその包装等に登録標章又はこれに類似する標章を付してはならない。

【記載例5】

5　明細書適合性の確認
（1）品種の確認
品種「A」については、生産者団体○○が一元的に管理しており、生産業者からの申込みを受けて品種「A」を配布することとし、申込み・配布の状況については記録をしている。 　　　生産者団体○○は、この申込み・配布の記録と照らし合わせて、生産業者が品種「A」を使用しているか否かを確認する。
（2）栽培の方法の確認
生産者団体○○は、生産業者に生産資材の使用履歴等を記載した月報（様式は別紙（略）のとおり）を作成・提出させ、その記載内容を確認することで、栽培の方法を遵守しているか否

かを確認する。
　　また、生産者団体〇〇は、年〇〇回、生産業者に対する現地調査を実施し、栽培の方法を遵守しているか否かを確認する。なお、栽培の方法が遵守されていないことが疑われる場合には、生産者団体〇〇は、臨時に、現地調査を実施する。
（3）出荷規格・最終製品の確認
　　「〇〇みかん」の選果は、生産者団体〇〇の共同選果場☆☆（所在地は×××）において行うこととし、この際に、（1）及び（2）の確認の記録を確認するとともに、生産者団体〇〇の職員が選果状況を確認することで、出荷規格を遵守しているか否かを確認し、最終製品を確認する。
6　明細書適合性の指導
　（略）
7　地理的表示等の使用の確認
（1）生産者団体〇〇は、前記5（3）の確認の際に（出荷の際に）、品種・栽培の方法・出荷規格・最終製品の各基準をいずれも満たしているミカンについてのみ、地理的表示である「〇〇みかん」及び登録標章が使用されているか否かを確認する。この際、地理的表示である「〇〇みかん」及び登録標章を使用している者及びこれらの使用がされているもの（例えば、出荷用のダンボール）についても確認する。
（2）生産者団体〇〇は、前記5（3）の確認の際に（出荷の際に）、以下のミカンがあるか否かを確認する。
　①　品種・栽培の方法・出荷規格・最終製品の各基準をいずれかを満たしていないミカンであるにもかかわらず、地理的表示である「〇〇みかん」及び登録標章が使用されているミカン
　②　地理的表示である「〇〇みかん」のみが使用されているミカン
　③　登録標章のみが使用されているミカン

> （注）生産者団体が確認した内容（地理的表示等の使用実績）は、「実績報告書の作成等」欄において農林水産大臣に提出することとされている生産行程管理業務の対応実績が分かる資料の一部となります。（この例の場合、「生産者団体〇〇が作成した検査記録」に記録されることとなります。）

> （注）生産業者自らが地理的表示等を付する場合には、本欄に、生産業者に地理的表示等の使用実績を確認できる書類（帳簿や出荷伝票等）を保管させ、必要に応じて生産者団体がその保管状況を確認する等、地理的表示等の使用実績が適切に確認できる内容も併せて記載する必要があります。
> 　また、生産業者が地理的表示等の使用を第三者に委託する場合は、生産業者に当該第三者が作成した地理的表示等の使用実績を確認できる書類を保管させ、生産者団体がその保管状況を確認する等、地理的表示等の使用実績を適切に確認できる内容も併せて記載する必要があります。

10 地理的表示等の使用の指導
　「地理的表示等の使用の確認」欄には、施行規則第15条第5号に掲げる基準を満たす内容として、以下の事項を全て含む内容を記載してください。
　① 生産者団体の構成員である生産業者が明細書の「4　農林水産物等の生産地」欄、「5　農林水産物等の特性」欄及び「6　農林水産物等の生産の方法」欄の記載内容に従って生産していない農林水産物等に地理的表示及び登録標章を使用する場合には、指導する旨
　② 生産者団体の構成員である生産業者が地理的表示を使用していない農林水産物等に、登録標章を使用する場合には、指導する旨
　③ 生産者団体の構成員である生産業者が地理的表示を使用している農林水産物等に、登録標章を使用しない場合には、指導する旨

【参考】施行規則
第15条　法第13条第1項第2号ロの農林水産省令で定める基準は、次に掲げる基準とする。
　五　前号の規定による確認の結果、構成員たる生産業者が法第3条第2項又は第4条の規定に違反していることが判明したときは、当該生産業者に対し、適切な指導を行うこと。

【記載例6】
7 地理的表示等の使用の確認
（1）生産者団体○○は、前記5（3）の確認の際に（出荷の際に）、品種・栽培の方法・出荷規格・最終製品の各基準をいずれも満たしているミカンについてのみ、地理的表示である「○○みかん」及び登録標章が使用されているか否かを確認する。
（2）生産者団体は、前記5（3）の確認の際に（出荷の際に）、以下のミカンがあるか否かを確認する。
　① 品種・栽培の方法・出荷規格・最終製品の各基準のいずれかを満たしていないミカンであるにもかかわらず、地理的表示である「○○みかん」及び登録標章が使用されているミカン
　② 地理的表示である「○○みかん」のみが使用されているミカン
　③ 登録標章のみが使用されているミカン
8 地理的表示等の使用の指導
　生産者団体○○は、前記5の（3）の確認の際に（出荷の際に）、以下の場合に該当する場合は、生産業者に対し、警告を発し、是正を求める。なお、警告を受けたにもかかわらずこれに従わない場合には、生産者団体○○は、当該生産業者を除名することができるものとする。
　① 品種・栽培の方法・出荷規格・最終製品の各基準のいずれかを満たしていないミカンであるにもかかわらず、地理的表示である「○○みかん」及び登録標章を使用した場合
　② 地理的表示である「○○みかん」のみを使用している場合
　③ 登録標章のみを使用している場合

11 実績報告書の作成等

「実績報告書の作成等」欄には、施行規則第15条第6号に掲げる基準を満たす内容として、以下の事項を全て含む内容を記載してください。

① 特定農林水産物等審査要領別添5「生産行程管理業務審査基準」別紙1により生産行程管理業務実績報告書を作成する旨
② 生産行程管理業務実績報告書の作成時期
③ 生産行程管理業務実績報告書、生産行程管理業務の対応実績が分かる資料、最新の明細書、最新の生産行程管理業務規程を農林水産大臣に提出する旨
④ 生産行程管理業務実績報告書等の提出時期

②の作成時期と④の提出時期は、生産行程管理業務実績報告書等の提出が毎年1回以上となるように記載してください。

③の生産行程管理業務の対応実績が分かる資料は、例えば、登録生産者団体が作成した検査日誌・検査記録、各生産業者から提出された月報等といったように、具体的な資料名を記載するようにしてください。

【参考】施行規則

第15条 法第13条第1項第2号ロの農林水産省令で定める基準は、次に掲げる基準とする。

六 実績報告書（生産行程管理業務の実施状況に関する報告書をいう。次号において同じ。）を作成し、明細書及び生産行程管理業務規程の写しとともに毎年1回以上農林水産大臣に提出すること。

【記載例7-①：実績報告書等の作成提出を年1回とする場合】

9 実績報告書の作成等 　生産者団体〇〇は、4月1日から翌年3月31日までを一年度として、年度終了後1か月以内に、以下の書類を作成し、農林水産大臣に提出するものとする。 （1）特定農林水産物等審査要領別添5「生産行程管理業務審査基準」別紙により作成した生産行程管理業務実績報告書 （2）生産行程管理業務の対応実績が分かる資料として、以下の資料 　① 生産者団体〇〇が作成した検査記録（地理的表示等の使用状況の記録を含む。） 　② 生産者団体〇〇の構成員である生産業者が作成し生産者団体〇〇に提出させた月報 （3）提出時における最新の明細書 （4）提出時における最新の生産行程管理業務規程

【記載例7-②：実績報告書等の作成提出を年2回とする場合】

9 実績報告書の作成等 　生産者団体〇〇は、4月1日から9月30日までを上半期、10月1日から翌年3月31日までを下半期として、上半期及び下半期終了後1か月以内に、それぞれ、以下の書類を作成し、農林水産大臣に提出するものとする。 （1）特定農林水産物等審査要領別添5「生産行程管理業務審査基準」別紙により作成した生産行程管理業務実績報告書

（2）生産行程管理業務の対応実績が分かる資料として、以下の資料
　① 生産者団体〇〇が作成した検査記録（地理的表示等の使用状況の記録を含む。）
　② 生産者団体〇〇の構成員である生産業者が作成し生産者団体〇〇に提出させた月報
（3）提出時における最新の明細書
（4）提出時における最新の生産行程管理業務規程

12　実績報告書等の保存
　「実績報告書等の保存」欄には、施行規則第 15 条第 7 号に掲げる基準を満たす内容として、以下の事項を全て含む内容を記載してください。
① 特定農林水産物等審査要領別添 5「生産行程管理業務審査基準」別紙 1 により生産行程管理業務実績報告書及び生産行程管理業務の対応実績が分かる資料を保存する旨
② 生産行程管理業務実績報告書等の保存場所
③ 生産行程管理業務実績報告書等の保存期限

　①の生産行程管理業務の対応実績が分かる資料は、例えば、登録生産者団体が作成した検査日誌・検査記録、各生産業者から提出された月報等といったように、具体的な資料名を記載するようにしてください。
　②の保存場所は、生産行程管理業務実績報告書等の保存場所を具体的に記載してください。

【参考】施行規則
第 15 条　法第 13 条第 1 項第 2 号ロの農林水産省令で定める基準は、次に掲げる基準とする。
　七　実績報告書及びこれに関する書類を前号の提出の日から 5 年間保存すること。

【記載例 8】
10　実績報告書等の保存
　生産者団体〇〇は、前記 9 により作成提出した以下の書類を、生産者団体〇〇の事務所（△△県□□市××所在）に、その提出の日から 5 年間、保存するものとする。

13　連絡先
　「連絡先」欄には、生産者団体の連絡先（住所又は居所、宛名、担当者の氏名及び役職並びに電話番号）を記載してください。なお、「ファックス番号」及び「電子メールアドレス」欄の記載は任意ですので、記載しないこともできます。

様式別3−1

生産行程管理業務規程

年　月　日

1　作成者
　住所（フリガナ）:（〒）
　名称（フリガナ）:
　　代表者（管理人）の氏名:
　ウェブサイトのアドレス:

2　農林水産物等の区分
　区分名:
　区分に属する農林水産物等:

3　農林水産物等の名称
　名称（フリガナ）:

4　明細書の変更

5　明細書適合性の確認

6　明細書適合性の指導

7　地理的表示等の使用の確認

8　地理的表示等の使用の指導

9　実績報告書の作成等

10　実績報告書等の保存

11　連絡先
　住所又は居所:
　宛名:
　担当者の氏名及び役職:
　電話番号:
　ファックス番号:
　電子メールアドレス:

(別紙4)

法第15条第1項の変更申請書作成マニュアル

第1 変更申請書の様式等

1 変更申請書の様式

変更申請書の様式は法定されていますので、この様式に従って変更申請書を作成してください。

法定された様式に従わない変更申請書については、不適法なものとして、変更申請が却下される場合がありますので、注意してください。

変更申請書の様式については、下記の農林水産省のウェブサイトからダウンロードすることができます。

> 農林水産省　地理的表示保護制度のウェブサイト
> URL http://www.maff.go.jp/j/shokusan/gi_act/index.html

2 変更申請書の規格

変更申請書の用紙は、A4サイズとし、文字が透き通らない白色のものを縦長にして用いて、片面に記載してください（両面印刷はしないでください）。

余白は、少なくとも用紙の上下左右各2センチメートルをとってください。

3 変更申請書の用語

変更申請書は、日本語で作成してください。ただし、生産者団体の名称及び住所、代表者（法人でない生産者団体にあっては、その代表者又は管理人）の氏名については、外国語を用いて記載することができます。なお、外国語を用いて記載した場合には、その読み方等を確認させていただく場合があります。

第2 変更申請書の記載事項

1 日付

日付は、変更申請書を提出する日（郵送にする場合には送付する日）の年月日を記載してください。

【記載例1】

様式第五号（第十七条関係）

特定農林水産物等の変更の登録の申請

農林水産大臣　殿

平成××年×月×日

特定農林水産物等の名称の保護に関する法律（以下「法」という。）第15条第1項の規定に基づき、次のとおり変更の登録の申請をします。

2 変更申請書を提出する者
 (1) 変更申請者本人が申請書を提出する場合の記載方法
　　　 変更申請書を提出する者が変更申請者本人である場合には、「□変更申請者」の「□」欄に「✓」を付してください。
　　　 変更申請者の住所や名称は、本項には記載せず、「1　変更申請者」欄に記載してください。

【記載例2-①】

```
(この申請書を提出する者)
☑変更申請者（1に記載）　　□代理人（以下に記載）
　住所又は居所（フリガナ）：（〒　　　）

　氏名又は名称（フリガナ）：　　　　　　　　　　　　　　印
　法人の場合には代表者氏名：
　電話番号：
```

　　　 なお、「□変更申請者」の「□」欄に「✓」を付すことが難しい場合には、「■」とするなど、「□変更申請者」の「□」欄にチェックが入れられていることが明確に分かるようにしてください（「□」欄のチェックの方法については、以下も同じです。）。

【記載例2-②】

```
(この申請書を提出する者)
■変更申請者（1に記載）　　□代理人（以下に記載）
　住所又は居所（フリガナ）：（〒　　　）

　氏名又は名称（フリガナ）：　　　　　　　　　　　　　　印
　法人の場合には代表者氏名：
　電話番号：
```

 (2) 代理人が変更申請書を提出する場合の記載方法
　　　 変更申請書を提出する者が代理人である場合には、「□代理人」の「□」欄に「✓」を付した上で、代理人の住所又は居所、氏名又は名称及び電話番号を記載し、「氏名又は名称」欄に押印してください。なお、代理人が氏名を自署する場合には、押印する必要はありません。
　　　 「フリガナ」欄には、住所又は居所及び氏名又は名称の読み方をカタカナで記載してください。

【記載例2-③】

```
(この申請書を提出する者)
□変更申請者（1に記載）　　☑代理人（以下に記載）
　　　　　　　　　　　　　　　　　トウキョウトチヨダクカスミガセキ　　　マル
　住所又は居所（フリガナ）：（〒〇〇〇-〇〇〇〇）東京都千代田区霞ヶ関〇丁目〇番〇号
```

```
                                    マルホウリツジムショ
                                    ○法律事務所
                          マルマル  マルマル
    氏名又は名称（フリガナ）：  ○○  ○○       印
      法人の場合には代表者氏名：
      電話番号：０３－○○○○－○○○○
```

3 変更申請者

（１）「単独申請又は共同申請の別」欄の記載方法

　　　変更申請者が単独の場合には「□　単独申請」の「□」欄に、変更申請者が複数の場合には「□　共同申請」の「□」欄に、それぞれ「✓」を付してください。

【記載例３－①】

```
単独申請の場合
１　変更申請者
（１）単独申請又は共同申請の別
    ☑ 単独申請　□ 共同申請
```
```
共同申請の場合
１　変更申請者
（１）単独申請又は共同申請の別
    □ 単独申請　☑ 共同申請
```

（２）「名称及び住所並びに代表者（又は管理人）の氏名」欄の記載方法

　ア　「住所」、「名称」及び「代表者（管理人）の氏名」欄には、商業登記簿等の公簿上の表記（変更申請者が法人でない団体の場合には、定款等の基本約款の記載）どおり、変更申請者の住所及び名称並びに代表者（又は管理人）の氏名を正確に記載し、「名称」欄に押印してください。なお、代表者（又は管理人）の氏名を記載するに当たっては、その肩書も記載するようにしてください。

　　　「フリガナ」欄には、住所及び名称の読み方をカタカナで記載してください。

　　　「ウェブサイトのアドレス」欄には、変更申請者のウェブサイトをアドレス（URL）を正確に記載してください。なお、「ウェブサイトのアドレス」欄の記載は任意ですので、記載しないこともできます。

【記載例３－②】

```
（２）名称及び住所並びに代表者（又は管理人）の氏名
                          トウキョウトチヨダクカスミガセキ
    住所（フリガナ）：（〒○○○－○○○○）東京都千代田区霞ヶ関○丁目○番○号
                          マルマルノウギョウキョウドウクミアイ
    名称（フリガナ）：    ○○農業協同組合        印
      代表者（管理人）の氏名：  組合長    ○○  ○○
```

> ウェブサイトのアドレス：http://www.××××××/

　イ　変更申請者が外国の団体の場合には、「住所」、「名称」及び「代表者（管理人）の氏名」欄の記載に当たっては、外国語を用いることもできます（日本語での記載も可）。また、外国語を用いる場合には、その読み方を「フリガナ」欄に記載することもできます。
　ウ　共同申請の場合には、共同申請者全員について、「名称及び住所並びに代表者（又は管理人）の氏名」欄を記載してください。

【記載例3－③】

> （2）名称及び住所並びに代表者（又は管理人）の氏名
> 　　（変更申請者①）
> 　　　　　　　　　　　　　　　　　トウキョウトチヨダクカスミガセキ
> 　　住所（フリガナ）：（〒○○○－○○○○）東京都千代田区霞ヶ関○丁目○番○号
> 　　　　　　　　　　　　　　　マルマルノウギョウキョウドウクミアイ
> 　　名称（フリガナ）：　　○○農業協同組合　　　　印
> 　　　代表者（管理人）の氏名：　組合長　　○○　○○
> 　　ウェブサイトのアドレス：http://www.××××××/
> 　　（変更申請者②）
> 　　　　　　　　　　　　　　　　　トウキョウトチヨダクカスミガセキ
> 　　住所（フリガナ）：（〒△△△－△△△△）東京都千代田区霞ヶ関△丁目△番△号
> 　　　　　　　　　　　　　　　サンカクサンカクノウギョウキョウドウクミアイ
> 　　名称（フリガナ）：　　△△農業協同組合　　　　印
> 　　　代表者（管理人）の氏名：　組合長　　△△　△△
> 　　ウェブサイトのアドレス：http://www.××××××/

（3）「変更申請者の法形式」欄の記載方法
　　ア　「変更申請者の法形式」欄には、変更申請者の設立の根拠となっている法律名がわかるように記載してください。

【記載例3－④】

> （3）変更申請者の法形式：農業協同組合法に基づき設立された農業協同組合

　　イ　変更申請者が法人でない団体の場合には、法人でない団体であることがわかるように記載してください。

【記載例3－⑤】

> （3）変更申請者の法形式：法人でない団体

　　ウ　共同申請の場合には、共同申請者ごとに、「変更申請者の法形式」欄を記載してください。

【記載例3－⑥】

> （3）変更申請者の法形式：
> 　　（変更申請者①）農業協同組合法に基づき設立された農業協同組合

(変更申請者②）法人でない団体

4　登録番号

　「登録番号」欄には、生産者団体の追加を求める特定農林水産物等の登録番号を記載してください。

　なお、登録を受けた特定農林水産物等の登録番号は、農林水産省のウェブサイトから検索することができます。

　　　　　　　　農林水産省　地理的表示保護制度のウェブサイト
　　　　　ＵＲＬ　http://www.maff.go.jp/j/shokusan/gi_act/notice/index.html

【記載例4】

2	登録番号
	第×××××号

5　登録に係る特定農林水産物等の名称

　「登録に係る特定農林水産物等の名称」欄には、生産者団体の追加を求める特定農林水産物等の名称を記載してください。

【記載例5】

3	登録に係る特定農林水産物等の名称
	○○りんご

6　連絡先（文書送付先）

　変更申請後に、審査を担当する審査官から申請の内容について照会をさせていただく場合があります。「連絡先（文書送付先）」欄の記載は、この照会をする際に利用させていただきますので、照会に対して適切に回答することができる担当者の所属や氏名等を記載してください。

（1）「住所又は居所」欄及び「宛名」欄の記載方法

　「住所又は居所」欄及び「宛名」欄には、担当者が所属する団体の名称及び住所を記載してください。

　なお、担当者が所属する団体が変更申請者と同一の場合には、変更申請者と同じである旨を記載してください。

【記載例6－①】

4	連絡先（文書送付先）
住所又は居所：変更申請者と同じ
宛名：変更申請者と同じ

（2）「担当者の氏名及び役職」欄、「電話番号」欄、「ファックス番号」欄及び「電子メールアドレス」欄の記載方法

　「担当者の氏名及び役職」欄、「電話番号」欄、「ファックス番号」欄及び「電子メールアドレス」欄には、平日昼間に連絡がとれる連絡先を正確に記載してください。なお、「ファックス

番号」欄及び「電子メールアドレス」欄の記載は任意ですので、記載しないこともできます。

【記載例6－②】

4　連絡先（文書送付先）
　住所又は居所：<u>変更申請者と同じ</u>
　宛名：<u>変更申請者と同じ</u>
　担当者の氏名及び役職：<u>○○課　△△　△△</u>
　電話番号：<u>０３－○○○○－○○○○</u>
　ファックス番号：<u>０３－○○○○－○○○○</u>
　電子メールアドレス：<u>××××＠××××．××</u>

（3）共同申請の場合

　　共同申請の場合には、変更申請者ごとに、担当者の所属や氏名等を記載してください。

【記載例6－③】

4　連絡先（文書送付先）
（1）変更申請者○○の連絡先
　住所又は居所：<u>変更申請者○○と同じ</u>
　宛名：<u>変更申請者○○と同じ</u>
　担当者の氏名及び役職：<u>○○課　△△　△△</u>
　電話番号：<u>０３－○○○○－○○○○</u>
　ファックス番号：<u>０３－○○○○－○○○○</u>
　電子メールアドレス：<u>××××＠××××．××</u>
（2）変更申請者△△の連絡先
　住所又は居所：<u>変更申請者△△と同じ</u>
　宛名：<u>変更申請者△△と同じ</u>
　担当者の氏名及び役職：<u>○○課　△△　△△</u>
　電話番号：<u>０３－○○○○－○○○○</u>
　ファックス番号：<u>０３－○○○○－○○○○</u>
　電子メールアドレス：<u>××××＠××××．××</u>

7　添付書類の目録

（1）「添付書類の目録」欄の記載方法

　ア　「添付書類の目録」欄には、変更申請書に添付した書類全てについて、その「□」欄に「✓」を付してください。

【記載例7－①】

［添付書類の目録］
　変更申請書に添付した書類の「□」欄に、チェックを付すこと。
☑1　明細書
☑2　生産行程管理業務規程
　　　　　　　　　　　　（略）

イ　添付書類の「書類名」欄には、変更申請書に添付する書類全てについて、その名称を具体的に記載してください。

【記載例７－②】
```
☑7　法第13条第１項第２号ハに規定する経理的基礎を有することを証明する書類
　　書類名：(1) 平成〇〇年度から平成〇〇年度までの各年度の財産目録
　　　　　　(2) 平成〇〇年度から平成〇〇年度までの各年度の貸借対照表
　　　　　　(3) 平成〇〇年度から平成〇〇年度までの各年度の収支計算書
　　　　　　(4) 生産行程管理業務の年間計画書
```

　　（２）共同申請の場合
　　　　共同申請の場合には、変更申請者ごとに、「添付書類の目録」欄を設けて、記載してください。

【記載例７－③】
```
［添付書類の目録］
　変更申請書に添付した書類の「□」欄に、チェックを付すこと。
（１）変更申請者〇〇の添付書類
☑1　明細書
☑2　生産行程管理業務規程
　　　　　　　　　　　　　　　　　　　（略）

（２）変更申請者△△の添付書類
☑1　明細書
☑2　生産行程管理業務規程
　　　　　　　　　　　　　　　　　　　（略）
```

（別紙5）

法第16条第1項の変更申請書作成マニュアル

第1 変更申請書の様式等

1 変更申請書の様式

変更申請書の様式は法定されていますので、この様式に従って変更申請書を作成してください。

<u>法定された様式に従わない変更申請書については、不適法なものとして、変更申請が却下される場合がありますので、注意してください。</u>

変更申請書の様式については、下記の農林水産省のウェブサイトからダウンロードすることができます。

> 農林水産省　地理的表示保護制度のウェブサイト
> ＵＲＬ　http://www.maff.go.jp/j/shokusan/gi_act/index.html

2 変更申請書の規格

変更申請書の用紙は、A4サイズとし、文字が透き通らない白色のものを縦長にして用いて、片面に記載してください（両面印刷はしないでください）。

余白は、少なくとも用紙の上下左右各2センチメートルをとってください。

3 変更申請書の用語

変更申請書は、日本語で作成してください。ただし、生産者団体の名称及び住所、代表者（法人でない生産者団体にあっては、その代表者又は管理人）の氏名並びに登録に係る特定農林水産物等の名称については、外国語を用いて記載することができます。なお、外国語を用いて記載した場合には、その読み方等を確認させていただく場合があります。

第2 変更申請書の記載事項

1 日付

日付は、変更申請書を提出する日（郵送にする場合には送付する日）の年月日を記載してください。

【記載例1】

様式第七号（第十八条関係）

　　　　　　　　特定農林水産物等の変更の登録の申請

農林水産大臣　殿

　　　　　　　　　　　　　　　　　　　　　　　　　　平成××年×月×日

　特定農林水産物等の名称の保護に関する法律（以下「法」という。）第16条第1項の規定に基づき、次のとおり変更の登録の申請をします。

2 変更申請書を提出する者
　(1) 変更申請者本人が申請書を提出する場合の記載方法
　　　変更申請書を提出する者が変更申請者本人である場合には、「□変更申請者」の「□」欄に「✓」を付してください。
　　　変更申請者の住所や名称は、本項には記載せず、「1　変更申請者」欄に記載してください。

【記載例2－①】

```
(この申請書を提出する者)
☑変更申請者（1に記載）　　□代理人（以下に記載）
　住所又は居所（フリガナ）：（〒　　　）

　氏名又は名称（フリガナ）：　　　　　　　　　　　　　　　　印
　　法人の場合には代表者氏名：
　電話番号：
```

　　　なお、「□変更申請者」の「□」欄に「✓」を付すことが難しい場合には、「■」とするなど、「□変更申請者」の「□」欄にチェックが入れられていることが明確に分かるようにしてください（「□」欄のチェックの方法については、以下も同じです。）。

【記載例2－②】

```
(この申請書を提出する者)
■変更申請者（1に記載）　　□代理人（以下に記載）
　住所又は居所（フリガナ）：（〒　　　）

　氏名又は名称（フリガナ）：　　　　　　　　　　　　　　　　印
　　法人の場合には代表者氏名：
　電話番号：
```

　(2) 代理人が変更申請書を提出する場合の記載方法
　　　変更申請書を提出する者が代理人である場合には、「□代理人」の「□」欄に「✓」を付した上で、代理人の住所又は居所、氏名又は名称及び電話番号を記載し、「氏名又は名称」欄に押印してください。なお、代理人が氏名を自署する場合には、押印する必要はありません。
　　　「フリガナ」欄には、住所又は居所及び氏名又は名称の読み方をカタカナで記載してください。

【記載例2－③】

```
(この申請書を提出する者)
□変更申請者（1に記載）　　☑代理人（以下に記載）
　　　　　　　　　　　　　　　　　トウキョウトチヨダクカスミガセキ　　　マル
　住所又は居所（フリガナ）：（〒〇〇〇－〇〇〇〇）東京都千代田区霞ヶ関〇丁目〇番〇号　〇
　　　　　　　　　　　　　　　　　マルホウリツジムショ
```

358

```
                                          ○法律事務所
                         マルマル　マルマル
  氏名又は名称（フリガナ）：　○○　○○　　　　㊞
    法人の場合には代表者氏名：
  電話番号：０３－○○○○－○○○○
```

3　変更申請者

（1）「変更申請者」欄の記載方法

　ア　「住所」、「名称」及び「代表者（管理人）の氏名」欄には、商業登記簿等の公簿上の表記（変更申請者が法人でない団体の場合には、定款等の基本約款の記載）どおり、変更申請者の住所及び名称並びに代表者（又は管理人）の氏名を正確に記載し、「名称」欄に押印してください。なお、代表者（又は管理人）の氏名を記載するに当たっては、その肩書も記載するようにしてください。

　　「フリガナ」欄には、住所及び名称の読み方をカタカナで記載してください。

　　「ウェブサイトのアドレス」欄には、変更申請者のウェブサイトをアドレス（URL）を正確に記載してください。なお、「ウェブサイトのアドレス」欄の記載は任意ですので、記載しないこともできます。

【記載例3－①】

```
1　変更申請者
                            トウキョウトチヨダクカスミガセキ
  住所（フリガナ）：（〒○○○－○○○○）東京都千代田区霞ヶ関○丁目○番○号
                      マルマルノウギョウキョウドウクミアイ
  名称（フリガナ）：　　○○農業協同組合　　　　㊞
    代表者（管理人）の氏名：　組合長　　○○　○○
  ウェブサイトのアドレス：http://www.××××××/
```

　イ　変更申請者が外国の団体の場合には、「住所」、「名称」及び「代表者（管理人）の氏名」欄の記載に当たっては、外国語を用いることもできます（日本語での記載も可）。また、外国語を用いる場合には、その読み方を「フリガナ」欄に記載することができます。

（2）登録生産者団体が複数ある場合

　　登録生産者団体が複数ある場合には、その全員について、「変更申請者」欄を記載してください。

【記載例3－②】

```
1　変更申請者
    （変更申請者①）
                            トウキョウトチヨダクカスミガセキ
  住所（フリガナ）：（〒○○○－○○○○）東京都千代田区霞ヶ関○丁目○番○号
                      マルマルノウギョウキョウドウクミアイ
  名称（フリガナ）：　　○○農業協同組合　　　　㊞
```

代表者（管理人）の氏名：　組合長　　〇〇　〇〇 　　　ウェブサイトのアドレス：http://www.××××××/ 　（変更申請者②） 　　　　　　　　　　　　　　　　　　　トウキョウトチヨダクカスミガセキ 　　　住所（フリガナ）：（〒△△△－△△△△）東京都千代田区霞ヶ関△丁目△番△号 　　　　　　　　　　　　サンカクサンカクノウギョウキョウドウクミアイ 　　　名称（フリガナ）：　　△△農業協同組合　　　　印 　　　　代表者（管理人）の氏名：　組合長　　△△　△△ 　　　ウェブサイトのアドレス：http://www.××××××/

4　登録番号

　「登録番号」欄には、変更の登録の申請の対象となる特定農林水産物等の登録番号を記載してください。

【記載例4】

2　登録番号 　　第×××××号

5　登録に係る特定農林水産物等の名称

　「登録に係る特定農林水産物等の名称」欄には、変更の登録の申請の対象となる特定農林水産物等の名称を記載してください。

【記載例5】

3　登録に係る特定農林水産物等の名称 　　〇〇りんご

6　変更を求める事項

　「変更を求める事項」欄には、変更の登録の申請の対象となる事項について、変更前の事項と変更後の事項の両方を記載してください。

【記載例6】

（3）農林水産物等の特性 　（変更前の特性の説明） 　　「〇〇りんご」は、他の産地の一般的なリンゴと比べて、小さなリンゴ（「〇〇りんご」の重量は××から××グラム）、直径は××センチメートル以下であり、・・・。 　（変更後の特性の説明） 　　「〇〇りんご」は、他の産地の一般的なリンゴと比べて、小さなリンゴ（「〇〇りんご」の重量は××から××グラム）、直径は××センチメートル以下であり、糖度は約××度高く（「〇〇りんご」の糖度は××度）・・・。

7　連絡先（文書送付先）

　変更申請後に、審査を担当する審査官から申請の内容について照会をさせていただく場合が

あります。「連絡先（文書送付先）」欄の記載は、この照会をする際に利用させていただきますので、照会に対して適切に回答することができる担当者の所属や氏名等を記載してください。

（1）「住所又は居所」欄及び「宛名」欄の記載方法

「住所又は居所」欄及び「宛名」欄には、担当者が所属する団体の名称及び住所を記載してください。

なお、担当者が所属する団体が変更申請者と同一の場合には、変更申請者と同じである旨を記載してください。

【記載例7－①】

```
4  連絡先（文書送付先）
住所又は居所：変更申請者と同じ
宛名：変更申請者と同じ
```

（2）「担当者の氏名及び役職」欄、「電話番号」欄、「ファックス番号」欄及び「電子メールアドレス」欄の記載方法

「担当者の氏名及び役職」欄、「電話番号」欄、「ファックス番号」欄及び「電子メールアドレス」欄には、平日昼間に連絡がとれる連絡先を正確に記載してください。なお、「ファックス番号」欄及び「電子メールアドレス」欄の記載は任意ですので、記載しないこともできます。

【記載例7－②】

```
4  連絡先（文書送付先）
住所又は居所：変更申請者と同じ
宛名：変更申請者と同じ
担当者の氏名及び役職：○○課　△△　△△
電話番号：０３－○○○○－○○○○
ファックス番号：０３－○○○○－○○○○
電子メールアドレス：××××@××××．××
```

（3）登録生産者団体が複数の場合

登録生産者団体が複数の場合には、登録生産者団体ごとに、担当者の所属や氏名等を記載してください。

【記載例6－③】

```
4  連絡先（文書送付先）
（1）変更申請者○○の連絡先
  住所又は居所：変更申請者○○と同じ
  宛名：変更申請者○○と同じ
  担当者の氏名及び役職：○○課　△△　△△
  電話番号：０３－○○○○－○○○○
  ファックス番号：０３－○○○○－○○○○
  電子メールアドレス：××××@××××．××
```

(2) 変更申請者△△の連絡先
　　住所又は居所：変更申請者△△と同じ
　　宛名：変更申請者△△と同じ
　　担当者の氏名及び役職：○○課　△△　△△
　　電話番号：０３－○○○○－○○○○
　　ファックス番号：０３－○○○○－○○○○
　　電子メールアドレス：××××＠××××．××

地理的表示保護制度
表示ガイドライン

(平成27年7月版)

農林水産省　食料産業局

新事業創出課

はじめに

　平成26年、第186回通常国会において「特定農林水産物等の名称の保護に関する法律」(地理的表示法) が成立し、平成27年6月1日から施行されることとなりました。
　現在、全国の様々な地域において、気候や風土、地域で長年育まれた特別な生産方法によって、高い品質や評価を獲得するに至った産品が多く存在しています。このような産品は、「地域ブランド産品」として、これまでも地域活性化の重要なツールとされてきました。
　地理的表示法は、この「地域ブランド産品」の品質を評価し、産品の名称である「地理的表示」を知的財産として保護するものです。具体的には、産品の基準と併せて登録を受けた地理的表示が、その産品が満たすべき基準を満たしていないものに使用されていた場合に、行政が取締りを行うというものです。
　このような行政による公的な保護を通じて、産品の適切な評価を維持し、その財産的価値の維持向上を目指すとともに、需要者が抱く産品への信頼の保護を図っていくことが、本制度の目的です。
　本ガイドラインでは、生産業者、流通業者、小売業者、その他食品等の表示の関係者の方々に向けて、本制度における行政の取締りについて、具体的に解説を行っていきます。
　制度の趣旨をご理解いただき、地理的表示のブランド価値の向上に向けて、皆様のご協力をお願いいたします。

目　次

1　地理的表示法における表示規制について………………………………………… p2
　1-1　地理的表示を付することができる場合
　1-2　地理的表示を付することができない場合
　　1-2-1　規制の対象となる物について
　　1-2-2　規制の対象となる表示について
　　1-2-3　規制の適用除外について
　1-3　GIマークに関する表示規制
　1-4　違反した場合の措置
　1-5　チェックシート

2　地理的表示法のマークについて………………………………………………… p12
　2-1　マークのデザイン
　2-2　マークのサイズ
　2-3　マークを付する箇所
　2-4　登録番号の記載

3　Q&A ……………………………………………………………………………… p17

4　お問合せ先……………………………………………………………………… p23

　　　　　　　(注) 頁数は、地理的表示保護制度表示ガイドラインの頁数です

第4部 法律、ガイドライン等

1 地理的表示法における表示規制について

　ある産品の名称が地理的表示として登録を受けた場合、農林水産物等又はその包装・容器・送り状（以下「包装等」という。）にその地理的表示及び登録標章（以下「GIマーク」という。GI: Geographical Indication（地理的表示））を付することができる者は制限され、その他の者は付することができないこととなっています。
　この章では、登録を受けた地理的表示及びGIマークを付することができる場合とできない場合について、地理的表示の登録を受けた「○○りんご」という架空の産品を例に挙げて説明します。

地理的表示登録
○○りんご

※ 本ガイドラインにおいて赤色のりんごは「登録産品」（登録を受けた地理的表示に係る登録の基準を満たした産品のこと）であることを示し、緑色のりんごはその他の一般的なりんごを示します。

1−1 地理的表示を付することができる場合

　登録を受けた地理的表示を付することができるのは、以下の要件を満たす場合のみです
（法第3条第1項）。
（1） 地理的表示を付することができる対象
　① 登録を受けた生産者団体の構成員である生産業者が生産し、
　② 登録基準を満たしている（登録を受けた生産者団体の生産行程管理を適切に受けたもの）
　農林水産物等又はその包装等であること。
（2） 地理的表示を付することができる者
　① （1）①の生産業者
　② （1）①の生産業者から直接又は間接に譲り受けた者（流通・小売業者等）
　であること。
なお、地理的表示を付する際には、併せてGIマークを付する必要があります（省略することはできません）。
（→1−3を参照）［関連Q&A：Q2〜Q9］

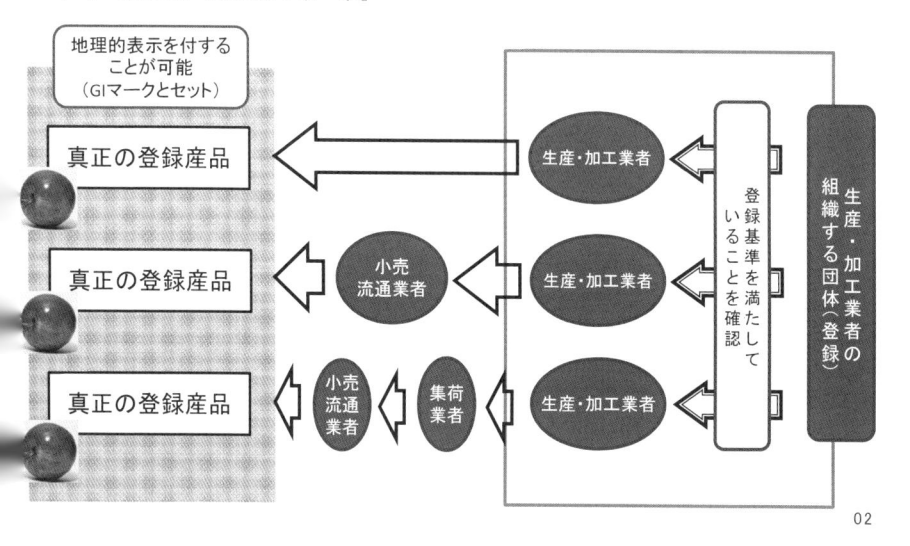

地理的表示保護制度表示ガイドライン　365

1−2 地理的表示を付することができない場合

一方で、1-1の場合を除いては、
1) 何人も
2) 登録産品が属する区分に属する農林水産物等又はその加工品に(→1−2−1を参照)
3) 登録を受けた地理的表示又はこれに類似する表示(→1−2−2を参照)
を付することはできないこととなっています(法第3条第2項柱書)。
　ただし、いくつかの場合においては、この規制の適用を受けないことがあります。(→1−2−3を参照)
(なお、いずれの場合であっても、GIマークを付することはできません(→1−3を参照)。)
［関連Q&A：Q10〜Q13］

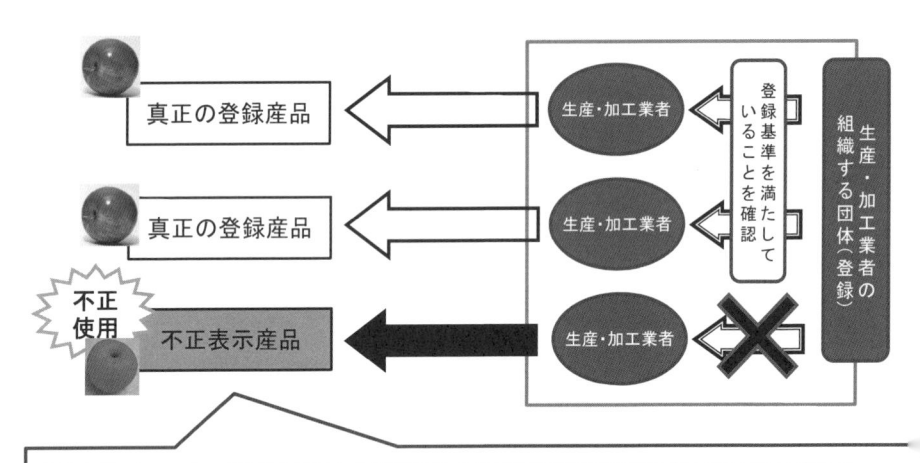

基準を満たしていない(登録を受けた生産者団体の生産行程管理を適切に受けていない)産品に、地理的表示又は類似する表示を付することはできない(1-1の(1)②を満たさない)。

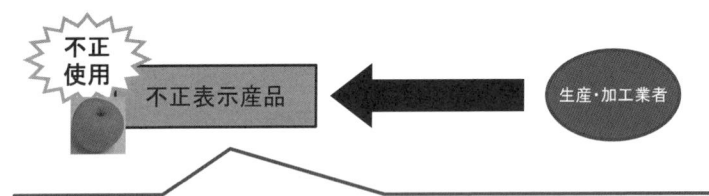

登録を受けた生産者団体に加入していない者が生産した産品に、地理的表示又は類似する表示を付することはできない(1-1の(1)①を満たさない)。

第4部 法律、ガイドライン等

1－2－1 規制の対象となる物について

　地理的表示の使用規制が及ぶ対象の範囲は、
① 登録産品が属する区分に属する農林水産物等及び
② ①を主な原料又は材料として製造され、又は加工された農林水産物等
と定められています。
　「〇〇りんご」の例の場合は、次のようになります。

地理的表示登録
〇〇りんご　（第3類 果実類）

① 同一区分の農林水産物等について

　区分とは、特定農林水産物等の名称の保護に関する法律第三条第二項の規定に基づき農林水産物等の区分等を定める件(平成27年農林水産省告示第1395号)において定められている農林水産物等の区分を指します。

(区分の例)
　　「第1類 穀物類」 …米穀、麦類、雑穀、豆類等
　　「第6類 生鮮肉類」 …牛肉、豚肉、鶏肉等
　　「第17類 野菜加工品類」 …塩蔵野菜、野菜漬物、カット野菜等
　(区分の詳細については、ウェブサイトに掲載しておりますので、そちらをご覧ください(p25を参照)。)

　「〇〇りんご」の場合、りんごは「第3類 果実類」の区分に属するため、「第3類 果実類」に属する農林水産物等(りんご、なし等)に「〇〇りんご」という地理的表示又は類似する表示を付すことはできません。(GIマークを付すこともできません(→1-3を参照)。)[関連Q&A:Q14]

ケース①　　登録産品でないりんご、なし等に「〇〇りんご」と表示

04

地理的表示保護制度表示ガイドライン　　367

② 加工品について

加工品とは、
① 登録産品が属する区分と同一の区分に属する農林水産物等を主な原材料として
② 製造又は加工された
③ 農林水産物等
のことを指します。

「○○りんご」の場合、りんごが属する「第3類　果実類」に属する農林水産物等(りんご、なし等)の加工品(ジュース、パイ等)に「○○りんご」又は類似の表示を付することはできません(法第3条第2項柱書)。
ただし、登録産品である「○○りんご」を主な原材料として使用した加工品には、「○○りんご」を付することができます(法第3条第2項第1号)。[関連Q&A：Q15、Q16]
(また、いずれの場合も、GIマークを付することはできません(→1－3を参照)。)

| ケース② | 登録産品でないりんごを使用した加工品に「○○りんご」と表示 | ケース③ | 登録産品の「○○りんご」を使用したジュースに「○○りんご」と表示(法第3条第2項第1号) |

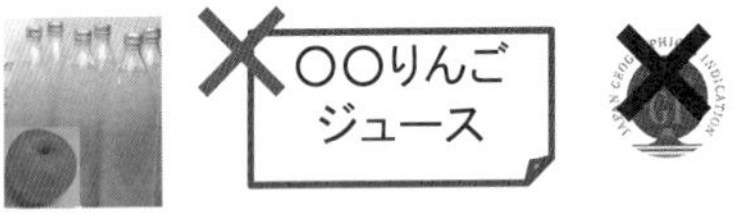

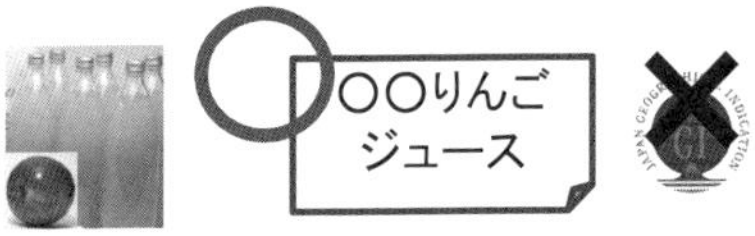

※ この場合、GIマークを付することはできませんが、「○○りんご」が地理的表示の登録産品であること及び「○○りんご」の登録番号を記載することは可能です。[関連Q&A：Q17]

第4部 法律、ガイドライン等

1-2-2 規制の対象となる表示について

ある地理的表示が登録を受けた場合、付することができなくなる表示は、
① 登録を受けた地理的表示と同一の表示
② 登録を受けた地理的表示と類似する表示
と定められています。

① 同一の表示について

地理的表示と社会通念上同一と認められる範囲の名称の表示は、地理的表示と同一の表示として使用規制が及びます。[関連Q&A：Q8]

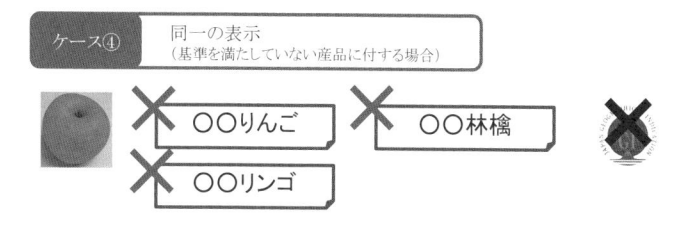

ケース④　同一の表示
　　　　（基準を満たしていない産品に付する場合）

×〇〇りんご　×〇〇林檎
×〇〇リンゴ

② 類似の表示について

地理的表示と類似する表示にも使用規制が及びます。この類似する表示とは、登録産品とそれ以外の産品との識別を困難にするような表示をいい、具体的には、表示の外観や呼称が紛らわしいもの等、当該表示により、その表示が付された産品が登録産品の特性を有していると認識させるような表示のことを指します。
類似する表示には、特定農林水産物等の名称の保護に関する法律施行規則（平成27年農林水産省令第58号。以下「施行規則」という。）第2条に規定されているとおり、次のような表示を含むこととなっています。[関連Q&A：Q8]

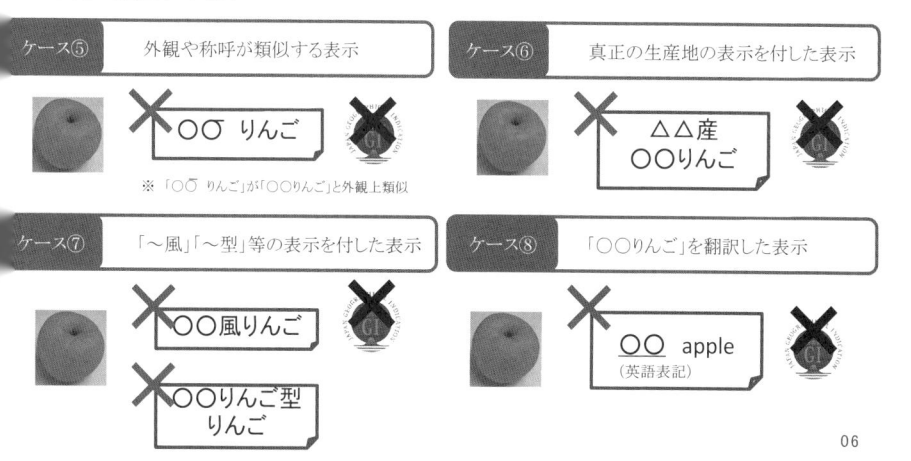

ケース⑤　外観や称呼が類似する表示

×〇〇 りんご
※「〇〇 りんご」が「〇〇りんご」と外観上類似

ケース⑥　真正の生産地の表示を付した表示

×△△産　〇〇りんご

ケース⑦　「～風」「～型」等の表示を付した表示

×〇〇風りんご
×〇〇りんご型 りんご

ケース⑧　「〇〇りんご」を翻訳した表示

×〇〇 apple
（英語表記）

地理的表示保護制度表示ガイドライン　369

1-2-3 規制の適用除外について

地理的表示の使用規制は、以下のような場合には及ばないこととなっています(法第3条第2項各号及び施行規則第3条各号)。
ただし、いずれの場合であっても、GIマークを付すことはできません(→1-3を参照)。

ケース⑨ 地理的表示の登録前に商標出願された登録商標「〇〇りんご」をりんごに表示
（法第3条第2項第2号・第3号）

「〇〇りんご」を使用できる者
- 商標権者
- 商標法に基づき、登録商標を使用する権利を有する者

[関連Q&A：Q18]

ケース⑩ 地理的表示の登録前から引き続き不正の目的なく、りんごに「〇〇りんご」と表示
[先使用]（法第3条第2項第4号）

「〇〇りんご」を使用できる者
- 地理的表示の登録前から不正の目的なく地理的表示と同一又は類似する名称を使用してきた者
- その者から業務を承継した者
- その物を直接又は間接に譲り受けた者

※「不正の目的」については、Q&AのQ19をご覧ください。

ケース⑪ 地理的表示の登録前から引き続き不正の目的なく、りんごジュース（同区分の農林水産物等を原材料とした加工品）に「〇〇りんごジュース」と表示[先使用]
（施行規則第3条第1号）

「〇〇りんごジュース」を使用できる者
- 地理的表示の登録前から不正の目的なく、登録産品が属する区分に属する農林水産物等を主な原材料として加工された産品に地理的表示と同一又は類似する名称を使用してきた者
- その者から業務を承継した者
- その物を直接又は間接に譲り受けた者

07

第4部　法律、ガイドライン等

ケース⑫　不正の目的でなく、りんごに自己の氏名・名称等である「〇〇りんご」と表示
（施行規則第3条第2号）

「〇〇りんご」を使用できる者
・不正の目的でなく自己の氏名・名称、著名な雅号、芸名、筆名、これらの著名な略称の表示を付する場合

※ 自己の名称が「〇〇りんご園」の場合

ケース⑬　登録に係る特定農林水産物等の名称に普通名称が含まれる場合に、その名称の一部となっている普通名称を表示（施行規則第3条第3号）

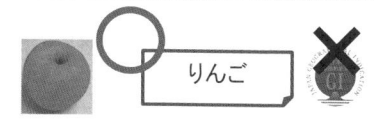

※ 「〇〇りんご」のうち、「〇〇（地名）」や「りんご」は、それぞれが普通名称である。

1-3　GIマークに関する表示規制

　1-1の場合において地理的表示を付する際には、GIマークもセットで付する必要があります。一方、それ以外の場合及び地理的表示を付さない場合には、GIマークを付することはできません。（具体的なマークのデザイン、サイズ、付する箇所等については、「2　地理的表示法のマークについて」をご覧ください。）［関連Q&A：Q5、Q20〜Q27］

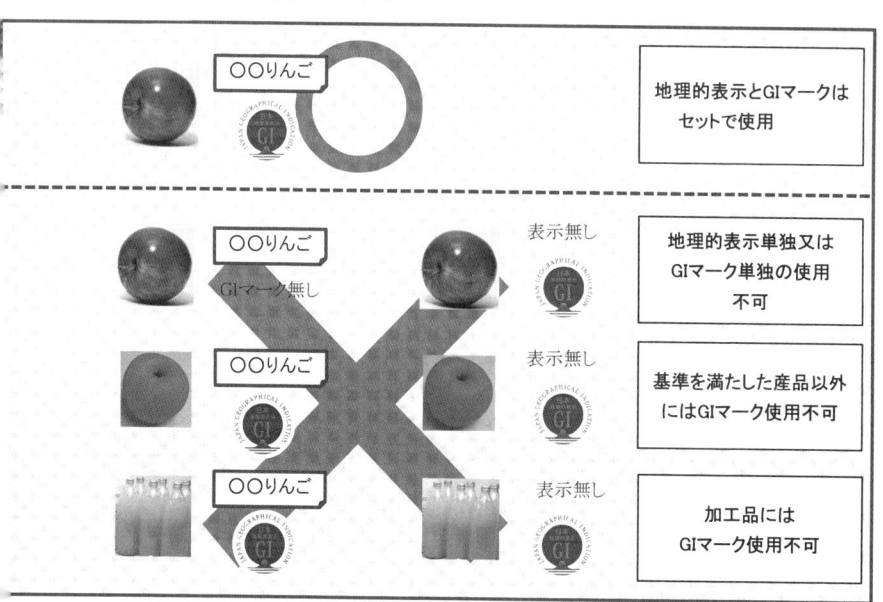

〇〇りんご（GIマーク付）	地理的表示とGIマークはセットで使用
〇〇りんご GIマーク無し ／ 表示無し（GIマークのみ）	地理的表示単独又はGIマーク単独の使用 不可
〇〇りんご（別のりんご／基準外）	基準を満たした産品以外にはGIマーク使用不可
〇〇りんご（加工品にGIマーク）	加工品にはGIマーク使用不可

地理的表示保護制度表示ガイドライン

1－4 違反した場合の措置

　地理的表示及びGIマークの不正使用（地理的表示を使用しつつGIマークを使用しなかった場合を含む。）の事案が確認された場合には、農林水産大臣から除去命令等の措置命令が発出されます（法第5条）。
　措置命令にも違反した場合には、法第28条及び第29条に規定された罰則が適用されます。
［関連Q&A：Q28］

○ 地理的表示の不正使用

① 不正使用者に対する行政措置

農林水産大臣による命令

② 命令違反 →

③ 罰則
・個人：5年以下の懲役
　　又は
　　500万円以下の罰金（併科可）
・団体：3億円以下の罰金

○ GIマークの不正使用（不使用を含む。）

① 不正使用者に対する行政措置

農林水産大臣による命令

② 命令違反 →

③ 罰則
・個人：3年以下の懲役
　　又は
　　300万円以下の罰金
・団体：1億円以下の罰金

第4部　法律、ガイドライン等

1−5　チェックシート

これまでの内容をチェック形式でまとめています。地理的表示の産品を取り扱う場合において、自分が地理的表示及びGIマークを付することができるかを確認する際に、ご参照ください。

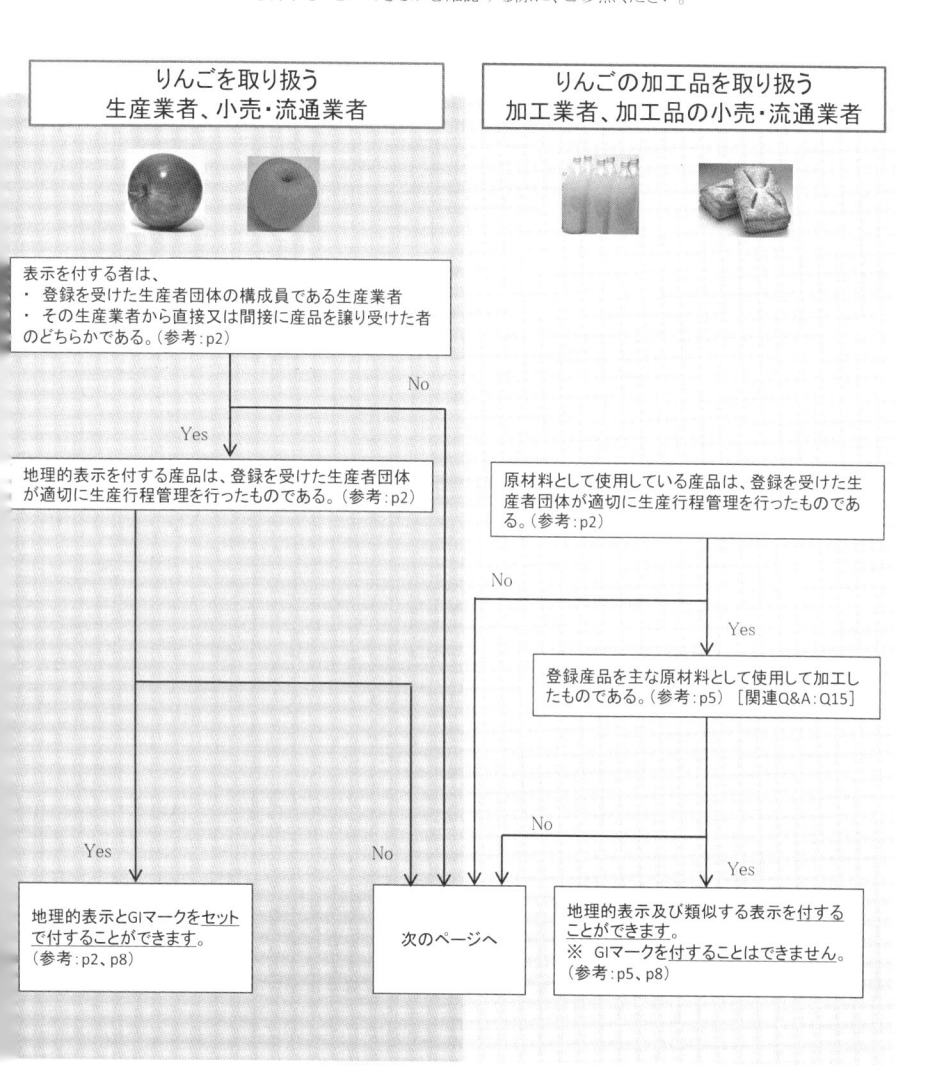

```
┌─────────────────────────┐                    ┌─────────────────────────┐
│  りんごを取り扱う        │                    │ りんごの加工品を取り扱う │
│  生産業者、小売・流通業者 │                    │ 加工業者、加工品の小売・ │
│                         │                    │ 流通業者                │
└─────────────────────────┘                    └─────────────────────────┘
```

りんごを取り扱う生産業者、小売・流通業者

表示を付する者は、
- 登録を受けた生産者団体の構成員である生産業者
- その生産業者から直接又は間接に産品を譲り受けた者

のどちらかである。（参考：p2）

→ No → 次のページへ
→ Yes ↓

地理的表示を付する産品は、登録を受けた生産者団体が適切に生産行程管理を行ったものである。（参考：p2）

→ No → 次のページへ
→ Yes ↓

地理的表示とGIマークをセットで付することができます。（参考：p2、p8）

りんごの加工品を取り扱う加工業者、加工品の小売・流通業者

原材料として使用している産品は、登録を受けた生産者団体が適切に生産行程管理を行ったものである。（参考：p2）

→ No → 次のページへ
→ Yes ↓

登録産品を主な原材料として使用して加工したものである。（参考：p5）［関連Q&A：Q15］

→ No → 次のページへ
→ Yes ↓

地理的表示及び類似する表示を付することができます。
※ GIマークを付することはできません。
（参考：p5、p8）

10

地理的表示保護制度表示ガイドライン　　373

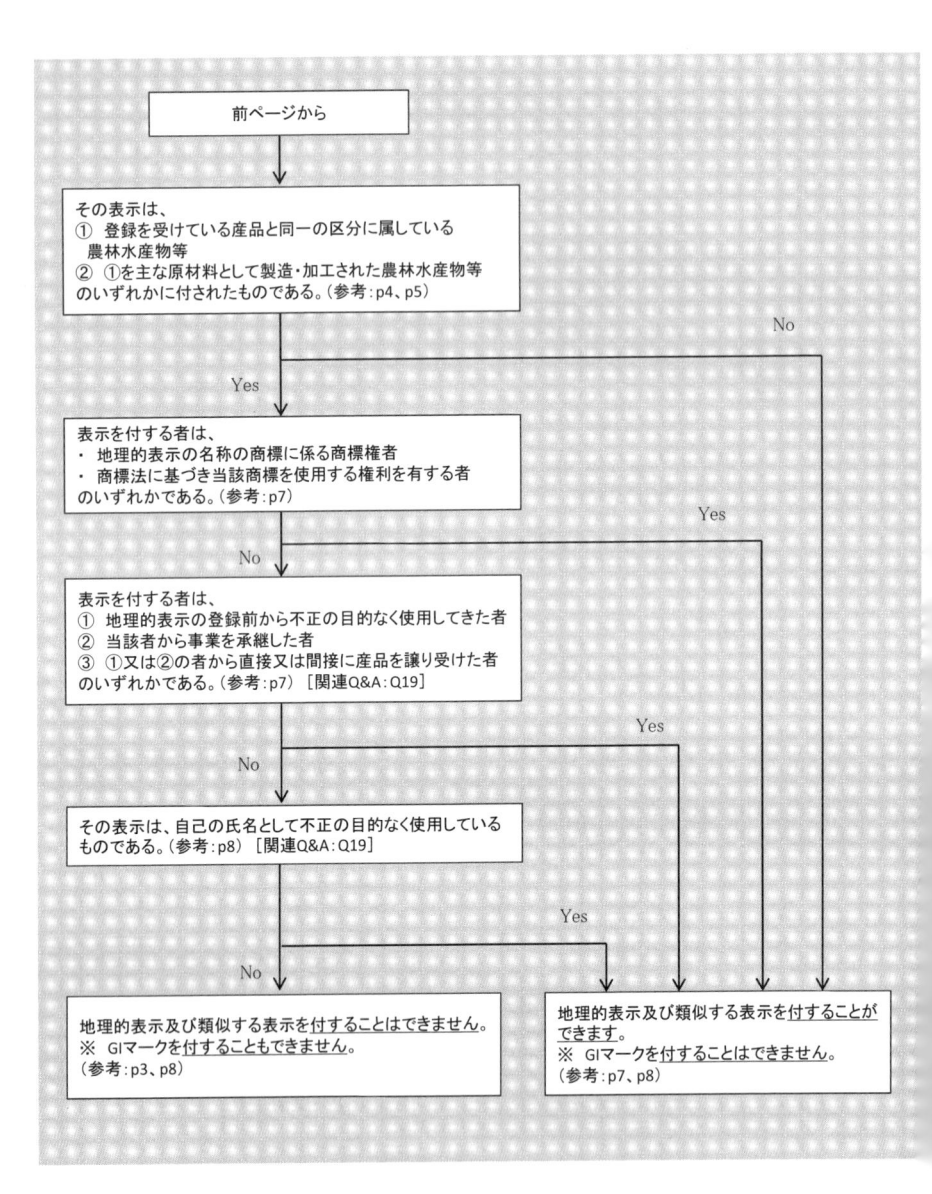

```
                    前ページから
                        │
                        ▼
┌─────────────────────────────────────┐
│ その表示は、                              │
│ ① 登録を受けている産品と同一の区分に属している       │
│    農林水産物等                             │
│ ② ①を主な原材料として製造・加工された農林水産物等   │
│ のいずれかに付されたものである。(参考：p4、p5)    │
└─────────────────────────────────────┘
          │Yes                         │No
          ▼                            │
┌─────────────────────────────────────┐│
│ 表示を付する者は、                          ││
│ ・ 地理的表示の名称の商標に係る商標権者           ││
│ ・ 商標法に基づき当該商標を使用する権利を有する者   ││
│ のいずれかである。(参考：p7)                  ││
└─────────────────────────────────────┘│
          │No                  │Yes    │
          ▼                    │       │
┌─────────────────────────────────────┐│
│ 表示を付する者は、                          ││
│ ① 地理的表示の登録前から不正の目的なく使用してきた者 ││
│ ② 当該者から事業を承継した者                  ││
│ ③ ①又は②の者から直接又は間接に産品を譲り受けた者 ││
│ のいずれかである。(参考：p7)［関連Q&A：Q19］    ││
└─────────────────────────────────────┘│
          │No                  │Yes    │
          ▼                    │       │
┌─────────────────────────────────────┐│
│ その表示は、自己の氏名として不正の目的なく使用している ││
│ ものである。(参考：p8)［関連Q&A：Q19］         ││
└─────────────────────────────────────┘│
          │No                  │Yes    │
          ▼                    ▼       ▼
┌──────────────────────┐  ┌──────────────────────┐
│ 地理的表示及び類似する表示を│  │ 地理的表示及び類似する表示を│
│ 付することはできません。      │  │ 付することができます。      │
│ ※ GIマークを付することも    │  │ ※ GIマークを付することはでき│
│   できません。               │  │   ません。                 │
│ (参考：p3、p8)              │  │ (参考：p7、p8)             │
└──────────────────────┘  └──────────────────────┘
```

11

第4部　法律、ガイドライン等

2　地理的表示法のマークについて

　地理的表示法第4条第1項に規定されているGIマークは、その産品が日本の地理的表示保護制度の登録を受けていることを示すマークです。

　このGIマークを制定するに当たっては、マークが日本の地理的表示保護制度のものであることをわかりやすくするため、大きな日輪を背負った富士山と水面をモチーフに、日本国旗の日輪の色である赤や伝統・格式を感じる金色を使用し、日本らしさを強調したデザインを採用しています。

（図：GIマーク　JAPAN GEOGRAPHICAL INDICATION　日本 地理的表示 GI）

　本章では、このGIマークを農林水産物等又はその包装等に付する際の注意事項及び禁止事項を記載しています。
　記載された内容に違反し、正しく付されていないものは、法第4条第2項に違反していると判断される場合もありますので、ご注意ください。

地理的表示保護制度表示ガイドライン

2-1 マークのデザイン

　GIマークのデザインは、施行規則第4条において、以下のように様式が定められています。これら以外のデザインを使用することはできません。
　なお、このデザインはウェブサイト上でダウンロードすることができます(p25を参照)。

■ カラーデザイン

　フルカラーのデザインのもので、GIマークの標準デザインとして定められているものです。原則として、GIマークを使用する際は、このデザインのマークを使用するようにしてください。デザインの詳細は、以下のとおりです。

個々のパーツの大きさの割合

　マーク中の個々のパーツの大きさについては、以下のように定められています。

寸法
0.3888H
0.2532H
0.1858H
0.0675H
0.0638H
0.0508H
0.0945H
0.0190H
0.0671H
0.0305H
H（外円の直径）
0.8835H
0.6216H
0.2405H
0.0314H
0.0550H
0.1177H
0.1324H
0.2182H
0.0209H
0.0178H
0.0273H
0.0197H
0.5606H

文字のフォント

　マーク中の文字のフォントについては、以下のように定められています。
・「日本」、「地理的表示」の文字部分…解ゴシックstdW6
・「JAPAN GEOGRAPHICAL INDICATION」の文字部分…ベースFONT：小塚明朝pro B
・「GI」の文字部分…ベースFONT：小塚明朝pro B 長体83

13

第4部 法律、ガイドライン等

色

マーク中の個々のパーツの色については、以下のように定められています。

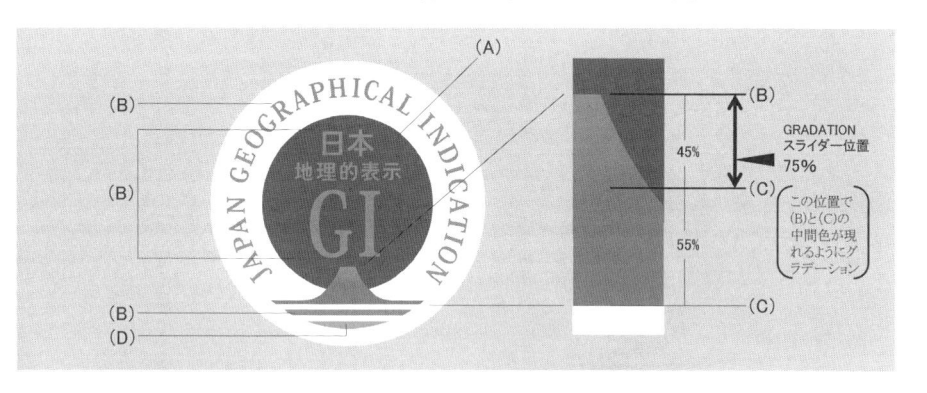

(A)	PANTONE 199C	C0% M100% Y65% K10% R215 G0 B18 WEB：D7003A
(B)	PANTONE 4655C	C25% M40% Y65% K0% R200 G160 B98 WEB：C8A062
(C)	PANTONE 4645C	C30% M50% Y70% K10% R177 G130 B79 WEB：B1824F
(D)	PANTONE 4655C 70%	C17% M30% Y45% K0% R217 G188 B144 WEB：D9BC90

GRADATION スライダー位置 75%
この位置で(B)と(C)の中間色が現れるようにグラデーション

■ モノクロデザイン

　原則としてカラーデザインのGIマークの使用が推奨されますが、カラーデザインのGIマークを付することで、農林水産物等又はその包装等のデザインが損なわれる場合（例：包装紙のデザインを白黒2色に統一している場合）には、代わりにモノクロのGIマークを使用することができます。
　ただし、このデザインを使用する場合には、事前に農林水産省新事業創出課までご連絡ください（p25を参照）。

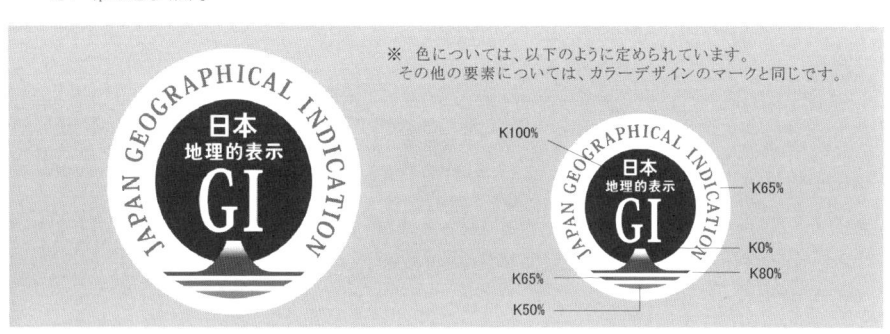

※ 色については、以下のように定められています。
　その他の要素については、カラーデザインのマークと同じです。

K100%
K65%
K0%
K80%
K65%
K50%

14

地理的表示保護制度表示ガイドライン　　377

■ 単色デザイン

農林水産物等又はその包装等並びにこれらにGIマークを付する方法（印刷、刻印など）の性質上、カラーデザイン及びモノクロデザインのGIマークを付することが技術的・業務上困難であったり、多くのコストを要する場合には、単色デザインのマークを使用できます。
　ただし、このデザインを使用する場合には、事前に農林水産省新事業創出課までご連絡ください（p25を参照）。

※　色については、黒一色となるようにしてください。
　　その他の要素については、カラーデザインのマークと同じです。

■ 使用禁止であるGIマークの例

以上のデザインのGIマーク（カラーデザイン、モノクロデザイン、単色デザイン）以外のデザインのマークをGIマークとして使用することはできません。
　また、GIマークに以下のようなアレンジを加えて付することも禁止しています。

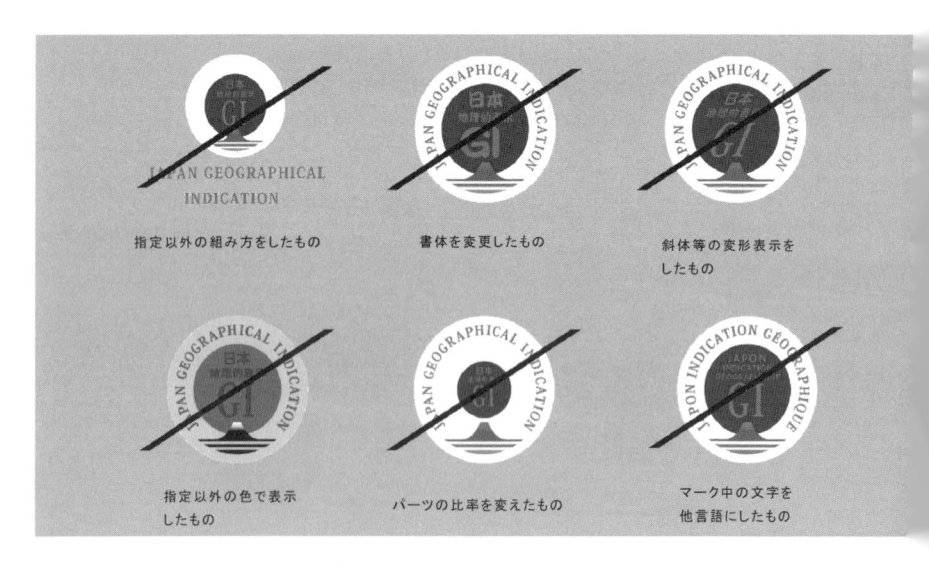

指定以外の組み方をしたもの

書体を変更したもの

斜体等の変形表示をしたもの

指定以外の色で表示したもの

パーツの比率を変えたもの

マーク中の文字を他言語にしたもの

15

第4部 法律、ガイドライン等

2－2 マークのサイズ

　GIマークのサイズについては上限はないものの、最小のサイズとして、外円の直径が15mm以上の大きさのものを使用する必要があります（単色デザインの場合は、13mm以上）。

　ただし、農林水産物等又はその包装等の性質上、外円の直径が15mmのマークを付することが困難である場合には、外円の直径が10mm以上であればよいこととしています。
（外円の直径が10mm未満のGIマークを使用することはできません。）

2－3 マークを付する箇所

　GIマークを付するのは、農林水産物等又はその包装等とされています。
これを満たしている限り、GIマークを付する箇所については特段の規定はありませんが、地理的表示を付している箇所と近い（需要者が地理的表示とGIマークを一体的に確認できる）箇所であることが望ましいといえます。
　また、農林水産物等が陳列等されている状態において、GIマークの確認が困難であるような箇所に付することは望ましくありません。［関連Q&A：Q4］
（例：農林水産物等が棚に陳列されて販売されている場合において、棚に接触している底面にGIマークを付すること等）

2－4 登録番号の記載

　地理的表示法の登録を受けた産品には、固有の登録番号が与えられます。
この登録番号は、農林水産大臣が登録を行った産品であることを保証するものであるとともに、需要者が農林水産省のウェブサイトで産品の生産地、特性、生産の方法、生産者団体等を調べる際に便利なものです。
　そのため、産品にGIマークを付する場合には、併せて登録番号を記載するようにしてください。
［関連Q&A：Q27］
　なお、登録番号の文字の大きさ、フォント、記載場所等については、特段の規定はありません。

※　本ガイドラインに掲載している登録番号の部分の文字フォントは、「ＭＳ Ｐ明朝」のものです。

16

地理的表示保護制度表示ガイドライン　　379

3　Q&A

　この章では、前章までの内容に加えて、より詳細な点について、制度の運用上どのように取り扱っていくのかという考え方をQ&A方式でまとめています。

Q1．地理的表示の使用規制が及ぶ農林水産物等の範囲はどのようになっていますか。

　全ての食用に供される農林水産物又は食品が使用規制の対象となっています。これに加えて、非食用のものであっても、政令で指定を受けた物品（観賞用の植物、工芸農作物、立木竹、観賞用の魚、真珠、飼料、漆、竹材、精油、木炭、木材、畳表及び生糸）も、使用規制の対象となります。（ただし、これらに該当するものであっても、酒類、医薬品、医薬部外品、化粧品及び再生医療等製品に該当するものは対象となりません。）

Q2．登録産品に地理的表示を付することができるのは誰ですか。

　登録を受けた生産者団体の構成員である生産業者と、その生産業者から登録産品を直接又は間接に譲り受けた者が地理的表示を付することができます。例えば、生産業者から登録産品を譲り受けた卸売業者や、さらに卸売業者から譲り受けた小売業者が、地理的表示を付することが可能です。
　なお、生産業者から地理的表示を付することを委託された者は、「生産業者」に該当しますので、問題なく地理的表示を付することが可能です。

Q3．登録産品を集荷する農協等に地理的表示やGIマークの貼付を委託することはできますか。

　可能です。この場合、登録を受けた生産者団体は、生産行程管理業務の一環として、生産業者を通じて、委託先事業者が登録された基準を満たしていない産品に地理的表示やGIマークを付していないか、地理的表示を使用していない産品にGIマークを付していないか等を確認・指導する必要があります。
　具体的な確認・指導の方法は、生産行程管理業務規程において定めることとなります。（申請者ガイドライン別紙3もご参照ください。）

Q4．地理的表示やGIマークを「付する」とはどのような行為ですか。

　登録産品又はその包装等（包装、容器、送り状（産品に添付されて送付される伝票、納品書等を含む。））に、直接地理的表示やGIマークを印刷又は刻印する、地理的表示やGIマークが表示されたシールを貼付することのほか、地理的表示やGIマークを記載した値札等を登録産品の陳列棚に置く場合等が該当します。

17

第4部　法律、ガイドライン等

Q5．地理的表示の登録を受けた「○○りんご」について、生産業者がりんごを詰めたダンボール箱に地理的表示「○○りんご」とGIマークを付して出荷した場合に、
① 流通業者がこのダンボール箱に貼付する送り状に「○○りんご」と表示したり、小売業者がこのダンボール箱を店頭に陳列し販売する際に値札に「○○りんご」と表示する場合は、GIマークも貼付しなければならないのでしょうか。
② 小売業者がりんごをダンボール箱から出して陳列し、値札に「○○りんご」と表示する場合は、GIマークも付さなければならないのでしょうか。

① 需要者はダンボール箱に付されている地理的表示とGIマークを見れば、その産品が地理的表示の登録を受けているものであることを確認できることから、この場合は、流通・小売業者はそれぞれ送り状や値札にGIマークを付する必要はありません。(もちろん付することも可能です。)
② この場合は、一つずつのりんごに地理的表示とGIマークが付されているか否かにより、異なります。
(ア)付されている場合
　　需要者は陳列されているりんごを見て、地理的表示とGIマークを確認することができることから、値札に改めてGIマークを付する必要はありません。(もちろん付することも可能です。)
(イ)付されていない場合
　　陳列されているりんごには何ら表示が付されていないことから、需要者は値札の「○○りんご」という表示を見ても、そのりんごが地理的表示の登録を受けているものであるかどうか確認することができません。このため、小売業者は値札にGIマークを貼付する必要があります。

Q6．流通業者や小売業者が、地理的表示とGIマークが付された箱等から登録産品を取り出して小分けし、各々に地理的表示とGIマークを付して販売する場合には、流通業者や小売業者はどのようなことに留意する必要がありますか。

小分けする際に、必ず地理的表示とGIマークをセットで付することが必要です。また、小分けし表示を付した産品が登録産品であることを示すことができるよう、入荷時の伝票等の保存や、新たに表示を付した事実及び小分け前の産品と小分けし表示を付した産品の対応関係が分かる書類(作業日報等)の作成・保存をしておくことが望ましいといえます。

Q7．生産業者が地理的表示を付さずに流通させた登録産品に、流通業者や小売業者が地理的表示とGIマークを付する場合はどのようなことに留意する必要がありますか。

流通業者や小売業者が地理的表示とGIマークを付する場合は、当該産品が登録産品であることを生産業者等に確認することが必要です。その際に、その証拠として、証明書等を発行してもらい、保存しておくことも有益です。また、これに加えて、新たに表示を付した事実及び確認した産品と地理的表示を付した産品の対応関係が分かる書類(作業日報等)を作成・保存しておくことが望ましいといえます。

Q8. 「○○りんご」が地理的表示の登録を受けた場合に、
① 登録産品に「○○リンゴ」や「○○林檎」と付することは可能ですか。
② 登録産品に「○○apple」と付することは可能ですか。

① 可能です。
　登録を受けている名称と社会通念上同一と認められる範囲のものの表示であれば、地理的表示と同一の名称に該当するものと認められます。登録を受けている名称に含まれるひらがな、カタカナ及び漢字を相互に互換して表示するものは、社会通念上同一と認められる範囲のものといえるため、地理的表示として付することができます。
② できません。
　登録を受けている名称を翻訳した表示「○○apple」は社会通念上同一と認められる範囲のものの表示とは言えず、類似の表示に該当するものであると言えるため、「○○apple」を名称として登録していない限りは「○○apple」を付することはできません。

Q9. 地理的表示に図形を組み合わせて使用することや地理的表示を特殊な字体で表示することは可能ですか。

　そのような商標が登録されていない場合は可能です。なお、そのような商標登録がなされており、当該商標権者が生産者団体に対し地理的表示に登録の申請をすることを承諾していた場合であっても、そのように商標登録を受けている図形的使用や特殊な字体での地理的表示の使用まで認められる、ということではありません。

Q10. 海外から地理的表示が付された模倣品(登録基準を満たさない農林水産物等)が輸入された場合は、取締りの対象となりますか。

　地理的表示の使用規制は「付する」行為が対象となることから、既に海外において地理的表示が付された模倣品(登録基準を満たさない農林水産物等)を輸入すること自体は取締りの対象とはなりません。
　しかしながら、
① 模倣品に用いられる送り状に地理的表示を付する場合
② 模倣品が小分けされ、小分けされたものに地理的表示を付する場合
は使用規制の対象となり、取締りを行うこととなります。

19

第4部 法律、ガイドライン等

Q11. 食品表示法等に基づく原産地表示は、地理的表示の使用規制の対象となるのでしょうか。

　法令の規定に基づき農林水産物等の原産地を表示する場合は、原則として、地理的表示又はこれに類似する表示には該当せず、規制対象となりません。
　ただし、原産地の表示が、その表示を付された商品が登録産品であると需要者に誤認を生じさせる方法で行われる場合には規制対象となることがあります。
　具体的には、当該商品に係る一般的な原産地表示の方法に照らし、表示の位置や大きさ等から、原産地表示と産品の名称表示が組み合わさり全体として当該商品の名称であるかのように認識され、これにより当該商品があたかも登録産品であるかのように需要者が誤認するような場合が該当します。
　例えば、「○○りんご」という地理的表示が登録を受けている場合に、登録産品に「○○産りんご」と表示することは、需要者が当該表示を商品名であると認識するような表示の方法による場合(「産」の文字が「○○」や「りんご」の文字に比べて著しく小さく表示されているような場合等)は、規制対象となることがあります。

Q12. 登録産品のカタログや広告に地理的表示やGIマークを表示することはできますか。

　可能です。
　なお、登録産品でないものに関するカタログや広告に、地理的表示やGIマークを付することは消費者に誤認を与えることから不適切であり、表示に関する他の法令に抵触する可能性があります。

Q13. レストラン等におけるメニューに地理的表示やGIマークを表示することはできますか。

　登録産品を使った料理のメニュー表示に、その原材料が地理的表示の登録を受けているものであることを示すために地理的表示やGIマークを付することは可能です。
　なお、登録産品を使用していないにも関わらず、地理的表示やGIマークを付することや、その料理自体が地理的表示の登録を受けているかのようにGIマークを付することは、消費者に誤認を与えることから不適切であり、表示に関する他の法令に抵触する可能性があります。

Q14. 「○○りんご」が地理的表示の登録を受けた場合に、牛肉に「○○りんごを食べて育った△△牛肉」やトマトに「○○りんごの生産者が作った××トマト」と表示することは可能ですか。

　「○○りんご」の使用規制はりんごと同一の区分に属する農林水産物等又はその加工品に及ぶこととなっています。牛肉やトマトの場合、りんごと異なる区分に属するものであり(りんご:第3類(果実類)、トマト:第2類(野菜類)、牛肉:第6類(生鮮肉類))、原材料と加工品の関係にもないため、「○○りんご」を使用することは可能です。
　ただし、その表示が消費者に誤認を与えるようなものである場合、表示に関する他の表示に抵触する可能性があります。

20

地理的表示保護制度表示ガイドライン　　383

Q15. 地理的表示を付することができる「登録産品を主な原材料として使用した加工品」(登録に係る特定農林水産物等を主な原料若しくは材料として製造され、若しくは加工された農林水産物等)について、
① どのような行為が「製造」又は「加工」に該当しますか。
② 登録産品の原材料に占める割合に定めはありますか。

① 「製造」とは、原料として使用したものと本質的に異なるものを作り出すこと、「加工」とは材料の本質は保持させつつ、新しい属性を付加することをいいます。例えば、登録産品を単にカットしたり、小分けして販売する場合は「製造」又は「加工」に該当しませんが、異種のものを混ぜ合わせたもの(カット野菜等)はこれに該当します。
② 加工品に地理的表示を付することができるのは、登録産品が主な原材料として使用されている(当該加工品に登録産品の特性を反映させるに足りる量の登録産品が原材料として使用されている)場合です。
この「登録産品の特性を反映させるに足りる量」とは、
(ア) 加工品の全体重量に占める割合
(イ) 加工品の原材料のうち、登録産品と同一の種類の原材料に占める割合
により判断されます。
(ア)については、加工品の種類と登録産品の性質に応じて、適切な割合は異なります。
(イ)については、登録産品と同一の種類の原材料のうち、少なくとも半量程度は登録産品が含まれる必要があると考えますが、半量を下回る場合であっても、特性を反映させるに足りると認められる場合は当該加工品に地理的表示を付することができる場合があります。

Q16. 登録産品を主な原材料として使用した加工品に地理的表示を付する際には、どのようなことに留意する必要がありますか。

原材料として使用する産品が登録産品であることを示すことができる書類(伝票、証明書等)を保存しておくことが望ましいといえます。
また、地理的表示法では、登録産品を原材料とした加工品に地理的表示を付する場合に、登録産品の使用割合を表示することを義務付けてはいませんが、需要者の利益保護の観点から、その使用割合が記載されることが望ましいといえます。
なお、食品表示法に基づく食品表示基準では、「特色のある原材料」の表示を行う場合はその使用割合を表示することが義務付けられており、登録産品はこの「特色のある原材料」に該当することから、同基準の対象となる一般用加工食品については使用割合を表示する必要があります。

Q17. 地理的表示の登録を受けた農林水産物等を使用した加工品にGIマークを付して、他の商品との差別化を図ることはできますか。

その加工品自体が地理的表示の登録を受けていない場合には、当該加工品にGIマークを付することはできません(p8参照)。ただし、当該加工品の原材料が登録産品であることや、原材料である当該産品の登録番号を記載することは可能です。

第4部　法律、ガイドライン等

Q18. 地理的表示と同一又は類似の名称の登録商標の商標権者から承諾を得て、地理的表示の登録がなされた後、生産業者等が登録産品に地理的表示を付する際には、その商標権者から許可を得る必要はありますか。

　登録の申請を行う段階では、申請した地理的表示と同一又は類似の名称の商標があった場合には当該商標の商標権者の承諾を得る必要がありますが、登録後の地理的表示の使用については承諾を得る必要はありません。
　また、地理的表示を不正競争の目的で付している場合（図形を組み合わせたり、特殊な字体で地理的表示と同一又は類似の名称を表示したものを不正の目的で使用する場合。Q9参照。）でなければ、商標権の行使の対象とはなりません。

Q19. 地理的表示の登録を受ける前から引き続き不正の目的なく、その名称を使用してきた場合（先使用）は、地理的表示が登録された後でも引き続き名称を使用できることとなっていますが、この「不正の目的なく」とはどのような場合ですか。

　「不正の目的」とは、公序良俗や信義則に反する目的一般のことで、不正の利益を得る目的や、他人の利益を損害する目的のことを指します。
　例えば、ある農林水産物等が登録の申請を行っていることを知り、その生産者団体に対して、財産上の損害を加えることや、先使用による地理的表示の使用をやめる見返りとして高額の金銭を要求することを目的として、その農林水産物等の地理的表示を使用することが挙げられます。

Q20. 他のロゴマーク（例：地域のご当地キャラクター）と、GIマークを組み合わせて使用することはできますか。

　GIマークを他のロゴマークと組み合わせて使用することは可能です（例えば、イベントにおいて、地理的表示の登録を受けた産品について、その地域のキャラクターとGIマークを組み合わせたものを表示している場合）。
　その際には、GIマークの趣旨に則り、適切にご使用ください。また、組み合わせによってGIマークの識別性が著しく低下するような使用は行わないようにしてください（例えば、GIマーク中の文字が識別できないような組み合わせ方で表示されている場合）。

Q21. 地域や団体の独自の認証マークを使用しているのですが、GIマークは別途付さなくてはならないのですか。

　地域や団体で独自に定められた基準を満たしていることを示す認証マークが使用されている場合であっても、登録産品に地理的表示を付する場合には、併せてGIマークを使用する必要があります。
　ただし、従来使用してきた認証マークは、引き続き使用していただくことが可能です。

22

地理的表示保護制度表示ガイドライン　　385

Q22. GIマークをイベントや名刺に使用することはできますか。

　GIマークをイベントの広告や看板、名刺等に使用することは可能です。
　ただし、GIマークは、その産品が日本の地理的表示保護制度の登録を受けているものであることを示すものであり、GIマークを使用する際には、その趣旨に則り、適切にご使用ください。

Q23. 外国に輸出する際、GIマークはどのような効果があるのですか。

　GIマークは日本の地理的表示保護制度において定められたマークですので、登録産品を海外に輸出する際にもGIマークを付することで、その産品が日本の地理的表示保護制度の登録を受けていることを海外の需要者にアピールすることができます。
　また、現地で模倣マークが流通しないよう、GIマークは複数の国で商標出願・登録を行っております。

Q24. GIマークはどこで入手することができますか。シールの販売は行っていますか。

　GIマークは、農林水産省のウェブサイト(P25参照)において、データをダウンロードすることができます。
　登録番号を記載できる形式のデータもダウンロードできますので、詳しくは農林水産省のウェブサイトをご覧ください。
　なお、農林水産省において、GIマークが印刷されたシールの販売は行っておりません。

Q25. GIマークを使用する場合、農林水産省に対して使用料の支払や届出は必要ですか。

　GIマークのデータを農林水産省のウェブサイトからダウンロードする際や、GIマークを使用する際に、農林水産省に対して支払う費用はありません。
　また、これらの際に農林水産省に届出を行う必要もありません。

第4部　法律、ガイドライン等

Q26．GIマークを貼付する際に、何か書類を作成・保存する必要はありますか。

　　登録を受けた生産者団体の構成員である生産業者は、登録産品に地理的表示及びGIマークを付する際に、生産行程管理業務規程において、「地理的表示等の使用の確認」として定められている内容を適切に実施する必要があります。例えば、生産行程管理業務規程に、「生産業者に地理的表示等の使用実績を確認できる書類（帳簿や出荷伝票等）を保管させ、必要に応じて生産者団体がその保管状況を確認する」と定められている場合には、生産業者は地理的表示及びGIマークを貼付する際には、その実績を確認できる書類（帳簿や出荷伝票等）を保管することが必要となります。(申請者ガイドライン別紙3をご参照下さい。)
　　なお、流通・小売業者の方の書類作成・保存についてはQ6、Q7をご覧ください。

Q27．GIマークを貼付する際は、登録番号を付する必要があるのでしょうか。

　　登録産品にGIマークを付する場合には、併せて登録番号を記載するようにしてください。
ただし、登録産品又はその包装等に登録番号を記載するスペースが十分に確保できない場合や、登録番号を記載することで全体のデザインを大きく損ねるような場合には、登録番号の記載を省略することが可能です。
　　登録番号の省略を行う場合には、事前に農林水産省新事業創出課までご連絡ください（p25を参照）。

Q28．登録産品に地理的表示を付する場合のGIマークの貼付義務は、登録された日からすぐに発生するのでしょうか。

　　原則として、GIマークの貼付義務は登録された日から発生します。ただし、包装材等の切り替えに時間を要する場合や流通在庫がある場合等、登録された日からすぐにGIマークを付することが困難な場合も想定されます。このような困難な事情がある場合にはGIマークを貼付していなくても認められる場合があります。

Q29．地理的表示やGIマークの使用についての相談はどこに行えばよいですか。また、地理的表示やGIマークの不正使用が疑われる表示を見つけた場合はどうすればよいのでしょうか。

　　農林水産省食料産業局新事業創出課及び各地方農政局等（P25を参照）において、地理的表示やGIマークの使用に関する相談を受け付けています。また不正使用が疑われる表示に関する情報も同じ窓口で受け付けています。

4 お問合せ先

本ガイドラインの内容を含め地理的表示法の内容については、以下の担当までお問い合わせください。また、地理的表示やGIマークの不正使用が疑われる表示に関する情報も受け付けております。

なお、関連資料は農林水産省のウェブサイトに掲載しておりますので、併せてご覧ください。

担当部署	電話番号
北海道農政事務所農政推進部 経営・事業支援課 （北海道）	011-642-5485
東北農政局経営・事業支援部 事業戦略課 （青森県、岩手県、宮城県、秋田県、山形県、福島県）	022-263-1111 （内線4374）
関東農政局経営・事業支援部 事業戦略課 （茨城県、栃木県、群馬県、埼玉県、千葉県、東京都、神奈川県、山梨県、長野県、静岡県）	048-740-0342
北陸農政局経営・事業支援部 事業戦略課 （新潟県、富山県、石川県、福井県）	076-232-4233
東海農政局経営・事業支援部 事業戦略課 （岐阜県、愛知県、三重県）	052-746-1215
近畿農政局経営・事業支援部 事業戦略課 （滋賀県、京都府、大阪府、兵庫県、奈良県、和歌山県）	075-414-9025
中国四国農政局経営・事業支援部 事業戦略課 （鳥取県、島根県、岡山県、広島県、山口県、徳島県、香川県、愛媛県、高知県）	086-224-4511 （内線：2668、2168、2157）
九州農政局経営・事業支援部 事業戦略課 （福岡県、佐賀県、長崎県、熊本県、大分県、宮崎県、鹿児島県）	096-211-9111 （内線：4553）
内閣府沖縄総合事務局農林水産部 食品・環境課 （沖縄県）	098-866-1673

農林水産省　食料産業局　新事業創出課
電話番号　03-6738-6319
URL: http://www.maff.go.jp/j/shokusan/gi_act/index.html

［略歴］

内藤 恵久（ないとう よしひさ）

1964年7月1日生　愛知県出身
東京大学法学部卒業
1987(昭和62)年農林水産省入省
大分県農政部次長
総合食料局総務課調査官
内閣法制局第4部参事官
農林水産政策研究所政策情報分析官、上席主任研究官、
企画広報室企画科長

著書
「JA実務相談集」（編著）（全国協同出版株式会社　1995.5）
「新しい品種登録制度のあらまし」（地球社　1999.3）
「知的財産権辞典」（編修委員）（三省堂　2001.6）
「逐条解説　農地法」（共著）（大成出版社　2011.3）

地理的表示法の解説
― 地理的表示を活用した地域ブランドの振興を!! ―

2015年9月5日　第1版第1刷発行

著　者	内　藤　恵　久
発行者	松　林　久　行
発行所	株式会社大成出版社

東京都世田谷区羽根木1―7―11
〒156-0042　電話 03(3321)4131(代)
http://www.taisei-shuppan.co.jp/

印刷　信教印刷

©2015　内藤恵久
落丁・乱丁はおとりかえいたします。

ISBN978-4-8028-3216-8

図書のご案内

食料・農業・農村基本計画　－2015年３月閣議決定－

食料・農業・農村基本計画（2015年３月閣議決定）編集委員会／編
B5判・並製・196頁・定価本体3,000円（税別）・送料（実費）・図書コード3213

我が国の農業・農村が経済変化等に対応し今後の役割を担って行けるよう、施策・取組みを進めるための指針となる新計画。資料との対比でより明確にした、必読必携の資料集！

［逐条解説］森林・林業基本法解説

森林・林業基本政策研究会／編著
A5判・上製函入・310頁・定価本体3,800円（税別）・送料（実費）・図書コード1212

平成13年に公布・施行された「森林・林業基本法」の新理念や施策の基本方向を、わかりやすく逐条で解説。

［逐条解説］水産基本法解説

水産基本政策研究会／編著
A5判・上製函入・260頁・定価本体3,200円（税別）・送料（実費）・図書コード1204

「水産物の安定供給の確保」「水産業の健全な発展」を基本理念として、平成13年６月に制定された「水産基本法」の唯一の解説書。

［逐条解説］食品安全基本法解説

食品安全基本政策研究会／編著
A5判・上製函入・230頁・定価本体3,500円（税別）・送料（実費）・図書コード0503

国民の健康の保護という食品安全基本法の基本理念を実現するには、関係者が情報及び意見の交換を通じて、一体となって食品の安全性の確保に向けた取り組みを進めていくことが不可欠です。本書は、必要に応じて用語解説の欄を設け、条文に用いられている語句の具体的な内容について詳しく、わかりやすく解説しています。

食品を科学する　－意外と知らない食品の安全－

食品の安全を守る賢人会議／編著
A5判・186頁・定価本体1,500円（税別）・送料（実費）・図書コード3162

我が国の食品の安全を担っている食品安全委員会の委員の有志が賢人会議として、日頃気になっている食品の安全のアレコレについて明快に解説します。キーワード：人間はなぜ食べるのか・農薬は安全なのか・トランス脂肪酸・サルモネラ・メチル水銀・＠キッチン

改訂版　新たな土地改良の効果算定マニュアル

農林水産省農村振興局整備部／監修
A5判・820頁・定価本体4,000円（税別）・送料（実費）・図書コード3204

土地改良事業の実施にあたって、経済評価に係るものを満たしているか判断するための費用対効果分析に必要な算定手法を示してあります。平成19年９月以降に改正した通知等を最新の内容にしてあります。

株式会社　大成出版社

〒156-0042　東京都世田谷区羽根木１－７－11
☎03(3321)4131(代)　FAX 03(3325)1888
http://www.taisei-shuppan.co.jp/

● 定価変更の場合はご了承下さい。